翻轉學

麥肯錫認證的執行長思維

CEO EXCELLENCE
THE SIX MINDSETS THAT DISTINGUISH THE BEST LEADERS FROM THE REST

Google、Netflix、Sony、微軟、樂高……
67 位全球頂尖 CEO 的卓越之道

卡羅琳・杜瓦	斯科特・凱勒	維克拉姆・馬爾霍特拉	著
Carolyn Dewar	Scott Keller	Vikram Malhotra	

葉織茵、閻蕙群 譯

目錄
CONTENTS

好評推薦		9
推 薦 序 一堂大師課，獻給所有追求卓越的人／朱名武		13
前　　言 執行長的工作，到底是什麼？		17

Part 1　制定方向：大無畏的心態　　33

第 1 章　願景實踐：重新定義戰局　　35
找出交集，放大優勢
追求獲利，更要看見意義
回首過去，展望未來
納入各路主管，集思廣益

第 2 章　戰略實踐：大動作革新要趁早且頻繁　　49
做一個不同凡響的未來主義者
留意不利因素
像老闆一樣行動
定期使用「強心手段」

第 3 章　資源分配實踐：像局外人一樣行動　　　　69
　　以零基為起點
　　化零為整，眾志成城
　　管理要看「里程碑」（不是年度預算）
　　創造多少，就要消滅多少

　　Part 1 重點摘要　大無畏的心態

Part 2　凝聚組織：把軟事情當作硬道理　　　　85

第 4 章　文化實踐：找出最重要的那一件事　　　　87
　　改造工作環境
　　以身作則
　　改變要有意義
　　測量重要的改變

第 5 章　組織設計實踐：兼具靈活與穩定　　　　104
　　停止搖擺不定
　　注重當責
　　以「螺旋思維」取代「矩陣思維」
　　做「聰明」的選擇

第 6 章　人才管理實踐：（請勿）以人為先　　　　118
　　釐清高價值角色
　　別忘了「左截鋒」
　　找出意想不到的人才
　　打造板凳後備軍

　　Part 2 重點摘要　把軟事情當作硬道理

Part 3　動員主管階層：做好團隊的心理建設　133

第 7 章　團隊組成實踐：創造一個生態系　135
選才首重能力與態度
迅速處理，公平對待
維繫關係，保持距離
營造超越直屬團隊的廣泛領導聯盟

第 8 章　團隊合作實踐：把光環獻給團隊　147
讓團隊做只有團隊能做的事
訂立「第一團隊」守則
結合數據、對話與速度
投資團隊建立活動

第 9 章　營運節奏實踐：讓公司隨著韻律運行　161
設定模式與步調
拼湊全局
指揮交響樂團
要求嚴守執行紀律

Part 3 重點摘要　做好團隊的心理建設

Part 4　跟董事會打交道：輔佐董事為公司帶來貢獻　　177

第 10 章　董事會關係實踐：建立信任基礎　　180
盡可能透明溝通
強化執行長與董事長的關係
主動和每一位董事建立關係
讓董事會接觸公司管理層

第 11 章　董事會能力實踐：利用賢哲耆老的智慧　　193
劃分職責
具體說明選任條件
教育全體成員
鼓勵自我更新

第 12 章　董事會議實踐：專注於未來　　206
先進行閉門會議
推動前瞻議程
站在董事會成員的角度思考
讓董事會自治

Part 4 重點摘要　輔佐董事為公司帶來貢獻

Part 5　連結利害關係人：
先找出他們的「為什麼」　　　　　　　　　219

第 13 章　社會使命實踐：影響大局　　　　221
明確企業的社會使命
將社會使命融入公司的業務核心
發揮優勢、有所作為
在必要時表示立場

第 14 章　與利害關係人互動實踐：了解本質　　235
妥善控制花在「外部」的時間
了解利害關係人的「為什麼」
盡力收穫新想法
對外部維持單一的說法

第 15 章　見真章時刻實踐：保持高昂的士氣　　247
定期對公司進行壓力測試
成立一個危機指揮中心
把眼光放遠
執行長應展現個人韌性

Part 5 重點摘要　先找出利害關係人的「為什麼」

| Part 6 | 精進個人效能：做只有你能做的事 | 265 |

第 16 章　時間與精力實踐：管理一系列衝刺　267
「張弛有度」的行程表
明確區隔公務時間和私人生活
為日常工作注入活力
量身打造你的支援團隊

第 17 章　領導模式實踐：實現你的「To-Be」清單　280
展現始終如一的品格
順應公司的需求
尋求持續發展
永遠帶給人希望

第 18 章　視界實踐：保持謙遜　293
從不居功
當個服務型的領導人
打造多樣化的「軍師團」
真心感恩自己有機會坐上大位

Part 6 重點摘要　做只有你能做的事

結　　語	成就他人、造就自己的卓越思維	307
謝　　辭		319
附　錄　A	卓越 CEO 的高效工具	321
附　錄　B	67 位卓越 CEO 簡歷	331
參考文獻		405

好評推薦

「本書萃取了國際級企業頂尖領導者的經營智慧，並提供了很實用的案例和學習工具，能有效幫助志在帶領企業卓越成長的各級領導人，精進自己和組織，十分有價值！期待本書的推出，幫助台灣培育更多國際級，卓越的企業領導者。」

──孫憶明，台灣大學領導學程兼任副教授、前麥肯錫資深顧問

「執行長每天的關注焦點和思維，決定了公司發展的命運，本書經過嚴謹的實證研究，萃取出要成為一位傑出的執行長，最應該關注的幾大面向和思考方式。」

──程世嘉，iKala 共同創辦人暨執行長

「拆解一切……領導力的大師級課程……了解最具遠見的六種商業心態，對企業領導者而言，可能意味著上天堂與下地獄的差別。」

──商業內幕（Business Insider）網站

「令人印象深刻……一本重要的新書。」

──《巴倫週刊》（Barron's）

「以令人耳目一新的訪問，找出頂尖執行長的動機，並制定一套格言與觀點⋯⋯這是一本能夠打造出未來大亨的教戰手冊。」

──《柯克斯書評》（*Kirkus Reviews*）

「身為（或想成為）執行長的人都必須讀這本書，三位作者分享的領導智慧，適用於你能想像得到的任何企業，真希望這本精采的書多年前就問世，我肯定能獲益匪淺。」

──傑森・富勒姆（Jason Flom），大西洋唱片公司、
維京唱片公司、國會音樂集團前董事長與執行長

「好棒的書⋯⋯任何一位想要大展鴻圖的執行長，若能閱讀並聽取這本書的真知灼見，肯定能一展長才。」。

──大衛・魯賓斯坦（David Rubenstein），
凱雷集團（Carlyle Group）共同創辦人暨共同執行董事長，
《紐約時報》暢銷書《領導之道》（*How to Lead*）作者

「本書拉開了全球頂尖商業領袖如何取得成功的帷幕⋯⋯並提供了寶貴的教訓。」

──蘇世民（Stephen A. Schwarzman），
黑石集團共同創辦人、董事長、執行長

「本書適合那些想要精進領導力、以帶領組織更上一層樓的人。」

——麥可・彭博（Michael Bloomberg），
彭博集團創辦人、前紐約市長

「非常有價值⋯⋯為各個職業階段的領導者，提供了如何補充和提升其領導風格的真知灼見。」

——傑佛瑞・桑能菲爾德（Jeffrey Sonnenfeld），
耶魯大學高階領導人才機構創辦人兼總裁

「深入全球頂尖執行長的思想，潛入他們的內心，擷取最稀罕的智慧珍珠。」

——穆克什・安巴尼（Mukesh Ambani），
印度信實工業集團（Reliance Industries）董事長

「發人深省，甚至鼓舞人心⋯⋯我很高興能在哈佛的領導力課程中教授這些策略。」

——法蘭西斯・傅萊（Frances Frei），
《釋放》（*Unleashed*）共同作者

推薦序

一堂大師課，獻給所有追求卓越的人

——朱名武（Frank Chu），麥肯錫台北分公司總經理

　　我的麥肯錫同事卡羅琳・迪瓦（Carolyn Dewar）、斯科特・凱勒（Scott Keller）和維克拉姆・馬爾霍特拉（Vikram Malhotra）的著作《麥肯錫認證的執行長思維》首次出版時，我即意識到這些洞見對台灣企業界的相關性和迫切性。儘管台灣企業領袖面臨眾多獨特的機會與挑戰，這些挑戰與全球各地企業領袖所面臨的挑戰非常相似。

　　本書於 2022 年 3 月首次出版，當初並無中文版，台灣企業領袖少了這本參考寶典。如今中文版的出版讓我們能夠填補這個缺口，讓台灣 CEO 也能夠深入探究改變了全球領導做法的洞見。

　　想像全世界最頂尖的 CEO 大師開課，分享他們成功的祕辛——這就是本書的內容。麥肯錫展開了縝密的研究計畫，分析超過 20 年的資料，涵蓋來自 3,500 間上市公司的 7,800 名 CEO，分布於 70 個國家及 24 種產業。本書作者找出了帶領公司脫穎而出成功的 CEO，並將他們的智慧歸納這本基礎指南。

　　為探究他們成功之道，卡羅琳、斯科特和維克拉姆與 67 位高效 CEO 進行了深度訪談。本書以極富洞見的方式彙整了他們的研究結果。內容揭開了 CEO 這一角色的面紗，揭露了讓這些領袖達成非凡效益的六種思維模式。**這本書是一個工具箱，一堂大師課，同時也是一本 CEO 全面手冊，在現今複雜且變化多端的環境下，給追求卓越的 CEO 指引方向。**

分享並貢獻智慧的全球知名 CEO 包含：微軟（Microsoft）的薩蒂亞・納德拉（Satya Nadella）、摩根大通（J.P. Morgan）的傑米・戴蒙（Jamie Dimon）、雀巢（Nestlé）的包必達（Peter Brabeck-Letmathe）、adidas（阿迪達斯）的赫伯特・海納（Herbert Hainer）、Netflix（網飛）的利德・哈斯汀（Reed Hastings）和 Sony（索尼）的平井一夫（Kazuo Hirai）。* 他們提供的珍貴經驗教訓，超越了產業與地理的分界。這些領袖所執著的議題與台灣企業領袖一樣：如何用願景啟發全公司？如何吸引並培育最優秀的人才？如何改善組織的文化、思維模式與行為？如何分配自己的個人時間，兼顧到帶領公司需要承擔的所有責任？

本書不只彙整了最佳實務做法，其中還包含有關韌性、創新與策略魄力的相關論述。對台灣企業領袖來說，在應對我們市場獨特的挑戰時，這些經驗學習有高度的相關性與重要性。**不論是面對突飛猛進的科技進步、國際貿易政策的變化或是對永續商業做法的需求，本書提及的大原則都適用。**

此書中的一項核心學習為大無畏的心態，這對任何希望達成持久影響力的台灣 CEO 來說是一項不可或缺的特質。大無畏心態指的是採取大膽的作為，不論這是進入新市場、改變業務模式或是帶領組織轉型。當他人看到的是障礙，擁有大無畏心態的 CEO 須能看到機會，並且果斷行動。

其他重要面向包含動員內外部的利益相關方，以及讓雙方能有一致共識。在現今互相連動的世界裡，台灣 CEO 的角色範圍其實超越了組織，甚至超越台灣。有效的領導者須能夠管理與監管單位、投資人、

---

* 編按：本書在公司名稱的使用上，採取以下原則：若大眾習慣以中文稱呼該公司，則使用其中文名，第一次出現時附註英文名，例如「微軟」（Microsoft）、「蘋果」（Apple）；若已有廣為人知的中文名稱，但多數人習慣以英文稱呼該公司，則保留其英文名稱，第一次出現時附註中文名，例如 Google（谷歌）、Sony（索尼）、Netflix（網飛）、adidas（阿迪達斯）。

客戶、董事會與社會大眾的關係。此書提供了勝任 CEO 這個多面向角色的架構與策略。

　　《麥肯錫認證的執行長思維》不只是一本書，對於任何希望成就非凡的 CEO 或業務領袖來說，是一項關鍵資源。**本書為台灣領袖提供了洞見寶庫，這些洞見可隨台灣獨特的狀況調整應用，不論你帶領的是一家上市公司、家族企業、一間大公司內部的一個事業單位或是非營利機構**。在閱讀本書時，我鼓勵大家思考這些傑出領袖分享的經驗教訓，並想想如何將這些思維模式融入個人的領導之旅中。邁向卓越的路途雖然充滿挑戰，但是回報無窮，而本書能夠協助你帶著自信與明確的方向駕馭這趟旅程。

前言
執行長的工作，到底是什麼？

> 卓越從不是偶然。
>
> ——亞里斯多德，古希臘哲學家

美國馬里蘭州的濱海小城聖邁可斯（St. Michaels）景色如畫，麥肯錫公司（McKinsey & Company）正在此地舉行年度領導力論壇。度假會議的第一天，雨不停歇的秋日夜晚，30位即將上任的執行長齊聚在會議室。當時本書作者之一維克拉姆・馬哈特拉拋出一個有趣的問題，隨即吸引住在場所有人的注意：「**執行長的工作，到底是什麼？**」

第一位客座講者任職於規模傲視全球的科技公司，正是一位執行長，他馬上接口回答：「我有自信說，歸根究柢，執行長的角色就是……」接著用堅定的口吻闡明他心目中的執行長三大要素。那晚講座結束散場，每個人都覺得彷彿揭開了一層執行長工作的神祕面紗。

但是隔天早上，另一位任職於跨國金融服務公司的執行長，一席發言就動搖了大家前一夜的領悟。她針對維克的叩問列舉執行長的三項主要任務，還分別提出鏗鏘有力的實例佐證，與前一晚講者的答案截然不同。緊接著在同一天晚上，來自世界著名學術型醫學中心的第三位執行長，也是最後一位講者（你大概猜到我要說什麼了），又對所謂的「執行長三大要素」，提出另一套完全不一樣的看法。

到了第三天早上，同為本書作者的史考特・凱勒與卡洛琳・杜爾，盡可能扼要總結前兩天講座的重要收穫，為這趟度假會議劃下句點。接著，我和他們兩位驅車前往最近的大型機場，在長達一個半小時

的車程中，聊起三位客座講者對執行長一職天差地別的想法。我們都認為，如果邀來第四位講者，想必又會出現另一種觀點。我們也都同意，每一位講者的分享都很寶貴，也很有幫助，只是似乎很難把這些意見整合起來。

這讓我們忐忑不安，畢竟我們身為執行長的顧問，深知執行長扮演的角色影響非同小可。平均而言，財務績效表現前20%的執行長，任職期間每年產出的「整體股東報酬率」（Total Return to Shareholders, TRS），較其他表現平平的執行長高出2.8倍。更確切地說，假設現在你相中某家標普500指數（S&P 500 Index）榜上有名的公司，用1,000美元買入基金，那麼按照歷史平均值估算，十年後這筆投資會成長到將近1,600美元；但如果你當初投資的公司，領導大局的是一群績效前20%的執行長，則會獲得超過10,000美元。這差別可大了。[1]

不只如此，**打從20世紀中開始，用執行長的績效來預測一家公司表現，其權重正在不斷攀升，已經超過原本的2倍**。[2] 我們身處的世界日益詭譎複雜，曖昧不明而難以預測，再加上近年來「利害關係人資本主義」（stakeholder capitalism）興起，與美國經濟學家密爾頓・傅利曼（Milton Friedman）主張「將股東最大利益視為唯一義務」的觀點相反，現在開始訴求「企業領袖善盡社會責任」，無疑都讓這種「執行長效應」越形重要。**實際上，不管是環境、醫療、人權、財富不均等社會議題，現在的公司企業採取的行動，可能都比政府組織或慈善機構更有影響力。**

我們一行人抵達機場後，決定集思廣益，為這個大哉問找出一個完美解答──「執行長的工作，到底是什麼？」這個問題的答案本身極具價值，但我們想知道更多，想要弄清楚傑出執行長的工作方式，究竟和表現平平的執行長有何不同，以及他們為什麼那樣工作。換句話說，我們要鑽進頂尖執行長的腦袋裡一探究竟。

我們覺得，不論是執行長，或是他們的利害關係人，包括董事會、

投資人、員工、監管機構、客戶、供應商和社群，都會對我們這項行動表示歡迎。畢竟過去 20 年來，獲《財星》雜誌（Fortune）評選為 500 強的執行長，有 30％的任期撐不過 3 年，而且新上任的執行長，每 5 人就有 2 人在前 18 個月內表現不如預期。[3] 可以想見，如果當初他們能有一本入門讀物，事先了解執行長職務包羅的內容，向真正一流的前輩取經，肯定是獲益匪淺。

此外，從各方面看來，執行長的工作也越來越不容易了。**現在的執行長職務包山包海，不再像從前只要掌管業務，還要能跟得上急遽加速的數位轉型步調，以及隨之而來的難題，包括員工再培訓與資訊安全。企業領袖必須更注重員工的身心健康、種族多樣性及歸屬感。**

另一方面，近年來永續意識抬頭，公眾期望看到更多有使命感的社會組織，**開始呼籲執行長為各種社會議題發聲**。企業領袖不但要懂得聆聽那些訴求，還要能禁得起社會檢視，尤其現在社群媒體加速資訊擴散，社會行動一觸即發，往往只要數小時就能引爆公眾強烈情緒，無論是非對錯，所以更要做好心理準備。

由於前述原因，執行長比以前更有可能在一夕之間跌落谷底。2000 年到 2019 年間，美國執行長平均任期從 10 年下降至不到 7 年；[4] 同一時期，全球執行長離職率從原本的 13％左右上升至將近 18％。[5] 由此可見，即使有穩定的經濟環境保障公司利潤，高階管理人面臨的困境仍可能不堪負荷，況且事實正如通用汽車（General Motors）執行長瑪麗·巴拉（Mary Barra）所言：「我萬萬想不到，走上執行長這條路竟會如此孤獨。以前無論如何總有個主管，可以經常找他商量，但突然之間，你身邊再沒有人為你指點迷津。」

可以想見，即使是經營小生意或非營利組織，身為領導人會遇到的難題，多半和大型上市公司執行長的遭遇大同小異，因此我們相信，**經營大公司的一流執行長所提出的見解，應該能幫助絕大多數的人。**加上史考特和卡洛琳於 2019 年秋天，在麥肯錫公司網站發表的文章，

〈卓越執行長的心法與方法〉（The Mindsets and Practices of Excellent CEOs），一刊出就吸引大量點閱率，到現在仍列居該網站前十大熱門文章，更是堅定了我們的想法。

誰稱得上是 21 世紀一流的執行長？

所謂「績效頂尖的執行長」，究竟意味著什麼呢？說到底，影響公司獲利表現的決定性因素，往往不是執行長能夠控制的吧？的確，決定一家公司財務成敗的種種因素，至少有一半都不是現任執行長能控制的，例如：公司過去的研發投資、上任後接手的負債水準、地區 GDP 成長、產業趨勢……儘管如此，這也表示**提升公司獲利的關鍵因素，約有 45% 全繫於執行長一人之手**。6 我們要找的，就是在高階領導人使得上力的方方面面，有本事扭轉乾坤的那些執行長。

如圖表 0-1 描述，我們先鎖定過去 15 年來，所有曾領導前千大上市公司的執行長，共兩千多位，然後設下任期門檻，排除任職不到 6 年者，確保留下的執行長有長期穩定的績優表現。這麼一來，就只剩下不到 1,000 名人選，接著依據執行長能有所作為的績效指標去蕪存菁，同時也盡量考量各種外部因素略做調整。我們不是只看絕對報酬率，而是比較這些執行長的「超額整體股東報酬率」（即相較於業界同儕，其整體股東報酬率超出的差額，並依區域成長差異調整），選出任內該項表現位居前 40％ 的執行長，由此將名單縮減至 523 人。

我們的下一步，就是要評估其他因素，像是執行長的個人操守、麾下員工情緒、任職公司的環境與社會影響、有無完善的接班人計畫……至於已經退休的前執行長，則要觀察他們卸任數年之後，原公司能否保持優異的財務表現。諸如此類的評估指標，已有許多現成的「傑出執行長名單」納入嚴謹的調查，包括《哈佛商業評論》全球執行長 100 強、

《巴隆週刊》全球30大傑出執行長、《世界執行長》最具影響力執行長、《富比士》美國創新領袖100強,以及《財星》最具影響力商界女性。我們以曾經登上前列任一名單為標準,進一步篩選,最後留下146位執行長。

不過,還是有一個問題:這一組人選太過偏重向來主導商業界的白人男性。其中女性只占8%,非白人族裔只占18%。而且這份名單過

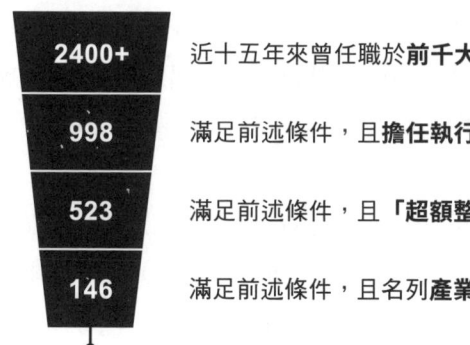

圖表 0-1　篩選「卓越執行長」的鑑別標準

2400+　近十五年來曾任職於**前千大上市公司**的執行長[*]

998　滿足前述條件,且**擔任執行長長達6年**

523　滿足前述條件,且**「超額整體股東報酬率」**表現列居前40%[†]

146　滿足前述條件,且名列**產業清單**的「**傑出執行長**」[‡]

評估指標包含:產業、地域、性別、種族及股權結構的多樣性[§]

+54　來自代表性不足地區的傑出執行長,其任期與績效表現符合上述條件,或者具備足夠聲望

21世紀最傑出的200位執行長

[*] 截至2020年3月,依其營收、盈利、資產及市值綜合評等,曾入選《富比士》雜誌全球企業2,000強的前1,000名大型上市公司。

[†] 執行長任內整體股東報酬率相較於業界同儕超出的差額(依區域成長差異調整)。

[‡] 相關名單包括《財星》最具影響力商界女性、《巴隆週刊》全球30大傑出執行長、《哈佛商業評論》全球執行長100強、《世界執行長》雜誌最具影響力執行長,以及《富比士》美國創新領袖100強。

[§] 股權結構常見類型:公開發行、私人持有、家族所有、非營利。

度以美國為中心,輕忽了像是醫療或能源等特定領域的執行長,未能充分反映當今的全球商業地景面貌。考量到這一點,我們重新調整對焦範圍,希望在維持高績效與好名望的條件下,找出未獲充分代表領域的執行長遺珠,像是把眼光放向《富比士》前千大企業以外的公司。話雖如此,這些公司規模還是不小,不是營業額高達數十億美元,就是旗下有數千名員工。我們期待看到曾領導公司重大轉型的執行長,而且「超額整體股東報酬率」表現要居前40%。

我們新增這個篩選項目後,又納入了40%左右的女性,例如:荷蘭出版商威科集團(Wolters Kluwer)執行長南西・麥金斯翠(Nancy McKinstry)。麥金斯翠曾於2019年躋身《哈佛商業評論》全球執行長100強,在她的帶領下,這家原先數位化程度落後的出版社,成功轉型為數一數二的專業解方和軟體供應商,在全世界擁有將近20,000名員工,營收高達50億美元以上。

另一方面,我們手上名單的非白人族裔同樣增加了約30%,例如:出身馬來西亞的益華電腦(Cadence Design Systems)執行長陳立武(Lip-Bu Tan)。益華電腦是半導體及電腦系統產業的上游廠商,在動盪時期由陳立武接掌大局後,全力著重經營客戶,單靠明智的市場擴張策略,就在2020年底讓營收回升至將近27億美元,公司總市值激增38倍以上,來到將近400億美元。

除了平衡考量不同領域與地區的人選,我們也將目光轉移到私營公司與非營利組織,不忘納入當中績效與聲望達到門檻的執行長,例如Majid Al Futtaim 公司執行長阿蘭・貝賈尼(Alain Bejjani)。貝賈尼致力將這家有權有勢的中東私營零售集團,改造成提供頂級顧客體驗的世界先驅,在他的領導下,公司營收從68億美元成長至將近100億美元,員工規模超過40,000人、分布在16個國家。在非營利組織方面,我們也列入美國克里夫蘭醫院(Cleveland Clinic)前執行長托比・寇斯葛洛夫(Toby Cosgrove)。寇斯葛洛夫領導這家地區醫療組織轉型,成為頂

尖的跨國醫療機構，公司營收於 2004 年為 37 萬美元，在他於 2017 年卸任時已成長至 85 億美元。

然後我們將另外 54 位執行長列入名單，取一個整數 200，並讓**這份名單充分反映多元的產業、地域、性別、種族及股權結構**，這麼一來，我們敢說名單上的人選，都是 21 世紀迄今公認全球最傑出的執行長。**更不得了的是，我們估計這 200 位執行長創造的經濟價值，相較於其他執行長高出大約 5 兆美元，相當於世界第三大經濟體日本一整年的 GDP**。

在最後階段，我們採取務實的研究方法。統計數據顯示，**當樣本數為至少 65 位執行長，就能在 95% 的信心水準下得出結果，所以我們利用一年時間對其中 67 位執行長深度訪談**（見附錄 B 所有受訪執行長的個人簡歷）。

究竟是哪些執行長能脫穎而出呢？說到最優秀的執行長，大家馬上會聯想到幾位有人氣又敢言的創辦人兼執行長，像是傑夫・貝佐斯（Jeff Bezos）、華倫・巴菲特（Warren Buffett）、馬克・祖克柏（Mark Zuckerberg）和伊隆・馬斯克（Elon Musk）。的確，他們已經受到大量報導與討論，也在我們的 200 位執行長名單占有一席之地，但是**在訪談階段，我們刻意把創辦人兼執行長的數量降到最低，畢竟這樣的執行長因為本身大量持股，行事上往往不像一般執行長綁手綁腳**。

在我們的樣本中，微軟（Microsoft）執行長薩蒂亞・納德拉（Satya Nadella）就是一位非創辦人的執行長。軟體巨頭微軟實現了引人注目的文化轉型，幕後推手正是納德拉，他大膽的創舉促成公司成長，也因為平常要照料罹患腦性麻痺的兒子，他的領導風格更別具同理心。

同樣列入研究樣本的資生堂（Shiseido）執行長魚谷雅彥（Masahiko Uotani），曾在日本可口可樂（Coca-Cola）任職，經歷 5 位執行長，在他們的領導下工作，擁有近 20 年管理經驗，在他擔任執行長期間，可口可樂成為日本獲利最高的汽水品牌。後來，他受命為資生堂史

上首位外聘執行長，將過去的可口可樂經驗融入領導方針，不但賦權員工也大刀闊斧改革，徹底改造了這家有150年歷史的日本美妝大廠。

我們也納入洛克希德馬丁公司（Lockheed Martin）執行長瑪麗蓮・休森（Marillyn Hewson）。休森9歲時，她的父親心臟病發驟逝，留下母親獨力扶養五個孩子，這樣的成長經歷，是她日後領導風格始終虛懷若谷的其中原因。休森的求學路上從沒想過，自己有朝一日會當上洛克希德馬丁公司的執行長，靠著客戶第一的經營策略，將這家公司打造成全球規模最大、最具影響力的國防工業包商。

還有澳洲西太平洋銀行（Westpac）執行長蓋爾・凱利（Gail Kelly）。凱利早年曾在辛巴威擔任學校教師、在南非擔任銀行櫃員，這樣的職涯經驗形塑了她明快不囉嗦的領導風格。後來，她成為西太平洋銀行執行長，任內讓這家澳洲歷史最悠久的銀行現金收益倍增，並獲權威評級機構晨星（Morningstar）封為「2014年度執行長」。

我們名單上的每一位執行長各有獨特的背景與經歷，造就他們成為今日的領袖人才。雖然他們各有不同，卻都一樣在執行長職位上表現傑出，而我們會透過訪談研究，揭露他們卓越超群的原因與方法。

是什麼讓頂尖執行長脫穎而出？

我們對樣本中每一位執行長進行長達數小時的訪談，也常為了深入了解而將訪談分為多次進行。訪談的目的不只是要蒐集資訊，也是為了激發這些領導者反思，自己過去採取某些行動的理由。為了協助受訪者達到這個覺察程度，我們利用源自臨床心理學的訪談技巧「階梯法」（laddering），藉由各式各樣的探詢方法，像是說故事、拋出激發思考的問題、進行假設性思考、角色扮演，以及繞回討論先前發言，一層一

層揭露受訪者抱持某種看法、採取特定行動的原因。

過程中,首先不言而喻的是,儘管聖邁可斯領導力論壇的客座講者,都將執行長職務歸納成三個重點,但顯然每一位受訪執行長的工作,都複雜到數字「3」不足以概括。**我們從訪談中歸結出執行長的六項關鍵責任,包括:制定方向、凝聚組織、透過主管階層動員、團結董事會、連結利害關係人、管理個人效能,而且每個責任大項底下各有一些關鍵能力。**舉例來說,「制定方向」的關鍵能力包含決定願景、選擇戰略及分配資源;「凝聚組織」的關鍵能力包含文化、組織設計及人才管理。隨著訪談接連展開,有越來越多受訪執行長證實我們的結論,認為這六大責任及其關鍵能力都是勝任執行長一職的要素(見圖表0-2)。

圖表 0-2　執行長的六大責任

這六項責任描述的並不是頂尖執行長的特長，純粹是對執行長的工作提出一套完整說明。剛開始，許多受訪執行長看到這份架構圖的反應，大致可分為兩種。

　　第一種是深表贊同，就像萬事達卡公司（Mastercard）前執行長兼現任執行董事長安傑‧班加（Ajay Banga）提到：「用這個架構呈現非常好，這就是執行長對於自己的任務該有的思維。」

　　至於第二種反應，雖然也很正面，卻頗有微詞：「這也太複雜了吧，不能再簡單扼要一點嗎？」於是我們再花點時間，詢問表示不滿的受訪者覺得應該剔除哪些項目，結果不論哪一位執行長最後都回到我們原初的想法，認同這六大責任及其關鍵能力都一樣重要。

　　說到頂尖執行長的特質，其實是他們面對六大責任時秉持的心態，還有針對各項關鍵能力採取的行動。套句美國工業集團伊頓公司（Eaton）前執行長柯仁傑（Sandy Cutler）的話，正是因為這樣的人格特質，真正傑出的執行長「才能成大氣候，而不是做小家子，換句話說，他們用放大個人效能的方式，把時間花在只有他們能做的事情上，不會糾結於無關緊要的小節」。

　　我們研究的其中一部分，就是觀察頂尖執行長分配給這六項責任的時間，會不會隨著任期增長而改變，是否依循某種模式或生命週期？比方說，他們在任職早期，是否會比後期花更多時間制定公司方向、重新設計組織？我們甚至請受訪執行長完成一項活動：首先將任期分為前18個月、後18個月，以及兩者之間的階段，然後請他們自評在這三個不同的時期，六項責任之間的相對重要性，並據此分配各項責任的「重要性」百分比。

　　我們仔細觀察過這份數據後的結論是，沒有什麼明顯的模式。當下實際的商業情境，再加上執行長本身獨特的能力與偏好，兩者千絲萬縷的相互作用，決定了執行長對於六大責任的優先順序考量。我們最大的心得是，雖然每一位執行長各有不同的做事方法，但是在任內每一個

階段，他們對六大責任都會慎重以待。最優秀的執行長不論何時，都會面面俱到兼顧這六項責任，差別只在於為了因應外部或內部環境，需要著重的責任項目有所不同。

研究的最後，我們觀察這些傑出執行長任內公司的財務表現，看公司財務的起伏擺盪是否可以預測。在此同時，我們也注意到一些高階獵才公司的研究顯示，執行長任期與公司財務的關係的確有跡可尋——執行長上任第一年往往能締造佳績，但第二年表現就會一落千丈，俗稱「二年級低潮期」（sophomore slump）；之後第三到五年間會回復高績效表現，但只要在任夠久，往往會在第六到十年間變得太自滿而不思進取，直到在任第十一至十五年間，才會以老將身分再度立下戰功。[7]

雖然如此，我們卻發現只有當樣本包含所有執行長，才可能印證這個研究結果，頂尖執行長並不會表現出這種績效模式。**隨著任期年資增長，頂尖執行長會定期重新詮釋「勝利」的意義，並採取大膽創新的行動更新策略，持續為公司創造顯著價值。**

有了這樣的概念後，我們依照執行長職務角色六大責任，將這本書劃為六個部分，分別探討頂尖執行長面對各項關鍵責任時，讓他們脫穎而出的致勝心態。你會看到每個部分都細分為三章，詳述如何將這些心態落實在執行面上，而且每一章不但會介紹最成功的做法，也會說明優秀的執行長是如何做到的。在這本書的最後，我們會退一步思考，談談執行長該如何決定六大責任的優先順序，如何順利過渡到執行長職位及圓滿卸任，此外也會談到執行長工作未來的發展趨勢。

為什麼要說明執行長的優秀會這麼難？

隨著研究進入尾聲，研究結果具體成形，我們比預期更深刻地體認到關於執行長的三個真相：

1. 執行長的職務角色，確實極其特殊
2. 執行長面臨矛盾選擇，是家常便飯
3. 執行長要日理萬機，才能拚出高績效

關於第一點，幾乎每一位受訪執行長都說，他們因為有過領導大型業務單位或業務功能的經驗，原本以為自己算是訓練有素，結果卻發現根本不是這麼一回事。其實，在掌握損益表、制定策略或領導團隊方面，要做的事跟以往大同小異，他們萬萬沒想到的是在整個公司裡，原來就只有身為最高主管的執行長，沒有任何的平輩同事。**執行長必須為一切大小事負起責任**，阿霍德德爾海茲集團（Ahold Delhaize，知名超市 Stop & Shop 及其他食品零售商的母公司）前執行長迪克・波爾（Dick Boer）就曾說：「做為業務單位或某個地區的領導人，再怎麼說還是團隊的一分子，擁有平起平坐的同事。但是**做為公司的執行長，你是孤獨的，不能用任何理由推三阻四，門都沒有。你就是要扛起責任，出了事再也不能怪罪給任何人，要怪就只能怪你自己。**」

執行長的工作角色不只是孤獨而已，還要面對前述第二項挑戰，關於這一點，賈奎斯・亞琛布洛區（Jacques Aschenbroich）說得最好。亞琛布洛區曾出任執行長，任職於法國汽車零組件大廠法雷奧（Valeo），該公司總部位於巴黎。他告訴我們：「**執行長身處的地位是各種矛盾交會的十字路口。**」

我們訪談過一個又一個執行長以後，越來越明白亞琛布洛區說的「矛盾」指的是什麼。比方說，要努力產出短期成果，還是要致力於長期績效？要花時間了解事實並謹慎分析，還是要趕緊把握眼前的機會？要尊重並承繼傳統，還是要顛覆未來？要為股東創造最大價值，還是要為其他利害關係人發揮影響力？要拿出魄力做艱難的決定，還是要不恥下問廣納建言？美國小說家史考特・費茲傑羅（F. Scott Fitzgerald）曾說：「**一流的頭腦要能同時涵納兩相對立的想法，又能繼續正常運作。**」

或許可以說，費茲傑羅的見解恰如其分說明了執行長的工作，而我們在接下來的章節也會看到，頂尖執行長往往能協調這些看似矛盾的命題，創造出相輔相成的正向結果。

不過，要做到這樣其實不容易，所以執行長不得不面臨第三項挑戰：**龐大的工作量**。這一點從六大責任加諸執行長肩頭的負荷就可以想見。表面上看來，執行長的工作好像不外乎制定大方向和發表演講，但我們發現實際上可沒這麼簡單。運動服飾跨國公司 adidas（阿迪達斯）前執行長卡斯珀‧羅斯德（Kasper Rørsted）就曾說：「**執行長工作有很大一部分是處理各種懸而未決的問題。**」也難怪長期研究執行長個人效能的史丹佛大學（Stanford University）經濟學教授尼古拉斯‧布魯姆（Nicholas Bloom）會說：「這實在是可怕的工作，是我的話才不會想做。**在大公司當執行長每週工時要上百個小時，會吃掉你的個人生活，吃掉週末時光，壓力超級大。福利加給當然非常多，但工作內容也是包山包海。**」[8]

我們對執行長面臨的這三項挑戰有了更深刻的認識後，終於能更堅定給出一錘定音的答案，來回應最初的問題：「**在最有權勢的世界第一流公司或組織做領導人，實際上都在做些什麼工作？**」更重要的：「**為什麼他們要那樣工作？**」

這本書的過人之處

站在研究計畫的起點，我們好奇是否有人曾對同樣的問題提出解答，於是我們先問受訪執行長，是否接觸過我們想寫的這一類書籍，而他們的回答肯定了我們這趟求知之旅的價值。譬如，保險經紀及管理顧問跨國公司怡安（Aon）執行長葛雷格‧凱斯（Greg Case）就對我們說：「橫跨不同產業和地區，針對接任執行長的人在職多年做的事情，

有系統地進行模式識別，而且都有數據分析佐證？如果說這樣的研究還沒有人做過，是有那麼點不可思議，但就算真的有人做過，我也從來沒聽說過⋯⋯這會是很有影響力的研究。」

我們也想到學術圈可能已經有相關研究，所以凡是用科學方法了解執行長工作的研究，我們都盡可能找出來進行文獻回顧。其中最早的文獻，是加拿大學者亨利‧明茲伯格（Henry Mintzberg）於1960年代晚期發表的研究，當時他找上一些執行長，進行為時一週的全日隨行觀察。根據明茲伯格發表的研究，**執行長在工作上要扮演10種角色，包括頭臉人物、領袖、聯絡人、偵察員、傳訊人、發言人、創業家、清道夫、資源分配者和協商者**。[9]

雖然明茲伯格的學術發現開闢新局，在結果闡釋上卻不脫描述與規範，也沒試著區別執行長能力的優劣。其他前人研究也有一樣的限制，一直到晚近的哈佛商學院教授尼汀‧諾利亞（Nitin Nohria）和麥可‧波特（Michael Porter）也不例外，雖然他們的傑出研究說明了執行長如何運用時間，卻未能從效能的角度著眼，探討執行長的時間管理，或頂尖執行長執行工作的獨到之處。

其他研究若非如此，則大多聚焦在成功執行長的人格特質。這些研究不論是來自哈佛商學院、華頓商學院、世界經濟論壇（World Economic Forum）、富比士職場教練委員會（Forbes Coaches Council，中文組織名暫譯），或是羅盛諮詢公司（Russell Reynolds）、史賓沙公司（Spencer Stuart）、ghSMART之類的高階獵才機構，都各有各的獨門論述，但到頭來普遍還是把執行長的成功歸因於個人特質，像是關係建立、心理韌性、勇於冒險、殺伐決斷，還有戰略思維。掌握這些特質，或許能幫有志者拿下執行長專屬的角落辦公室，但是光有這些特質，卻無益於新上任的執行長了解實際上該做些什麼，才能勝任愉快。

值得一提的是，這些研究的結果都打破了一個迷思，與我們的親身經驗不謀而合——**成功的執行長不像好萊塢劇本設定，未必都有那種**

激勵人心的超凡魅力。當然有魅力的領袖容易成為公眾矚目的焦點，但我們訪談過的**優秀執行長都喜歡提出好問題，不喜歡把標準答案硬塞給下屬，而且會用行動落實，不會只是高談闊論。**

我們好不容易才完成研究，沒想到《站在執行長的高度看全球職場》（*The Secrets of CEOs*）一書作者史帝夫・塔賓（Steve Tappin）的一席話，給了我們非得繼續研究下去不可的理由。他鑽研過數百位執行長的職業生涯，後來這麼告訴美國有線電視新聞網（CNN）：「大約三分之二的執行長都做得很吃力，我覺得實際上並沒有那麼一個地方，能讓他們學習成為執行長，所以多數人都在硬撐場面。」[10]

我們設想的那種執行長攻略寶典，市面上並沒有，讓我們不禁懷疑想出這種書是不是異想天開。每個執行長的個性和處境都不太一樣，除了花時間做什麼事情、表現出什麼個人特質，大概也沒有其他能概括而論的特徵吧。史丹佛大學教授尼古拉斯・布魯姆似乎就贊成這個觀點：「你看著資料，發現有至少十套不同的成功方程式。或許每一套都適用於某項個案研究吧，但我還是很難具體說有某個成功祕方。再怎樣也只能說，對啦，有些執行長是比較厲害，可是要講清楚他們哪裡比別人厲害，真的有夠難。」[11]

但直覺和經驗告訴我們其實不然，況且我們是麥肯錫公司的資深董事，總覺得比別人更有本錢找出解答，畢竟我們的職業生涯有好大一部分，就是擔任執行長的智囊團。再說麥肯錫做為一家公司，能搭上線的執行長數量之多，大概其他機構都比不上。公司同仁分布在67個國家，服務客戶涵蓋超過8成《財星》500強（*Fortune 500*）與全球1,000大（Global 1000）企業。不只如此，公司每年也挹注超過7億美元的資源做研究分析，當中有一大部分就是用於執行長相關研究。

我們相信，這一路研究到最後發現的**六個重要心態，就是21世紀頂尖執行長卓爾不群的關鍵所在**。他們憑藉這些心態渡過大環境的重大難關，像是新型態競爭、顛覆式變化、數位化浪潮、急迫的社會環境議

題或金融海嘯，而且大獲成功。反觀其他甘於安逸的同儕，終究是碌碌無為。箇中真相很簡單，這群頂尖領袖的思維不一般，所以每天的行動也與常人有根本的差異。

　　但請記得，這並不是說頂尖執行長在工作上樣樣都強，事實是我們從來沒遇過完美無缺的執行長。通常頂尖執行長只在某些方面特別出色，在其他方面則是四平八穩，不見得堪為表率。在本書最後一章，我們會談到執行長要如何決定該把時間和精力投注在哪裡。

　　值得注意的是，正是因為知道只能把某些事情做到極致，前述去聖邁可斯領導力論壇演講的執行長，心中那份短小精悍的優先任務清單才會各有偏重——他們從各自的立場出發，都有理由相信那是必須精通的任務。話雖如此，我們的研究也顯示，**執行長精通的面向越豐富，就越有可能交出漂亮的成績單**，所以不妨把這本書看作一本實用指南，不論來自上市公司、非上市公司或非營利機構，任何組織的領袖讀了都能獲益良多。

　　我們也有自信說，**書中介紹的各種心態與實踐方法是成功的基石**，值得有志成為卓越領袖的年輕人效法。我們最大的願望，是讓每一位讀者都能受到本書鼓舞、啟發，終而建立起讓自己感到自豪，也讓世人感念的領袖風範。

Part
1

制定方向：
大無畏的心態

大無畏的精神蘊藏著才情、力量與神奇。
——歌德（Goethe），德國詩人

在當今複雜的世界裡，許多執行長都會極力減少不確定因素，避免犯錯。說起來這算是明智之舉，畢竟執行長的工作表現對公司利害關係人影響甚鉅，俗話不也說了「大勇者，貴在謹慎」，似乎不無幾分道理。不過到頭來，抱持這種謹小慎微心態端出的成果，往往會導致大家聞之色變的「曲棍球桿效應」（hockey stick effect），具體而言就是隔年的預算遞減，又不得不開出許諾下一回成功的空頭支票。

傑出的執行長能夠認清這種動力模式，然後用另一種心態來為公司制定方向。他們會站在「天佑勇者」的觀點接納不確定感，**比起被動「接受」，更勇於主動「塑造」自己的命運**——他們會不斷尋覓機會並主動出擊，一反舊局面開創新歷史。

採取大無畏心態的執行長心底都明白，僅僅10%的公司就創造了全世界90%的總經濟利潤（收益扣除資本成本所得的利潤），而且前20%的公司產出的經濟利潤，是排名中間60%的公司加起來的30倍。最驚人的是，每12家表現平平的公司中只有1家公司，有機會在10年後逆流而上，成為前10%的傑出公司。[12]

頂尖執行長知道成功的機率如此渺茫，所以會用大無畏心態來面對制定方向的三個層面，也就是「願景、戰略、資源分配」，在接下來的章節中都會深入探討。

第1章
願景實踐：重新定義戰局

妄自菲薄不會讓世界更美好。
——瑪麗安・威廉森（Marianne Williamson），美國心靈導師

南非傳記電影《打不倒的勇者》（Invictus）中關鍵的一幕，是南非總統納爾遜・曼德拉（Nelson Mandela）對南非國家橄欖球隊隊長法蘭索瓦・皮納爾（Francois Pienaar）問道：「你都怎麼激勵你的球隊做到最好？」皮納爾：「做好榜樣，我一向認為領頭羊要以身作則。」曼德拉沉吟片刻：「當然沒錯，但要怎麼讓他們做到比自己以為可能的更好？我發現這好難，我們要怎麼激勵自己去成就偉大？」

曼德拉的這個問題，在電影後半段終於得到解答。儘管最初不被看好，暱稱「跳羚隊」（Springboks）的南非國家橄欖球隊，最後還是拿下1995年世界盃橄欖球賽冠軍。究其背後驅動力，不只有對世界盃封冠的渴望，更重要的是，對於種族隔離制度陰魂不散的南非，這場比賽形同一個機會，能將面臨分裂的國家團結起來。曼德拉和皮納爾成功重新詮釋「贏球」的真正意義，光是這麼做，就讓球隊變得更加敬業也更有士氣。

我們訪談最成功的執行長時，訝異地發現他們不約而同，都會**重新詮釋「贏」對於公司的意義。他們不只提升企圖心，還改變了成功的**

定義。以萬事達卡公司前執行長班加為例，他跟我們分享自己是如何萌生扭轉乾坤的願景：「我當時走過辦公室，看見樓梯上貼著這樣的廣告標語：『萬事達卡，商業之心。』我不禁心想：『但是商業交易通常都用現金吧？』我這才醒悟，公司裡根本沒人會提到現金，再怎麼樣也只會談到維薩卡（Visa）、美國運通卡（Amex）、中國銀聯卡（China UnionPay）或本地發卡計畫。」

他接著說：「於是，我想辦法算出全球現金交易量占的百分比，沒想到光是消費者交易，這個數字就超過了85%。從那時候開始，我就常說我們的願景是要『消滅現金』。我們的戰場不是卡片支付的那15%交易量，而是要拿下還不是卡片支付的那85%交易量。然後我們把消滅現金的願景化為戰略，著手發展核心事業、吸引多樣客群、建立新業務。」

再舉一個例子，想像一下，如果當初 Netflix 共同創辦人兼前執行長利德・哈斯汀（Reed Hastings），對員工推銷的是這樣的願景：「要成為美國 DVD 出租公司第一品牌」──在千禧年世紀之交聽說這個願景，任誰都不會抬一下眼皮，聽起來不就是 Netflix 的核心事業嗎？要是哈斯汀當初的志向僅止於此，我們現在恐怕不會為了寫書訪談他，他的公司大概也會如同當年盛極一時的影音出租公司百視達（Blockbuster），走上窮途末路。

然而，在最一開始，哈斯汀就把眼光放向比 DVD 出租更寬廣、更放肆的賽場。2002 年，Wired.com 訪問哈斯汀，問他對公司有什麼願景，他回答：「我的夢想是，從現在起 20 年後，要擁有一家全球娛樂發行公司，為電影製作人和製片廠提供獨一無二的通路。」[13] 後來，他還對我們補上一句：「所以公司才會叫做 Netflix，而不是 DVD 郵購。」

今天看來，哈斯汀的回答似乎自成邏輯，畢竟 Netflix 的地位已是今非昔比。然而，如果不是因為有他的宏大願景，也不可能順理成章設想出後續的重大戰略行動，像是進入影音串流市場、冒險遷移至雲端、

打造 Netflix 原創節目（Netflix Originals）、加速全球化布局……。

由下方表格可以看出，一些受訪執行長是如何大無畏地重新定義戰局：

圖表 1-1　卓越執行長如何幫公司重新定義戰局，贏得比賽？

執行長	公司	「贏得比賽」願景	「重新定義戰局」願景
道格・貝克	藝康	在工業清潔與食物安全方面領導業界	在保護人類健康與環境資源方面領導世界
安傑・班加	萬事達卡	支付額表現居冠	消滅現金
瑪麗・巴拉	通用汽車	成為全球汽車工業龍頭	藉由改變運輸型態領先群倫
柯仁傑	伊頓	成為業績表現居前10%的汽車零組件製造商	成為能源管理產業領頭羊，讓動力變得安全、可靠、高效
高博德	星展銀行	利用科技成為金融服務業霸主	成為把銀行服務變得歡樂的科技公司
赫伯特・海納	adidas	壯大到穩坐產業龍頭	幫助運動員達到超越比賽水準的表現
邁可・馬洪尼	波士頓科技	成為心臟疾病的植入式醫療器材第一大廠	在快速成長的創新醫療科技產業領導全球
孟軼凡	帝亞吉歐	成為全世界第一的飲料公司	成為全世界績效最佳、最受信賴與景仰的消費品公司
山塔努・納拉延	Adobe	為網站提供一流的創意專業桌面工具	驅動世界一流的數位創新、數位文件及數位顧客體驗
魚谷雅彥	資生堂	打造一家日本美容產品指標性公司	打造一個傳承日本文化的指標性全球美容品牌

圖表 1-1 呈現的「重新定義戰局」願景，從後見之明的角度看似乎理所當然，但其實要打造出合乎理想的願景，並不如想像中容易。哈斯汀聲稱自己還像個學生一樣，試圖了解大型公司的興衰歷程，他說：「我們當然會想要界定關注的範圍，界定要追求什麼、捍衛什麼，但公司往往會搞錯重點。」這一章接著就要探討頂尖執行長是如何命中紅心，為組織開創顛覆遊戲規則的願景。他們怎麼做到的呢？

……找出條件交集，放大潛在優勢
……不只追求獲利，更要看見意義
……不怕回顧過去，才能展望未來
……邀集各路主管，制定共同願景

找出交集，放大優勢

頂尖執行長打造願景時，會先找出公司事業各面向與市場的交集。根據電子零售商百思買（Best Buy）前執行長修伯特・喬利（Hubert Joly）的說法，**制定正確路線就是「找出四個圓圈的交集：世界需要的事、你擅長的事、你熱愛的事，以及你能獲利的事」。**

喬利於 2012 年夏天接任執行長時，百思買已經搖搖欲墜，在該年度損失了 17 億美元。同時，亞馬遜和多家科技公司正進行垂直整合，零售店的服務品質一落千丈，員工不再信任公司領導層，股價也急遽下跌。喬利深知公司迫切需要轉虧為盈，不過上任初期他悉心掌握情況後，卻發現到頭來還是需要一個願景，用來重新描述勝利圖景，才能鼓舞旗下員工士氣。

因為顧客仰賴電子產品來滿足娛樂和其他需求，所以喬利有信心，這個產業會不斷成長。他的獨到觀點是，只要百思買能成為顧客的

選物領路者，就能在這個世界占據重要地位。選購合用的電子產品不容易，要評比各家電視的畫質，或是要鑑別耳機或麥克風的音質，也都必須親自到實體店面，如果能和了解產品的人商量，尤其是要大量採購時，想必會非常有幫助。再說產品買回家後，組裝設定的說明書常讓人有看沒有懂，這時百思買不就是最好的幫手嗎？

喬利看著前三個圓圈——「市場需求」、「公司能力」、「熱情所在」的交集，發現一個有望重新定義戰局的願景。他說：「百思買是為了透過科技豐富生命而存在。我們的事業不是銷售電視或電腦，本質上也不是零售商。我們的事業是藉由回應人類的基本需求，像是娛樂、健康、溝通、生產力……來豐富人類的生活。」

然而，有一個問題懸而未決：這麼做能賺錢嗎？喬利知道許多顧客會來百思買店裡了解產品，但回頭就上網購買低價品，導致員工普遍士氣低落，而投資人看到絕對拚不過網路低價的成本結構，也不太願意支持「買貴退差價」的策略。不過，喬利有不同看法，他覺得只要顧客能從來店體驗得到優越價值，離開前就會買下更多店內商品。

喬利也洞察到，即將垂直整合的消費電子公司需要實體展示，百思買正好可以為這些公司提供「店內店」的服務，也就是將一部分樓面空間撥給單一廠商展示商品，通常也會提供專門的銷售支援服務。就像他說的：「我們能提供切合所需的服務，給蘋果（Apple）、LG、微軟、三星（Samsung）、Sony，以及未來的亞馬遜、臉書（Facebook）和Google。他們需要實體展售場地，而我們只要一個晚上，就能滿足這項需求，讓他們不必冒險砸大錢去成立好幾千間實體店面。這麼一來，我們就像是讓劍鬥士來對決的羅馬競技場，從顧客到廠商都要跟我們買票入場，可說三方皆贏。」

考慮到百思買當時財務拮据，很少有執行長會從這麼宏觀的角度來設想賽場，喬利改寫的這個大膽願景，意味著百思買的財務重建勢必會採用非典型方法，像是和廠商的關係從爭利轉為合作，以及把價格降

低而非抬高，而他果真洞燭機先：2019 年 6 月喬利卸任時，百思買的標普 500 指數只成長了 111％，但股價已經從 20 美元漲到 68 美元，飆升了 330％。事實證明，找對交集的成果豐碩。

關於尋找交集，其他我們訪談過的幾位執行長，也有類似喬利的經驗。丹麥製藥公司諾和諾德（Novo Nordisk）前執行長拉斯・賀賓・索倫森（Lars Rebien Sørensen）洞見社會在糖尿病這方面未被滿足的醫藥需求，也深知自家公司擅長的專項：生物製劑*。他說：「這是我們唯一精通的事物，而且生物製劑非常難以複製。」不只如此，索倫森一反過往迎合醫師的業界常規，懷著以患者為中心的熱忱，更進一步釐清他的願景。他說：「我們必須做對患者有益的事，並說服醫生加入我們的行列。」

索倫森為了提升旗下員工的工作熱情，要求所有員工和患者見面，並了解他們的生活情況，以及公司產品對他們產生什麼重大影響。他說：「這幫助我們的員工了解，自己做的事情有更偉大的貢獻，不像原本以為只是工作而已。」結果看來，找出交集並放大優勢很有效：在索倫森任內，諾和諾德的營收成長 5 倍、淨利成長 11 倍，至今已坐擁全球將近五成的胰島素市場。

有一次，益華電腦執行長陳立武向一位成功的投資人請教，**該如何成為投資組合中的最佳股票**，據他轉述，對方的回答發人深省：「**第一，你們要成為顧客需要的致勝關鍵，不能只是可有可無。第二，你們要成為品類領導者，在同類產品線占據數一數二的地位。第三，你們目前整體潛在市場的價值只有 100 億美元，要想辦法成長為價值 1,500 億美元的舞台**──也就是說，你們要如何擴張進入新的市場？」於是，陳立武找出這三項建議的交集，成功改寫了益華電腦的戰局，從原本生產電腦晶片設計軟體，擴張到也提供系統設計及分析軟體，服務產業橫跨

---

* 用有機生物體製作或內含有機生物體成分的藥物。

超大規模運算產業、航太產業、汽車產業和行動產業。

追求獲利，更要看見意義

　　adidas 是僅次於 Nike（耐吉）的世界第二大運動服飾廠商，他們的高科技無鞋帶足球鞋，幫助巴黎聖日耳曼隊（Paris Saint-Germain）球星李奧・梅西（Lionel Messi）在足球場上奔馳得點。梅西和 adidas 的確簽有贊助合約，不過這個史上獲頒最多次足總金球獎（Ballon d'Or）「年度最佳球員」殊榮的男人，當然只會穿戴最精良的科技。

　　但其實梅西的一雙球鞋，不只助他射門得分而已，也體現了 adidas 前執行長赫伯特・海納（Herbert Hainer）於 2001 年制定的願景。海納接任執行長時，這家德國公司的市占率正在下滑，同時也偶然開發出新的鞋著設計。[14] 作風比較保守的執行長，可能會先削減公司財務預算，催促員工快點賣出更多鞋子、服裝和配件，想方設法讓損益表轉虧為盈。

　　雖然海納清楚知道公司財務也很重要，但他並不視之為首要考量，反而選擇先改寫願景：全力幫助運動員實現潛能。他說：「**目標不是變成規模最大、獲利最高的公司，而是要著手創造能協助運動員提升表現的產品，讓跑者能跑得更快，讓網球員和足球員把球賽打得更漂亮。只要能做到這一點，為消費者提供優質服務，財務就會跟著有起色。**我們要做的就只是幫助大家達到個人最佳表現，進而把這個世界變成一個更美好的地方。我想為公司灌注的信念是，這場戰局不只關乎公司收益，我們也不只是一家營利公司。」

　　海納用行動支撐他的願景。當 adidas 的利潤率表現不如 Nike，可能遭投資人懲罰時，他會沉著地出面表示，adidas 要製造能達到最佳運動表現的產品，所以產品開發成本比較高。他說：「我們製造的產品，

絕不會讓穿戴上身的運動員失望。只要能幫他們成就夢想，譬如贏得奧運金牌或法網公開賽，我們的貢獻就不只是區區的營收數字。」話雖如此，在財務數字方面，adidas果真照計畫交出亮麗的成績單。海納於15年後退休時，已經讓adidas這個品牌起死回生，看著公司市值從34億美元一路成長到超過300億美元。

現在回頭看圖表1-1，不難注意到那些擘劃大無畏願景的傑出公司，都不會只顧著要達成獲利的結果——獲利是達成願景後隨之而來的結果。關於這一點，全球最大保險公司安聯（Allianz）執行長奧利弗・貝特（Oliver Bäte）說明了原因：「光是說『我要讓淨利翻1倍』，沒辦法激勵任何人，不好意思，連我最優秀的團隊聽了也會無動於衷。所以問題在於，你有什麼能夠號召眾人？**說一句：『我們想讓股東回報率翻1倍。』效果實在不如告訴大家：『我們在各方面都想成為帶人帶心的領袖。』」**

奈及利亞丹格特集團（Dangote Group）創辦人兼執行長阿里科・丹格特（Aliko Dangote）於1981年創業，原本以小型貿易公司起家，但他數十年以來維持一貫的願景：讓公司規模化、工業化，在一些關鍵產業成為非洲的旗艦公司。丹格特集團至今已成為西非最大的複合企業，營業額超過40億美元，擁有三萬多名員工。丹格特告訴我們，清楚有力的願景是如何提供源源不絕的革新動力：「非洲大陸物產豐饒，我認為這是公司永續成長不可多得的要素。非洲有6個國家列居全球最快速成長的前10大經濟體，坐擁全世界60%的未開墾耕地。而且到了2050年，全世界每5人就有1人是非洲人。公司員工都知道，我們有明確的願景要建設非洲大陸、滿足核心需求、提升人民所得。」

醫療器材公司美敦力（Medtronic）前執行長比爾・喬治（Bill George）談到，他的公司是如何發展出這樣的企業動力：「對我們來說，關鍵指標不是營收或利潤數字，而是美敦力的產品要再過幾秒才能再幫助一個人。我剛進公司時，這個數字是『100』秒，到我離開時變

成了『7』秒。」美敦力聚焦於助人恢復健康與生活能力，因此創造出更大的股東價值，更為員工創造出超越賺錢的強大工作動力，就像喬治說的：「員工會希望每天早上起床去上班，是為了發明新事物、製造高品質產品，或是協助醫生執行手術，這一點放諸南韓、中國、波蘭或阿根廷皆然，能夠激勵高階領導人、生產線工人、後勤實驗室工程師，甚至是大半夜要駕車運送心臟去顫器橫越半個密西根州，好讓醫生能趕在明早七點動手術的物流人員──這是一個真實故事。」

回首過去，展望未來

為了重新定義戰局所創造的願景，不見得一定要背離公司傳承的文化，我們研究後發現，頂尖執行長常會回頭挖掘公司歷史，找出當初讓這家公司成功的中心思想，再想辦法擴大發揮，從而開啟新的機會。

財捷公司（Intuit）是於 1983 年在矽谷成立的新創公司，開發知名財務軟體 QuickBooks 和 TurboTax，如今名列《財星》500 強企業，旗下有 11000 名員工。財捷共同創辦人史考特・庫克（Scott Cook）致力於**打造一家以顧客為本的公司，總是盡可能優先關懷顧客的問題，而非公司的解決方案**。財捷公司的創立宗旨是「終結財務困難」，後來更持續發展解決方案來滿足顧客所需。

在西維吉尼亞州土生土長的布拉德・史密斯（Brad Smith），先後在百事公司（PepsiCo）、自動資料處理公司（ADP，薪資代管機構）經過一番歷練，之後加入財捷公司，於 2008 年升任執行長高位，同時也面臨一些嚴峻的考驗。財捷是一家有 25 年光輝歷史的桌面軟體公司，但世界日新月異，這家公司的產品也開始跟不上時代。史密斯覺得早年庫克願景的本質，依然能回應現在時勢所趨，只是表達與邁向願景的方式需要改變。「我們要保留這份精神，但也要將最初的使命宣言改寫得

更符合現代潮流。」他說:「我們想要促進經濟繁榮、聲援弱勢族群的初衷從沒變過,所以我只需要重申這個訴求,想一想什麼是符合現代所需的實踐方式。於是,我們更新使命宣言,透過和雲端接軌又一次推動解決方案轉型發展,把握大規模的社會趨勢、行動趨勢與全球趨勢來獲利。」

結果證明,把公司的創立宗旨改寫成振奮人心的當代願景,並以此號召員工團結奮鬥,的確行得通。史密斯的願景是「推動經濟繁榮以滿足這個日益密切連結的世界」,在他任內 11 年,這個願景讓財捷的顧客數量倍增至 5,000 萬人,同時營收翻了 1 倍,盈餘更是原來的 3 倍,[15] 公司的總市值則從 2008 年的 100 億美元,一路成長至 2019 年的 600 億美元。史密斯建議新任執行長要有「**一個非常清晰的願景,這樣領導者什麼也不必做,只要放手讓員工去發揮就行了。這是最鼓舞人心的願景。**」[16]

我們訪談的許多執行長,對史密斯的領導經驗都頗有共鳴。就像前面提過的,萬事達卡前執行長班加,曾受到公司的廣告標語啟發;西太平洋銀行前執行長凱利,曾回顧這家澳洲老牌銀行傳承的服務精神;微軟執行長納德拉從公司的起源故事發現,公司創立宗旨是「藉由發展科技幫助他人發展科技」,並因此感到「關於微軟,我任內需要知道的一切都在那句話裡了」。

目前為止,我們已經討論過頂尖執行長如何發想願景,大無畏地重新定義戰局;每一位受訪執行長都曾以某種方式這麼做,即使是接手績優公司的執行長也不例外。麥肯錫前全球總裁(在我們公司相當於執行長)鮑達民(Dominic Barton)一語道出這個普遍觀念:「**做為領導者,你有權力,也有責任,要提高組織同仁的企圖心。**」不過,單憑願景本身無法提高企圖心,制定願景的過程也要海納百川才行。

納入各路主管，集思廣益

頂尖執行長為公司提出顛覆遊戲規則的願景，但是到了要傳遞給整個組織的時候，往往不容易上行下效，這是為什麼呢？

曾獲諾貝爾經濟學獎的以色列心理學家丹尼爾‧康納曼（Daniel Kahneman）做過一個實驗，為我們的問題提出令人印象深刻的解答。康納曼舉行一場摸彩活動，[17]其中一半參加者拿到的彩票上，有隨機分配的一個號碼，另一半參加者拿到的則是空白彩票和一支筆，必須寫上自己選擇的一個號碼。就在摸彩正式開始前，研究人員突然提出要買回所有彩票，但其實是想看看買回彩票所要花的錢，在隨機取號與自行選號兩組人之間有何不同。

按照理性預期，研究人員付給這兩組參加者的費用應無差別，畢竟摸彩純粹是機率，不論指定或自選，每一個數字的價值都應該相等，因為勝出的機率相等。但是不出所料，參加者的反應並不理性。不論國籍、人口群體或獎賞多寡，在彩票上寫下自選號碼的人，都會要求比另一組人高出至少5倍的補償金。這反映出一個關於人性的重要真相，就像美敦力前執行長喬治說的：「人會力挺自己幫忙創造的東西。」事實上，相較於缺乏參與的人，他們力挺的程度高出5倍有餘。這種現象隱含著人類渴望控制感的心理，是一種深植人性的生存本能。

幾乎每一位受訪的傑出執行長，都曾利用這種「彩票效應」。廣告公關公司陽獅（Publicis）前執行長莫瑞斯‧李維（Maurice Lévy）在這家跨國企業巨擘的職涯路上，一直都在應用這個方法。出生於摩洛哥的李維於1987年接任執行長，開始掌管當時被視為「輸家」公司的陽獅，並成功讓這家法國公司轉型，躋身為全球前三大廣告公司。李維運用併購戰略，讓陽獅集團的觸角擴張至超過100個國家，公司的團結口號是「差異萬歲」（Viva la différence），強調為客戶提供符合在地文化的服務。

然而到了 2015 年，這種收購式成長的策略已經山窮水盡，也該重新定義戰局了。李維看得出來，陽獅是由一大堆營運個體組成，也就是各種解決方案及其市場的代理機構各自為政。此外，他也注意到，像埃森哲（Accenture）這樣的顧問公司，正利用數據與科技建立品牌，對產業進行顛覆式創新。雖然他自認對於需要做些什麼有明確的藍圖，但已年屆 73 歲的他比從前更清楚知道，陽獅的願景，得要由下一個世代及未來的年輕人來開創才行。

為了發揮「彩票效應」，李維找來他的經營團隊和次一級的管理層，總共約 300 名領導主管，以及 50 名新晉為經理人、未滿 30 歲的員工，進行為期數個月的構思討論。過程中，李維也邀來客座講者，包括 Google 的艾瑞克・施密特（Eric Schmidt）、臉書的祖克柏、Salesforce.com 創辦人馬克・貝尼奧夫（Marc Benioff）和哈佛商學院領導學教授羅莎貝絲・莫斯・康特（Rosabeth Moss Kanter），幫助大家了解全球趨勢及顛覆式創新。這群高階主管受到講座內容啟發，分成小組為陽獅的未來願景腦力激盪，整合不同的點子並排出優先順序，到最後新願景終於誕生：「一的力量」（the Power of One）。這是一個經過徹底改寫的願景，透過跨職能團隊合作來服務客戶，消弭了以往部門之間的隔閡，將公司內部為數龐大的營運個體整合為一。

但其實李維藉由這個過程，在員工心中創造深刻的「主控感」，進而將廣大的組織領導層聯合起來，才是「一的力量」最珍貴之處。李維說，**共造願景的過程「帶來無比的能量和優異的解決辦法」**。兩年後，他卸任，這個他在 30 年前接掌時被視為「輸家」的小型法商，已經成長為市值 180 億美元的世界級企業。

我們訪談過的**絕大多數傑出執行長，都曾想辦法讓員工參與制定願景的過程，也都取得豐碩的成果**。Majid Al Futtaim 執行長貝賈尼說：「我們的目標是盡可能讓更多人參與進來，這麼做能普遍建立一種主控感。我們也發現有時最犀利的答案，來自平常我們不會去徵詢意見的同

仁,事後想想,真是差一點就釀大了。」

就像 adidas 前執行長海納說的:「雖然要花上 5 個月,但大家能自由說出心裡話,談論他們覺得適合公司的方向,激發出豐富的熱情、創意與新點子,而且公司股價在 12 個月內就變成 2 倍,勢不可擋啊!我認為這就是魔幻時刻。」百思買前執行長喬利更加強了這個觀點:「**當然要先打造一個計畫,但也要讓其他人一起來共造計畫。計畫不必十全十美,關鍵是要創造動力,然後駕馭動力。**」

提振公司主管的士氣並非一蹴可幾,有時候,執行長要循序漸進才能實現最終的願景,高博德(Piyush Gupta)於 2009 年 11 月接任成為星展銀行(DBS)執行長後,也有這樣的經驗。「這家公司的客服品質,在當時的新加坡銀行圈敬陪末座,要說他們夢想有朝一日成為全亞洲最棒的銀行,誰也不會相信。」高博德解釋:「要信心沒信心,要實力沒實力,就好像帶領一支小聯盟球隊,卻說他們不但能打大聯盟,還能贏得冠軍。」於是,高博德折衷之下,決定用公司主管能欣然接受的「亞洲銀行首選」,當作初步願景。

到了 2013 年,星展銀行在許多地區排行榜上嶄露頭角,名列「亞洲最佳銀行」,也開始夢想朝更大的舞台邁進。同年在一次場外會議上,「公司 250 位主管告訴我,他們想要成為全世界最棒的銀行。」高博德喜孜孜地說:「當我知道這群高階主管真心相信,我們能站上那樣的賽場,那簡直是魔幻時刻。」2018 年星展銀行果真榮獲《環球金融》雜誌(*Global Finance*)評為世界最佳銀行,成為第一家受到紐約刊物讚譽的亞洲銀行。另外《歐元》雜誌(*Euromoney*)和《銀行家》雜誌(*The Banker*),也將同樣的殊榮頒給星展銀行。不過高博德並未止步於此,他的團隊正追逐更宏大的願景,開始採納科技公司思維來重新定義金融服務,邁向「讓上銀行變得愉快」的終極目標。

看到這些頂尖執行長經常混淆使用願景(vision)、使命(mission)、

企業宗旨（company purpose）等名詞，的確讓我們有點坐立不安。除了做為顧問的我們，其他像是溝通專家、人資專家和學術圈人士，都能據理力爭說這些詞彙之間有細微的差異，但無論如何，**頂尖執行長更在乎的是述說一個簡單明瞭的願景，讓這個願景成為公司的北極星，進而重新定義成功、影響決策，並激勵大家採取理想的行動。**

頂尖執行長會以無所畏懼的心態來實現這種影響力，跳脫贏得比賽的框架，開創一個改寫戰局的願景，就像曼德拉和皮納爾做的那樣，在他們幫助下，南非橄欖球隊打這場比賽不再只是要贏得冠軍，而是為了團結整個國家。**為了制定出像這樣改寫戰局的願景，頂尖執行長會找出交集並放大優勢，關注比獲利更激勵人心的意義；同時，他們也敢於藉由回顧過去展望未來，並透過「彩票效應」為公司廣泛營造主控感。**

一旦制定好願景，不論路還有多遠，執行長都會面臨另一個考驗：如何將大無畏的願景化為現實？有句日本俗諺說得直接了當：「只有願景而無行動，只是做白日夢。」接著，就要來談談，頂尖執行長實際上做了些什麼來讓美夢成真。

第 2 章
戰略實踐：大動作革新要趁早且頻繁

想要躍過深谷，不能跳兩小步
——大衛・勞合・喬治（David Lloyd George），英國前首相

　　美國前總統約翰・甘迺迪（John F. Kennedy）對美國的願景是什麼？1961 年 5 月 25 日，他在國會聯席會議上曾表明：「我們要打贏這場正發生在世界各地的自由與暴政之戰。」他的戰略是什麼呢？是一連串大刀闊斧的改革，其中的「登月計畫」後來更成為「突飛猛進」的同義詞。那天他演講時，不但要求國會撥預算把人類放上月球，還要求連帶實施三項重大舉措：增加無人太空探索、發展核子火箭、改良衛星科技。除此之外，甘迺迪政府也想落實其他壯舉，像是成立和平工作團（Peace Corps）、制訂民權法案，以及再創美國與拉丁美洲的經濟合作關係。

　　從甘迺迪的事蹟可以看到，「大無畏」的心態不只適用於開創願景，也能用於追求願景路上所採行的戰略。換作是小心翼翼不敢犯錯的領導者，不可能發起登陸月球這種大膽的戰略行動，反而只會極力降低不確定性，頂多提高科技發展經費。然而，頂尖執行長就像甘迺迪，會以無所畏懼的精神把握先機，在任內頻繁採取大規模戰略行動。

　　譬如納德拉，他自 2014 年 4 月起接任成為微軟執行長，當時這家

科技公司的業界地位正急速滑落，一直以來引領微軟前進的那句座右銘──「讓每個人桌上都放一台電腦」，已經跟不上時代了。我們在前一章稍微提過，後來納德拉從微軟的起源故事汲取靈感，大膽改寫了未來願景，將公司的使命重新定義為「讓地球上每個組織及每一個人都能實現更多、成就非凡」。

就像登月計畫，納德拉接著展開幾項大型戰略行動，致力於推動公司實現這個願景。這位新任執行長在後來的幾年裡，投入超過500億美元資金完成多項收購案，有效提升微軟的生產力。他藉由收購社群平台強化服務，包括買下以商業社交活動為主的領英（LinkedIn）來促進商業社交活動，以及買下以軟體開發人員為主的 GitHub。他也對微軟的雲端服務、人工智慧業務加倍挹注資金，同時改變微軟的商業模式，由「拆封授權軟體」漸漸轉型為訂閱服務。另一方面，儘管公司已經砸下數十億美元想趕上蘋果與 Google，納德拉還是咬牙出售了微軟的手機業務。

納德拉這一系列大刀闊斧的改革，加上一些針對微軟文化的重要轉型措施，雙管齊下，結果是獲利良多。從納德拉接任執行長那一天起，到2020年為止，微軟的營業額成長了60％，且在標普500指數成長僅2倍期間，微軟股價成長了將近6倍。在我們寫這本書的此刻，微軟是全球市值第二高的上市公司。

像這樣頂尖執行長採取大型戰略行動的例子，我們可以詳細列出滿滿好幾頁，但不如談談麥肯錫公司的一項分析結果，更有啟發性。這項數據分析研究歷時15年，涵蓋3,925家大型全球企業，研究動機是要了解哪些大型戰略行動，最有可能讓表現平平的公司搖身變成獲利巨獸，而結果顯示，**只要懷著像「登月人」一樣的無畏精神去實踐，以下5項戰略行動就會是致勝關鍵**：[18]

1. 收購與出售：頂尖執行長平均每年都會完成至少一項交易案，

這些交易案累積經過 10 年後，足以構成公司市值的至少 30％（不過一般而言，單一交易案不會占公司市值超過 30％）。因此，**執行長要能發掘機會、展開協商並整合收購**，這樣的深層能力更是不可多得。再者，**頂尖執行長能大膽買進，也能大膽賣出，有時可能以跨業經營的形式進行**。譬如怡安公司，就是交易能手的典型代表。就像怡安執行長凱斯說的：「我們不斷在重塑並優化業務組合，15 年來已經完成超過 220 件收購案，以及超過 150 件撤資案，有些是大案子，有些是小案子。」

2. **投資：如果希望公司的投資獲得足以扭轉局面的報酬，資本支出與銷售收入的比率，就要持續 10 年超過產業中位數的 1.7 倍**。這的確是很大的數字，不過只要資金運用得當，就能讓公司比所屬產業更快速擴張。譬如通用汽車執行長巴拉，她曾為了在全球電動車市場爭取領導地位，動用了公司超過五成的產品開發資金（截至 2025 年約為 270 億美元），就是這種戰略行動最好的例證。

3. **增進生產力**：最成功的公司會比其他公司更徹底地削減行政、銷售和勞動成本，使得公司的生產力提升率在 10 年後，比產業中位數高出 25％。而這正是安聯公司執行長貝特為了推動革新計畫，所採取的戰略行動：「**簡單則贏**」。保險業的開銷比數十年來都是居高不下的 30％，但貝特接任執行長後，沒多久就讓安聯的開銷比降到 28％以下；同時，顧客忠誠度從 2015 年的 50％升提至 2019 年的 70％，內部成長率更從原本 2015 年的負成長轉為 2019 年的 6％。

4. **差異化**：頂尖執行長會大刀闊斧改良商業模式、創造價格優勢，革新規模之大足以改變公司的營運方向。因此，在往後 10 年間，公司的平均毛利率會超出產業中位數 30％，甚至更多。樂高（LEGO）前執行長喬丹・維格・納斯托普（Jørgen Vig

Knudstorp）就曾善用這種戰略行動，來落實他說的「利基差異化與追求卓越的戰略」，致力於每年更新至少半數自家核心產品。舉例來說，他創立數位平台來加強樂高玩家之間的交流，並開發女生適玩的產品、聯名授權系列產品（如：星際大戰），還推出大獲成功的樂高系列電影。

5. **資源分配**：當一家公司要在 10 年期間，**將 60％以上的資本支出在各業務單位之間進行轉移**，這項戰略行動就稱得上是規模龐大。像這樣快速重新配置資源所創造的價值，會比那些行動遲鈍的公司高出 50％。不過**資源再分配不只涉及資金，也意味著要將營運支出、人才資本和管理心力轉移給能發揮最大效益的單位**。正因如此，這項戰略行動是另外四項行動的必要條件，也因為非常重要，我們在下一章還會談到。另外在探討人才管理，還有帶領頂尖團隊及創造良好營運節奏的時候，也會再談到這一點。

執行長太少採取這類大規模的戰略行動，或在任內太晚才開始，都會讓公司在產業競爭中落居下風。一項數據分析研究顯示，公司的經濟利潤創造能力屬中等水準者，約有 40％在 10 年期間未曾採取任何重大行動，另外 40％則只有過一次。這項研究同時也顯示，曾採取其中兩項戰略行動的中等公司，有高達 2 倍以上的可能性躋身頂尖公司之列；**若是實踐的戰略行動達三項以上，鹹魚翻身的可能性更是高出 6 倍**。不僅如此，早點採取行動的執行長，表現比行動較慢的同儕出色，而且執行長任內經常大動作革新，長期下來也較不容易有表現下滑的問題。

這項研究清楚歸納出頂尖執行長出類拔萃的原因，然而，每一位執行長還是必須根據各自公司的情況，來判斷需要採取哪些大型戰略行動。就算決定要併購好了，但怎麼知道該收購或出售哪一家公司呢？即使資本支出有其必要，又如何知道該投資在什麼地方呢？諸如此類的

問題，在採取前述任一項行動之前都值得思量，有鑑於這五項戰略行動規模之大，好好回答這些問題更是關鍵一環。套句史帝夫・鮑爾默（Steve Ballmer）的話，當年他將微軟執行長的權柄交接給納德拉，曾說：「**要敢做，也要做對的事。不敢做，你成不了大事；做得不對，你坐不住這個位子。**」

「敢於做事，做對的事」，這當然是說的比做的容易，實際上就算是頂尖執行長，也不可能總是樣樣事情都做得對。Netflix 前執行長哈斯汀就曾說過，他實行的重大改革也有踢到鐵板的時候。2011 年正值 Netflix 順風順水的時期，線上訂閱業務飛速成長，顧客透過網路租片讓 DVD 郵寄到府，但哈斯汀看得出來，租片市場正在轉型，未來將是串流影音當道，不再需要實體寄送，顧客會直接在網路上觀看電影。這其實就是創新的兩難，如果 Netflix 要持續成長，就要把 DVD 郵遞出租業務打掉重練。哈斯汀提出的解方，是將郵寄 DVD 與無限串流拆分為兩種服務方案，並對訂閱兩種服務的用戶加收 60％ 的服務費用。這麼一來，不但費用上漲，還要適應新的 DVD 郵遞訂閱服務（後來稱為 Qwikster），消費者當然不太甘願了。

隨著數百萬訂閱戶出走，Netflix 股價大跌 75％，哈斯汀終於在一封電郵中告訴用戶：「我搞砸了，我欠各位一個解釋。而我錯就錯在，沒有完整說明幾個月前宣布的訂價及會員計畫。」結果看來，光是給出解釋還不夠，消費者真的不想付更高的價使用兩個獨立服務。同年秋天，哈斯汀在 Qwikster 推出前就關閉這項服務，恢復只有 Netflix 別無分號的單一訂閱模式。

後來，哈斯汀說：「現在回頭看，當時我們一心只想著不能斷送 DVD 事業。我們看過像柯達（Kodak）、百視達這樣的公司面臨商業模式瓦解。當時的處境很艱難，而我們學到一個重要教訓：**就算你公司的戰略布局跟不上未來 10 年趨勢，對顧客來說也無關痛癢。**」

話是這麼說，不過哈斯汀在執行面儘管不完美，行動還是夠迅

速,而且在重大決策上做出對的選擇,將營運重心從DVD轉移至線上串流。在多數人認為是險阻的地方,他看到的是機會。他面臨外界不斷的質疑與競爭,依然透過快速的技術擴張帶領Netflix成長,對於持續增長的客群,也能回應他們正在轉變的需求。DVD郵遞服務就這樣變成Netflix的利基,讓這家公司成長為串流巨頭,坐擁全球2億訂閱戶,橫掃200億美元營收。1997年從新創事業起家,如今的Netflix旗下員工將近9,000人,市值超過2000億美元。

　　由哈斯汀的經驗可以看到,在這樣快速變遷的環境中,充滿了未知與不可控的變數,因此大動作革新也伴隨著風險。**退守現狀打安全牌,是比較容易的一條路,但頂尖執行長會展現氣魄,面對未知依然採取行動**。荷蘭生命科學及材料科學大廠皇家帝斯曼集團(Royal DSM)前執行長費柯・希貝斯瑪(Feike Sijbesma)就曾經說:「我們大膽行事的時候,董事會總會問:『你確定嗎?』而我會這麼回答:『當然不確定,不可能百分百確定。』我們的企業文化支持對潛在風險開誠布公,但也鼓勵員工拿出勇氣與毅力把握機會。」

　　頂尖執行長不但願意冒險航向未知的海域,在海上颳起狂風暴雨時,也願意堅守航道。帝亞吉歐(Diageo)執行長孟軼凡(Ivan Menezes)為了讓這家烈酒商變得以客為主,曾推行一項戰略計畫,將原本對經銷商的商業行銷主力轉向消費者。然而,隨著短期內銷售量下滑,孟軼凡開始飽受投資人抨擊,甚至面臨來自公司內部的質疑聲浪。「整個組織都在等著看我們會不會動搖,」孟軼凡說:「但我們堅守路線,解釋理由並取得信任,果真為後來的成長奠定基礎。」從那時候起,帝亞吉歐的業績蒸蒸日上,股東報酬表現更在同業中躋身前25%。

　　我們訪談過一位又一位執行長,聽過許多類似的經驗談,不禁想起奇幻故事贊斯(Xanth)*系列的作者皮爾斯・安東尼(Piers Anthony)

---

* 美國作家安東尼以虛構的贊斯王國為主軸,所創作的一系列奇幻文學作品,台灣目前尚無中譯本。

說過的一段話：「再怎麼害怕還是挺身前進，去做必須做的事，那就是勇氣。感覺不到恐懼就成了傻瓜，任由恐懼主宰自己則成了懦夫。」[19] 美敦力前執行長喬治也主張，**敢作敢為是勝任執行長一職的重要特質**。「我看過一些各方面都夠優秀的執行長，偏偏就是沒有魄力。」他說：「他們領導的公司能撐一陣子，但隨著時間過去就會積弱不振。」

我們仔細研究這份勇氣來自哪裡，發現原來頂尖執行長⋯⋯

⋯⋯都是不同凡響的未來主義者
⋯⋯留意不利因素
⋯⋯像老闆一樣行動
⋯⋯定期使用「強心手段」（heart paddles）

做一個不同凡響的未來主義者

幾乎每一位受訪執行長，都強調**要透徹觀察世界的未來趨勢。他們會密切追蹤技術轉型、顧客偏好變化、新競爭者、即將來臨的威脅**⋯⋯這麼一來，他們就能趁這些趨勢變成老生常談前先押寶，投資看似不存在的市場或前景渺茫的科技，即使因為這些選擇而遭受他人批評，也還是能保持堅定的立場。

經營不只一家公司的溥瑞廷（Ed Breen），就是利用未來趨勢建立起他的事業。他在擔當執行長的 23 年歲月裡，擅長應對複雜的複合企業和激進投資人＊，有天才軍師的外號，先後歷任泰科（Tyco）、杜邦（Dupont）等跨國企業執行長。不過早在他 40 歲出頭時，就曾擔任通

＊ activist investor，激進投資人以小部分的股份取得發言權，對於上市公司的經營方式積極發言或獻策，如果無法說服公司的管理者做出改變，他們可能會發起代理權爭奪戰，以取得董事會席位

用儀器（General Instruments）執行長。通用儀器發源於賓州，專門生產將電視連接到有線網路的機上盒，時值 1990 年代，全世界大多數地區都還在使用類比訊號，不過溥瑞廷已經預見，未來將轉型為數位播送。當時，數位機上盒尚未問世，開發成本也很高昂，但溥瑞廷的信念堅定，投入公司 80％ 的研發資源來解決這個問題。後來，這項投資也有了回報，通用儀器在業界一馬當先，率先研發出數位機上盒。可惜的是，這項技術的生產成本還是太高了。

據溥瑞廷憶述：「我前一年才剛接任執行長，此刻就坐在那裡讚歎，心想：『別人都還沒有想出要怎麼做數位機上盒，我們已經做到了。』但又怎麼樣呢？就像其他任何電子產品，要有量產需求才能把零件成本壓下去。於是，我去找頭號有線電視公司 TCI 執行長約翰・馬隆（John Malone），跟他說：『通用儀器的數位機上盒成功了，而 TCI 能靠這項技術領先業界。不如我們談筆交易，將貴公司遍布全美的有線系統都加裝數位機上盒，這樣雙方公司都能獲利。只是你必須保證，只能採用通用儀器的數位機上盒。』隔天，我跑去另一家有線電視公司康卡斯特（Comcast），提出一模一樣的交易條件。一星期後，我親自奔走，去見每一個該見的人，終於和全美前 10 大有線營運商完成簽約。」

這一大筆投資讓通用儀器在市場做出差異化，接著溥瑞廷又針對成本效率下猛藥：「隔年我把重點放在『降低成本』，把這些機上盒的成本降低、降低，再降低。後來真的將最初的成本壓低到只剩下一半。」通用儀器繼續稱霸價值數十億美元的機上盒市場，接下來幾年裡，溥瑞廷就這樣看著公司的市值一飛沖天。

溥瑞廷另一次預見未來趨勢的經驗，就發生在他出任杜邦執行長期間。那是在 2017 年，他研判農產業將發生新設合併，導致產業競爭者數量減少。他也研究了農產業的趨勢和經濟體系，發覺在這個市場中擠不進前三強的競爭者，屆時恐怕地位不保。當時杜邦旗下有 7 個事業部，農業類只是其中 2 個，卻占了公司 50％ 以上的實際股權

價值。溥瑞廷也憂心如果重組農業事業部，短期內可能對杜邦股價有負面影響，但事實明擺在眼前，分拆目前的科迪華農業科技（Corteva Agriscience）並與陶氏化學（Dow Chemical）進行合併，是最好的出路。當時，很多人質疑這項決策，告訴他：「你不可能跟陶氏談成這項合併案，就算談成合併，結果也不會如你所願。」投資人也一樣沒有信心，對他苦苦相勸：「不可能讓杜邦和陶氏同心協力，兩家公司是死對頭，肯定行不通。」後來，溥瑞廷反思：「99%的人大概都不會想碰這個合併案，那是我職涯中做過數一數二重大的決定。」

雖然不被看好，溥瑞廷卻堅信迫於產業趨勢，這項戰略行動對雙方公司都有好處，他說：「對方比較擅長作物保護，我們對種子培育比較在行，互相截長補短會是一家很棒的公司，有望成為業界第二把交椅。」一些分析師認為，這是歷來最複雜的企業整併案，陶氏和杜邦於是合併成單一企業實體，並重整架構，然後分割成三間獨立公司：陶氏（通用化學品）、杜邦（特用化學品）、科迪華（農業種子、性狀及化學品）。經過這番整頓，三家公司在各自領域都變得更有競爭力。

溥瑞廷回顧自己的職業生涯，有感而發：「執行長每天都要做出重要決定，不過有些決定牽涉層面極大，非比尋常。我這一路上作過大約15個重大決策，擔任執行長至今已邁入第23個年頭，而那些重大決策最好有效。」溥瑞廷的決策的確有效，說來多半正是因為他能洞燭機先。

我們訪談過的傑出執行長，都有相當清楚明瞭的未來展望。義大利國家電力公司（Enel）執行長弗蘭契斯科·史塔拉齊（Francesco Starace）深信，再生能源會變成龐大而競爭激烈的產業，擴及全球。他也相信「**在未來，時間會被壓縮而非延伸**」。他結合這些想法，不再將大量資本投入火力與核能發電廠，改採更細緻的多重投資方式，將目標轉向開發建設時間不超過3年的再生能源。就這樣，義電成長為全世界最大的私營再生能源供應商，也是歐洲市值最高的公用事業。

通用汽車執行長巴拉果敢採取的大規模行動，是根據她觀察到的汽車產業4大轉型趨勢：電氣化、自動化、聯網化、共享化。帝斯曼前執行長希貝斯瑪洞見散裝化學品與石油化學品集中化、商品化的前景，同時也察覺在保健、營養、永續生活等領域的商機，於是他轉移公司的業務重心，不只為股東賺進獲利，也為人類社會和這顆星球做出貢獻。

微軟執行長納德拉則是預見有關社群、行動、雲端科技等產業的未來趨勢，同樣推動了大規模革新。納德拉因此為人稱道，但就像他說的：「5年前大家還在說：『這不可能實現。』所以當時只能孤軍奮戰。你必須當甘冒風險的那個人，這種行動力源自個人的世界觀。做為執行長，對這個世界將何去何從要有超群絕倫的眼光。」

這些執行長哪來預知未來的水晶球呢？答案其實比多數人想的要簡單。希貝斯瑪分享他的經驗：「我職業生涯剛起步時，思索過如何才能培養遠見與戰略。光是坐在書房裡就能像阿基米德靈光乍現，歡呼『我想通了』嗎？我可不這麼認為。我開始**讀更多各種學門的書籍，包含無關的主題，然後把那些無關的知識結合成新東西──不只技術創新，也有業務革新。我也開始到各地旅行，建立人脈網，與許多來自商業、科學及社會領域的人士往來。**」像這樣的人脈網也為希貝斯瑪注入靈感，成就帝斯曼集團的大膽轉型。他拜訪過一些業內行家，甚至遠走中東，對所處產業建立起堅實的觀念：帝斯曼絕不可能和既存的石油化學大廠競爭。另一方面，他透過和聯合國（United Nations, UN）及其他方面的交流，察覺在永續發展與健康食品等新興領域，有越來越多機會浮現。後來希貝斯瑪透露：「就是因為這樣，我們起了撤出石化產業的念頭，並利用這筆變現收入轉攻營養保健產業。」這項行動最後促成了帝斯曼長達15年的全面轉型。

對樂高前執行長納斯托普而言，幫他打開視野的則是一個意想不

到的客群：成人樂高迷社群。「他們被視為灰色市場*，是一個有點尷尬的群體。」他說：「他們每一年都辦聚會，我就跑去參加其中一場大會。我在那裡露營 6 天，每天都和五六百人不停對話。」納斯托普透過這個行動贏得他們信任，他們也反過來幫他看見新的可能：「他們不斷捎來電郵與訊息，帶給我各種想法。他們比起兒童是更高階的玩家，卻也是尖端使用者[†]，當我能開發出讓他們滿意的產品，要再去滿足一般使用者所需就不是難事。他們就是品質保證。」如今樂高的成人使用者社群，全世界共計超過 100 萬人，為樂高貢獻了 30% 的全球業務收入。

　　頂尖執行長會把他們對未來的看法融入公司的戰略計畫。Alphabet（字母公司）及其子公司 Google 的執行長桑德爾・皮查伊（Sundar Pichai）曾說：「我思考公司的使命，以及我們觀察到的基本趨勢，然後據此寫下 5 到 10 個最想要貫徹實行的主軸。」接著，皮查伊找來管理團隊，以及組織內各階層推舉的代表人，共同釐清這些發展主軸。做好這樣的心理準備後，公司每一個單位內部，都會共同制訂一套有企圖心的「目標與關鍵結果」（OKR）。之後，皮查伊在所有回顧會談上，又會再次強調這些主軸：「假設『亞太地區優先』是五大主軸之一，我可能會錄一支 YouTube 績效回顧影片，追問團隊同仁：『能說說看為了實現亞太地區優先，你們採取了什麼對策嗎？』」

留意不利因素

　　要知道的是，果敢行動不等於魯莽行事，優秀的執行長在大舉改革之前，都會先充分權衡風險與報酬。杜邦執行長溥瑞廷解釋：「我一

---

* Gray Market，即俗稱的水貨市場。

[†] lead user，對產品或服務有強烈且大幅超前市場趨勢的需求，並時常因此驅動創新的使用者。

定會審慎評估的就是「不利情境」（downside scenario）。萬一事態發展不如我所料想的美好，「不利情境」會是如何？到時我承擔得起嗎？這一向是我最憂慮的事情。我做的決定絕不能冒太多風險，但是只要我能接受不利情境，而且結果是有賺無賠，那麼風險報酬比就還算不錯。」

用水衛生大廠藝康（Ecolab）前執行長道格．貝克（Doug Baker）也認為，**要先掌握風險報酬平衡，冒險才有意義**。曾於 2004 年接任藝康執行長的貝克說：「多數時候，都是在資訊不充分的情況下做出戰略決定，如果要等到知悉一切才行動，很有可能會錯失機會。執行長往往必須在資訊不完全的狀態下做決策，這時我常會問：『犯哪一個錯誤，你比較擔得起？』」

舉例來說，貝克可能願意為了生產水處理解決方案，冒著市場可能消失的風險，硬是花 7,500 萬美元在中國蓋新廠──因為就算市場消失，公司也不至於會倒。貝克也說，先過這一關再大舉行動，「我能犯的最嚴重錯誤，也不過是放慢腳步。當然一定要不斷成長，不斷投資，不斷前進，但做這些終歸是為了提高公司成功的機會。」

然而，這並不是說貝克在位期間都不敢承擔重大風險。2011 年 1 月在瑞士達沃斯世界經濟論壇上，貝克有了機會，和跨國水處理公司納爾科（Nalco）的執行長喝咖啡，而在那之前，他和領導團隊一直將水科技（納爾科公司的主要業務）視為戰略重點。他回憶那次在達沃斯的會面：「那位執行長很擔心債務問題，在我們短暫的談話中提起那件事四次，當時我心想：『也許我們該研究一下這家公司。』」

仔細評估過以後，貝克決定積極對納爾科展開併購行動，同時他知道，藝康最大的競爭對手正在被收購，陷入一片混亂，正好給了藝康迴旋空間，降低納爾科併購案的風險。此外，他也明白可以透過分拆納爾科來降低整體風險。於是同年 7 月，藝康宣布以 81 億美元收購納爾科，這數目在當時相當於藝康市值的 75％。

貝克採取這項大型戰略行動，還有其他不下 100 件小型收購案，

擴張了藝康所提供的產品與服務內容,以及交易活動的地理範圍,讓這家公司有能力為顧客提供一次購足體驗(one-stop shopping)。這些投資最終有了回報,貝克在他擔任執行長的 16 年裡,將藝康的市值堆高至原本的 8 倍以上,並讓營收從原本的 40 億美元提升至 150 億美元。多年來,貝克在《哈佛商業評論》全球執行長 100 強榜上有名,最後一年卸任時也表現突出,獲《巴隆週刊》評為 2020 年全球 25 大傑出執行長,以表彰他在全球新冠肺炎疫情期間的貢獻,像是保障員工薪資、支援顧客與餐飲從業人員,及捐贈重量將近 100 萬磅的清潔用品給有需要的人。

除了溥瑞廷和貝克,還有很多受訪執行長也談到在評估重大行動時,他們是如何務實因應隨之而來的下方風險(downside risks)。「往往是始料未及的後果會讓你馬前失蹄,而趨吉避凶的關鍵就在這裡。」車用零配件製造商德爾福(Delphi)前執行長羅德・奧尼爾(Rod O'Neal)說:「我們當初沒做的事情是後來成功的一個原因——我們沒在印度、南美或俄羅斯擴張,避開了當時一大堆公司搶著跳進去的陷阱。」

奧尼爾就是靠著按部就班,小心處理可能的意外後果,才避開那些陷阱。他說:「做決策就像推骨牌,要推倒第一張骨牌往往很容易,但後面的骨牌也要成功才行。第二張、第三張,甚至更後面的骨牌,結果又會是如何?我們會走決策樹去看隨著事態推展,會出現什麼結果,只要碰上一個會擊垮我們的潛在壞結果,不論那是多久以後的事,我們都會改採其他決策。我們不會輕率地說:『哎呀,萬一遇到就慘了,但八成不會發生,姑且一試嘛。』」

或者隨著時間過去,頂尖執行長也會從常見模式悟出一些經驗法則,學會避開這種下方風險。拉里・卡普(Larry Culp)於 2001 至 2014 年間擔任丹納赫公司(Danaher)的執行長,後來又成為奇異公司(GE)的董事長兼執行長,他為收購行動立下三道門檻。他說:「我們

要對目標公司及其硬體空間有興趣，還要能增加盈利，而且該收購案的資產評估要可靠。不過我們也必須按照這個順序進行，如果像大部分銀行家那樣顛倒順序，一定會出事。我們對於能否增加盈利，以及我們是否為最適合的買主，算是相當坦承不諱。」

卡普說得斬釘截鐵，是因為有過經驗教訓，他回憶說：「早期我們大致上就是懷著交易心態，完全不去管收購對象的差異，只知道要先過資產評估這一關，其他一切都視為次要事務。」後來，卡普當上丹納赫執行長，轉而針對高毛利、低資本密集的儀器事業出手，讓公司的投資組合在成長路上維持一致策略，最後果真有所斬獲。在卡普任內，當標普 500 的整體股東報酬率為 105％，丹納赫的整體報酬率高達 465％，同一時期，公司市值從 200 億美元成長為 500 億美元，營收更是原來的 5 倍。

而且，**頂尖執行長也會用適切的分析方法來評估風險**。譬如 Adobe 公司（奧多比）之前大動作對所有客戶進行雲端搬遷，就是檯面下經過縝密分析的結果。執行長山塔努‧納拉延（Shantanu Narayen）告訴我們：「我們直覺知道讓產品轉移到雲端訂閱的願景沒錯，為了驗證這個信念，我們還真的在董事會議室大擺訂價模型、單位模型，預估永久授權版銷量再過多久會下滑、線上訂閱業務要多久才會增加。我們花了好幾個小時去模擬產出。」此舉也提升了整個團隊的投入程度，他說：「這麼做真的需要膽氣，但透過討論，我們才知道這樣能成功，長期看來對 Adobe、客戶和股東都有好處。」

像老闆一樣行動

頂尖執行長表示，**面臨要勇敢做出重大決策的時刻，像老闆一樣思考，就是找出正確解答的最佳辦法**。溥瑞廷回顧在通用儀器初次擔任

執行長的經驗，思索當時對他的思考過程影響最大的是什麼，他解釋說：「我做過一些非常艱難的決定，對公司來說非成即敗。我記得我去找過公司董事兼最大投資人泰德・佛斯特曼（Ted Forstmann），跟他討論這些決策，而他對我說：『瑞廷，那是你的公司，這樣吧，不如你去看看鏡子裡的自己，再下決定。』」佛斯特曼的建議深深影響了這位新任執行長，從此以後，他做決策時都彷彿自己是完全擁有公司的大老闆。溥瑞廷自己也說：「這麼一來，就不用再煩惱各派人馬的反應，因為我知道我為公司做了正確的決定，倒不是說要無視廠商、客戶、員工、投資人之類的，而是只要明白那是對的決策，問題就剩下該如何應對董事會、經營團隊、員工⋯⋯」

像老闆一樣思考，也有助於化解短期和長期目標間的緊張關係，懂得像老闆一樣思考的法雷奧執行長亞琛布洛區說：「身為執行長，對公司長遠的未來命運負有責任。只是改善明天看得到的結果，那當然容易，顧好研發、顧好資本支出，就有很棒的成果了，但過幾年公司肯定會完蛋。所以我認為要是不顧長期結果，就稱不上是真正的執行長。執行長一個人就代表整個公司，行動時必須以公司最佳利益為考量。」

工業巨擘阿特拉斯科普柯集團（Atlas Copco）前執行長勒尼・雷頓（Ronnie Leten）更乾脆告訴董事會和團隊夥伴：「我們一起像家族企業那樣行動吧！我是家族的大家長，我們未來不斷為子子孫孫創造價值。只要我們這麼做，就能隨著經濟週期持續創造經濟價值。」

巴西伊大屋聯合銀行（Itaú Unibanco）是南半球最大的金融集團，也是全球市值排名第十的銀行，其前執行長羅貝托・賽杜柏（Roberto Setúbal）現為聯席董事長，他發現在他上任初期，**「像老闆一樣行動」堅定了他的信念，促使他採取一項非常大膽的行動**。他說：「我在銀行擔任執行長期間，有一天，通貨膨脹突然停止了，那是我在銀行工作有史以來第一次，公司開始賠錢。我嚇壞了，但我清楚身為執行長的職責，就是要像老闆一樣做決策，不論會引起多少爭議，都要做必須做的

事,讓銀行的長期價值穩定成長。」

當時的銀行不會對帳戶收管理費,但現實情況是,伊大屋銀行再不收費,就要撐不住了。於是,伊大屋銀行透過電視和報紙,大張旗鼓宣告要收取的新制費用。賽杜柏的對手告訴他,這簡直是瘋了,客戶會把帳戶通通關閉。「但他們錯了,」賽杜柏說:「因為一切公開透明,所以我們的客戶願意付費,原來大家早已厭倦其他銀行設下的隱藏費用。」

Alphabet 執行長皮查伊,則是觀察創辦人賴利·佩吉(Larry Page)與謝爾蓋·布林(Sergey Brin)如何大膽採取戰略行動,因而受到啟發,他沉思說:「通常當執行長努力要推動重大轉型,組織的發展方向就會改變。賴利和謝爾蓋的過人之處,就是採取看似異想天開的發展定位,讓人不禁納悶:『為何要這麼做?』但他們志向如此遠大,總能說服組織改變路線。忽然間,你已經在做大部分人不會去做的事,自然而然吸引到最優秀的人才,即使最後團隊只能實現原初計畫的十分之一,依然不失為重大的創新成果。」

定期使用「強心手段」

賽杜柏過去擔任執行長 22 年期間,曾數度發起大動作革新,幫助伊大屋銀行在激烈競爭中脫穎而出,前面分享的只是其中一次經驗。他建議:「**你要自我更新,世界會不斷改變,你也必須改變。**」

他的第一步,是迅速收購並整合營運不善的四大國有銀行,讓伊大屋從區域性銀行轉型為全國性銀行。第二步,是投入大量資金,讓伊大屋不再只做零售金融業務,一躍成為領導業界的企業及投資銀行,同時擴張資金充裕的零售銀行部門,進駐另外三個拉丁美洲國家。第三步,他實施一種靈活的營運模式,大幅削減經常性開支並提升效率,徹

底改造公司的績效文化，同時開始協商並完成與聯合銀行（Unibanco）的合併案。最後的第四步，他在巴西積極驅動成長，同時在拉丁美洲更深入擴張，並優先為銀行數位轉型進行投資。

從賽杜柏的經驗可以看出，許多頂尖執行長看待大動作革新的思維：讓一連串「S 曲線」隨著時間驅動變革。也就是說，他們接二連三大動作革新，快速進入一段密集行動、劇烈改革的時期，接著就來到修復期，但同時仍在逐步改進，在那之後，又會重新展開高速密集的大動作改革期，如此一再循環。優秀的執行長不只會確保現階段順利進行，也隨時在伺機推展下一個 S 曲線。微軟執行長納德拉曾描述這兩者之間的張力：「**有些事必須長期計畫，要有耐性，有些事則必須速戰速決。**

圖表 2-1　運用「強心手段」實現持續成長的 S 曲線

案例：羅貝托・賽杜柏在伊大屋聯合銀行的成功經驗

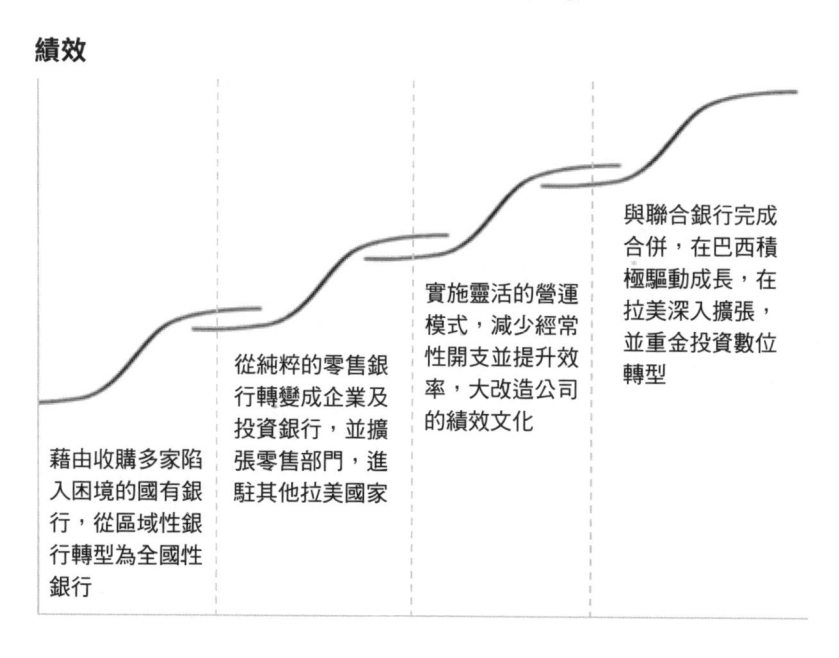

績效

- 藉由收購多家陷入困境的國有銀行，從區域性銀行轉型為全國性銀行
- 從純粹的零售銀行轉變成企業及投資銀行，並擴張零售部門，進駐其他拉美國家
- 實施靈活的營運模式，減少經常性開支並提升效率，大改造公司的績效文化
- 與聯合銀行完成合併，在巴西積極驅動成長，在拉美深入擴張，並重金投資數位轉型

這很有意思——該用什麼節奏呢？要平衡照應未來與現在，唯有執行長能做到。」

頂尖執行長就像納德拉一樣，會認真考慮重大改革的進展節奏，這麼做並不容易，卻是必要的。麥肯錫公司前全球總裁鮑達民，是企業轉型變革的專業顧問，他說：「**沒有人喜歡改變，所以要創造一種變革的節奏，你可以想成對組織使用『強心手段』**。1935 年，一個組織的平均壽命是 90 年，但到 2015 年已經下降為 18 年，這讓人不得不問：『我們有何理由能再存活 10 年？』這是一個存在議題，迫使你大幅改變，而且要經常改變。不這麼做，就會被淘汰。」

鮑達民領導麥肯錫期間，成功讓這家一流顧問公司化身為客戶的實作夥伴。他經常使用「強心手段」，像是根據公司建議對客戶的效用，重新調整費用結構；擴大服務內容，不只提供諮詢，也協助客戶實施革新計畫；大量投資，為公司建設先進的數據分析能力……

百思買前執行長喬利也談到，他是如何又為什麼對公司使用強心手段，從一個 S 曲線推進到下一個 S 曲線：「我們從一項再造行動著手，稱為『藍衫重生』*，接著到了某個時間點，這項再造行動顯然也該告終了。在一些人心裡，那段時期總帶著一股非常保守的公司風氣，當時我們只能竭力降低成本，沒有餘裕冒險開拓，不然會失去信譽。畢竟只要能確實達到營運目標，要搞定華爾街那些人就容易得多。」

在那個時間點，喬利覺得百思買已經準備好了，可以邁入成長期，換句話說，公司必須承擔更多風險，才能徹底發揮潛能。於是，這位執行長邁向下一個戰略階段：「打造新藍衫」。之前的再造期，喬利已經數度大刀闊斧改革過，像是保證「買貴退差價」、退出國際市場，以及重塑與廠商的夥伴關係。現在他著眼成長，再度使用強心手段，不

---

* 百思買基層員工制服為藍色，而這項轉型計畫針對門市員工提供轉型訓練並鼓舞士氣，進而改善顧客體驗。

只在智慧家居市場建立起領導地位，也憑著傳感器與人工智慧產品打進長照市場，並推出年費制「全面技術支援計畫」（Total Tech Support），不論顧客的科技產品是否在百思買購得，都能享有技術支援服務。

經常有人找我們去擔任執行長的顧問，他們在上任初期很有衝勁，接二連三大膽出擊，但過了幾年，就漸漸沒了鬥志，表現越來越乏善可陳。像這樣的執行長懂得「趁早大動作革新」，卻不知道也要「頻繁」革新。**任何大刀闊斧的改革行動都要有始有終，每一個階段任務的完成，都在為下一次更上層樓的蛻變建立信心、開發能力。**達成登月計畫般的壯舉之後，當然要慶祝勝利並吸取教訓，但接著就該籌劃下一回合大膽出擊，讓公司百尺竿頭，趕快更進一步。我們在前言也說過，正是因為這麼做，頂尖執行長才能超越業界水準，拿出長期穩定的高績效表現，不像其他懵懵懂懂的同儕表現大起大落。

金融保險集團比利時聯合銀行（KBC）執行長喬漢・帝斯（Johan Thijs），就是一流領導人連續發動 S 曲線的活教材。2019 年，這家金融服務巨頭公布的利潤數字，在歐洲市場一直是名列前茅。比聯的資產流動性一向極佳，也有充裕資本，而帝斯在他執掌 3 年任內，也曾躋身《哈佛商業評論》全球執行長 100 強前 10 名。可以說，帝斯很可能經歷過「多做多錯，不破不修」*的光景。既然如此，他到底有什麼作為？他做了所有偉大執行長都會做的事。「**我們重新評估戰略。**」他說：「**我們仍按著既定路線前進，但要轉而追求更高水準的表現。**」

於是，比聯為內部稱為「大同小異」的戰略歡慶告別，結束了這條 S 曲線，隨即快馬加鞭推進下一條 S 曲線，稱為「改變：更上層樓」。這新一波大動作革新聚焦在人工智慧、快速決策、產品及流程簡化，目標只有一個，就是在數據驅動、解決方案驅動等數位優先戰略上，成為

---

* 原文 "If it's not broke, don't fix it." 字面意為「沒壞就不必修理」，引申意在勸人安於現狀，以免多做多錯。

世界首屈一指的銀行保險公司。

大規模的行動伴隨著巨大風險，正如名列冰球名人堂的韋恩·葛瑞茲基（Wayne Gretzky）所言：「你一定會錯失未能出擊的每一球。」**頂尖執行長都知道，對未知望而卻步的風險更大。卓越不凡的執行長有明確的未來視野，充分掌握了風險與報酬平衡，不但會像老闆一樣行動，也會在崗位上經常使用「強心手段」，所以能駕輕就熟大膽出擊。**

成功不是必然會發生，但不可否認的是，如果不趁早且頻繁大動作革新，公司就很難有機會拔尖超群。前文提過，有五項大型戰略行動與成功息息相關，其中的「資源分配」，就是成就另外幾項戰略行動的必要條件。我們這一章談過了願景與戰略，接著就要集中討論資源分配──讓公司開始往正確方向前進的最後關鍵一步。

第 3 章
資源分配實踐：像局外人一樣行動

失去理智是一再做一樣的事情，卻期待有不一樣的結果。
——麗塔・梅・布朗（Rita Mae Brown）*

　　1938 年，德國納粹併吞奧地利後，歧視迫害猶太人，數學家亞伯拉罕・沃德（Abraham Wald）於是移民到美國。隨著美國加入二戰，身懷統計專才的沃德也受到政府委託，協助為各種戰時問題提出對策，其中包括將遭敵軍擊落而損失的轟炸機數量降到最低。

　　沃德先是研究了許多從戰場平安歸來的轟炸機，發現機體某些部位被擊中的頻率特別高。軍事高層想藉由強化這些部位將傷害降到最低，但沃德並非軍事背景，他用局外人的眼光看問題，反而主張最不常被擊中的部位才應該好好保護。他還猜測，一旦機體的重要部位被擊中，就不太可能安然返回基地，也就是說，**轟炸機之所以能返航，大概就是因為沒被擊中要害**。因此他推論，三番兩次挺過攻擊的部位，既然能回來昭示戰場慘況，再怎麼加強恐怕也無濟於事。

　　多數執行長也像沃德一樣相信，如果不把資源分配在對的地方，就會輸掉戰局。事實上，有 83％ 的執行長認為資本配置是關鍵成長槓

---

*　作者按：常被誤引為愛因斯坦。

桿，還說這比卓越經營或併購重要得多。[20] 他們說的沒錯，資本配置確實很重要。前一章討論過，前十分之一的高績效執行長，更有可能動用大筆資本投入轉型，而且比平庸的同儕更常這麼做。話雖如此，但我們的研究顯示，有三分之一的公司每年只對1%的資本進行再分配，而績效最高的公司平均則為超過6%。

如果資源配置決策與公司的願景和戰略不協調，所謂的願景和戰略，都會淪為公司簡報的空話，很快就會失去威信與效力。況且做為執行長，要是不能比資本市場更有效地分配資本，會讓股東覺得公司的事業沒有理由存續，甚至可能引發激進投資人率眾反彈，導致公司被分拆。再加上「公有地悲劇」的問題，也就是當個體只顧私利時，會漠視公眾福祉。因此，不難看出在資源分配方面，頂尖執行長的確是備受矚目的重要角色。

那麼，讓資源無法與願景和戰略協調一致的障礙，究竟是什麼呢？就公司內部而言，問題出在「順了姑心逆了嫂意」的政治角力。adidas前執行長羅斯德說：「資源分配是一項非常重要的工作，大部分人都不願意把資源拱手讓人，所以執行長往往得介入調停。」至於在公司外部，一樣會遭遇阻礙。雖然長期看來股市偏好資源再分配，但短期而言卻不然，因為資源重新分配的頭幾年利潤會下降。可以想見，**由於內部因素與外部因素兩相夾擊，執行長當然非得以「大膽」的心態分配資源不可，否則永遠無法做好這件事。**

做為外部空降的執行長，反而比較容易挪移資源。波士頓科技（Boston Scientific）執行長邁可・馬洪尼（Mike Mahoney）分享他的經驗：「局外人身分幫了我很大的忙。那些長期待在公司的同仁，太過在意塗藥心血管支架和心臟管理裝置的市場，雖然都是重要的業務，但在其他成長更快的市場還有那麼多機會，值得我們利用創新技術以小博大，搶占領導地位。當時我們需要新戰略，而且必須迅速行動。」

於是，馬洪尼和團隊夥伴按部就班，將研發部門的資金挪移到成

長更快的市場（本來有8成資金放在低成長的核心業務），包括內視鏡、神經調節術、周邊血管介入術、腫瘤介入治療和泌尿治療。事實證明，將資金轉而投入醫療科技領域是對的，在馬洪尼任內至今，公司的營收和息稅折舊攤銷前盈餘（EBITDA）都增加了50％以上，市值成長已經超過7倍。

頂尖執行長知道，即使並非真是局外人，照樣能拿出局外人般的魄力。1980年代初，英特爾（Intel）市值從前一年的1億9,800萬美元，暴跌到隔年的200萬美元，陷入大危機。時任公司總裁安迪・葛洛夫（Andy Grove）問他的執行長高登・摩爾（Gordon Moore）：「如果我們倆被踢出公司，董事會找來新的執行長，你覺得他們會怎麼做？」摩爾毫不遲疑回答他：「他們會退出記憶體晶片市場。」葛洛夫聽了直盯著他看，接著說：「那不如你和我自己走出這扇門，再走回來，然後一起這麼做，不是更乾脆？」[21] 後來的事眾所皆知，英特爾退出DRAM記憶體晶片市場，把未來賭給了新產品：微處理器。就這樣，英特爾也成了開闢電腦時代的一隻推手，如日中天的成功維持了數十年之久。

要說明公司如何將局外人對資源分配的觀點，化用為自己的商業模式，全球多元經營的企業集團丹納赫，就是很有力的例子。丹納赫原本是一家不動產投信，後來蛻變成服務內容廣泛的科技製造公司，橫跨生命科學、醫療診斷、環境與應用解決方案、牙醫科技等領域。在前執行長卡普領導下，這家公司不斷運用名為「丹納赫商業系統」（Danaher Business System, DBS）的評估方法，來進行資源分配。DBS會判別最佳投資機會，推動營運面改善以釋出資源，為丹納赫收購的事業開發出世界一流的能力。丹納赫經營團隊由於應用DBS，有至少一半的時間都投入資源再分配，包括併購機會、有機式投資（organic investment）和撤資。卡普在位那14年裡，丹納赫累計收購案總值為220億美元，並曾對超過三分之一的事業撤資。

面對資源再分配時像個局外人思考，意味著執行長不會受制於公

司傳統，對內部效愚忠，並拒絕屈服於短期壓力。他們反而會經常自問，換作新來接掌公司的執行長，跟公司毫無情感牽絆或瓜葛，會怎麼做呢？實際上，就是要透過下列方法分配資源⋯⋯

　　⋯⋯以零基為起點
　　⋯⋯化零為整，眾志成城
　　⋯⋯管理要看「里程碑」（不是年度預算）
　　⋯⋯創造多少，就要消滅多少

以零基為起點

　　前一章談願景的時候，介紹過心理學家康納曼的彩票實驗，以及當中有關建立主控感的啟示。現在，我們要談談康納曼的另一個實驗。在這個實驗中，一家雜貨店推出康寶（Campbell）湯罐頭特賣，每罐特價 79 美分，旁邊還立了告示寫著：「每人限購 12 罐」。同樣地，另一家雜貨店也推出特賣，價格一模一樣，但不限制購買數量。究竟第一間店的顧客，平均每人會買下多少罐頭呢？答案是 7。那第二件店呢？只比 3 多一點。[22]

　　這是怎麼回事？跟我們的主題又有何關聯？這項實驗證明了所謂「定錨捷思」（anchoring heuristic）的力量。「捷思」其實就是大腦用來簡化複雜決策的一種心理捷徑，或者說經驗法則，也稱作「認知偏誤」，之後我們在談到決策的章節會詳細討論。「定錨」則是個人賴以決策的某項資訊，譬如雜貨店實驗，第一間店客人的大腦就是先定錨在限購量「12」，由此再往下減；第二間店客人腦海中沒有「12」這個數字，所以平均只買 3 罐，可以說是比較正常的購買量，或者也可以說，他們是由「0」開始往上加。

現在我們就應用這個心得，反思多數公司處理資源分配的傳統做法：一開始往往會考量前一年的預算，或其他形式的歷史基準，也就是「定錨」。這意味著資金分配的方式，多半是因循守舊。舉例來說，如果莎莉的部門今年預算多拿到 2%，明年大概也會拿到一樣的（或差不多的）預算。但萬一這個「定錨」換成「0」呢？任何一項投資都不是必然的存在──每一項投資都要經過審查，也要考慮其他替代選項，還要看是否對公司的戰略和願景有幫助，才有正當理由取得認可。我們說要「從零開始」處理資源分配，就是這個意思，雖然是比較辛苦的做法，但頂尖執行長都認為這麼做很值得。

2014 年，巴拉在通用汽車開始執行長生涯，而她將資金分配列為第一優先的要務，當時公司的業務涵蓋全球多個市場，但並不是總能取得成功，原因是這家汽車製造商，企圖讓每個產品在所有地方都能迎合每個顧客。實質上，那時通用汽車把資金和其他資源分散得太開，所以就連一些重點市場也攻不下來。

巴拉希望合理分配資金，於是開始仔細觀察她經手的資本報酬率，她說：「我永遠忘不了那場會議，一位亞洲區總裁希望我們為了某個產品，往某個國家投資數億美元，而且那計畫居然是『我們要這麼做，也知道會賠錢』，而不是『我們會賺錢，但風險很高』。」所以我反問對方：「我們幹麼要做？為什麼明知道賺不回來，還要投入資金？」

那位總裁主張：「我們深耕這裡非常久了，不能離開這個市場，但如果不投資這項產品，就沒東西可以賣了。」當時聽到這裡，巴拉想起一位董事曾對她說：「**賠錢根本稱不上是戰略。**」

巴拉回憶後來的情況：「我看著財務長，然後說：『我們不能這麼做，絕不能沒有獲利計畫就貿然挹注資金。』」財務長的看法和她完全同調，於是他們正色告誡大家，只要拿不出獲利計畫，就不可能拿到資金：「要麼搞定你們區域或國家的盈利能力，要麼搞定產品和我們要競

爭的區隔市場，不然我們就走人。」

隨著時間過去，巴拉決定退出市場，因為通用汽車缺乏搶占那個市場必需的產品、品牌，或強健的經銷網路。她說：「在那個市場，我們真的拚命努力過了。通用汽車在那裡耗了 20 年，但我們不得不承認，當初沒能用正確的戰略計畫有效進入市場。」

巴拉任內不斷用這種「從零開始」的方法，進行資源分配，在一個又一個市場謹慎分析，通用汽車在哪裡最有機會贏得市場，並產出足夠報酬。她在戰略檢討時會深入分析，並和高階主管進行困難的對話，像是這樣說：「我們有不一樣的商業模式能用嗎？可以從其他地方取得產品嗎？還是需要退出市場？」如果有團隊主管反對，她會問對方：「**你會把自己的錢投資進去嗎？如果連你自己都不願意把錢放進去，我們又怎麼會願意呢？**」

巴拉的方法是凡事質疑，並確保每一項主要投資都呼應公司的願景、戰略和財務目標，而我們對談過的傑出執行長，幾乎也都透露過類似的想法。舉例來說，美敦力的喬治提到，**「用新鮮的眼光看待事物的能力」**很重要，樂高的納斯托普則說：「**除非徹底重新分配資源，不然永遠沒有成功機會**，所以我們開始每年提出一套產品組合，當中有 50% 到 70% 都是新產品。」

化零為整，眾志成城

頂尖執行長不但會從零開始對待每一項潛在投資機會，還會借助「化零為整，眾志成城」這句咒語，迅速切中正確答案。

洛克希德馬丁公司執行長休森，描述了具體實踐的情況：「我成為執行長之前，曾是某一塊業務的主管，所以我也知道怎麼設法多討到一點預算。後來，我肩負執行長的最高職務，都會跟不同業務區塊的主管

說：『我們會徹頭徹尾審核你們的投資計畫，還會把所有計畫整理在一起，除了刪略最不重要的項目，對於公認需要公司整體一起努力的項目，我們也會加碼投資。這表示可能有人得做出犧牲，有人得挑起大樑。如果我們像一盤散沙，只顧自己是航空、太空或任務系統業務主管，不懂得做為一支公司領導團隊聯手出擊，就無法壯大起來，成為『一個洛克希德馬丁』。」

杜邦執行長溥瑞廷則用例子闡明這個觀念：「團隊會進來說：『我們想要投入 5 億美元資金。』然後，財務長得和我坐下來談談，告訴我：『A 業務那項企劃案或許還不錯，但說真的，B 業務這邊的案子才是狠賺不賠，所以我們不做那項企劃，要做這個案子。』」溥瑞廷更進一步解釋：「如果業務主管都各自做決策，他們當然都會做出對自己部門有利的決定，但那不見得是對公司整體有利的決定。」

資金再分配不只是完成新投資案，或是阻止別人投資而已，其實也是誰能拿到什麼預算、有什麼預期效益的問題。一些受訪執行長曾將公司核心的資源外移到業務單位，讓他們更有能力施展，也負起更多責任。也有一些受訪執行長反其道而行，出於營運效率與戰略一致的考量，將資源集中到核心部門，不論採取哪一種方式，如果執行長不能堅定相信，資源再分配的行動是「化零為整，眾志成城」，往往就會演變成無止境的地盤爭奪戰。

安聯執行長貝特談到，他將業務功能集中化時面臨內部反彈的經驗，並打了個比方，一語道破辦公室政治的癥結：「公司成長有賴於各種業務，宛如一個個王國，每個業務王國都擁有自己的牲口、機具，各自生產穀物、興建公路……所以業務主管們會說：『如果把我的資源都奪走，我統治王國的權力就被架空了，充其量只是個營業所。』」

「但這個類比思維本身就大錯特錯，」貝特話鋒一轉：「不如想成 F1 賽車的賓士車隊更好。兩個都是冠軍，一邊是世界冠軍車手路易斯・漢米爾頓（Lewis Hamilton），就像是業務單位主管；另一邊是汽車

製造大廠賓士，就像是公司中央總部。漢米爾頓不懂設計輪胎、方向盤、底盤或引擎，但他照樣得去上海、蒙地卡羅或其他地方出賽，而且必須在賽道上最快抵達終點。這就是安聯『化零為整，眾志成城』的力量。」他接著說：「你們業務主管說清楚，需要什麼樣的車才能贏得比賽，而我們中央總部會運用世界級平台，打造出你要的車。」

貝特的比喻很有說服力，安聯已經從原本分設132個地方及區域資料中心，縮編重整為6個戰略中心，並將分散全球超過30個數據網整合為一，建立起安聯全球網路（Allianz Global Network），因而取得重要的成本優勢。這也表示在2020年新冠肺炎蔓延全球的困頓時期，安聯依然能迅速為員工做好準備，實行遠距工作。對一家辦公室遍布全球超過70個國家的公司來說，這真是不得了的成就。

管理要看「里程碑」（不是年度預算）

摩根大通（JPMorgan Chase, JPMC）執行長傑米・戴蒙（Jamie Dimon）坦言：「當業務主管告訴我，不進行某項投資是因為那不在預算內，我都會覺得非常挫敗。你應該要說：『我想要做某個東西，想要增設分行，想要上雲端，我必須更有競爭力。』你想要花5億美元？那就推薦看看啊，向我證明有理由投資。我可能會在最後決定前，問你千百個問題，但只要想法夠好，我們就照辦。預算內該要有什麼，都很好商量嘛。」

實質上，戴蒙的方法就是**再怎麼樣，也不讓年度預算週期妨礙公司做出好的商業決策**。他在執行長職業生涯中，甚至有許多次要求手下主管簽署一頁文件，上面寫著：「我，某某某，已經為了在這項事業成為業界第一及世界第一，要求過我所需要的一切東西。」這麼一來，按照戴蒙的說法，就是「誰都不能再找藉口了」。

戴蒙以簡馭繁的處理方式，讓他面臨商業環境波動時游刃有餘，不管英國脫歐投票、油價突然下跌、區域衝突爆發或金融風暴來襲，只要公司動作夠快，能快速重新配置資產，就能化危機為轉機。舉例來說，2008年爆發全球金融海嘯，其間戴蒙接獲美國政府來電，原來是紐約投資銀行貝爾斯登（Bear Stearns）持有大量次貸抵押的問題債券，一夕間瀕臨破產，而政府想知道摩根大通能否出手相救。

據戴蒙憶述：「我週四晚上才跟貝爾斯登談過，週五就致電公司董事會，告訴他們怎麼回事──政府希望我們把這當作一項收購案。我告訴董事會：『如果會讓我們陷入危險，我就不會那麼做，必須符合股東的利益才行。』我帶董事們一一討論能減少風險的因素，包括收購價格。我們用一整個週末盡職調查，每天花上15個小時。我們仔細檢查貝爾斯登持有的抵押債券，以及他們所有的貸款、交易簿、訴訟案件、人資政策，真的是包山包海的盡職調查。」

隔天，戴蒙就提出以每股2美元的超低價收購貝爾斯登，不過最後收購價提高至每股10美元。接著摩根大通的員工就進場支援，開始操作交易台並接手抵押業務，忙著控管風險。

戴蒙睿智而迅速調度資金的能力，為公司帶來大豐收。摩根大通後來成為美國規模第一大、全球規模第七大的銀行，獲利能力在國內數一數二，總資產超過3兆美元。另一方面，2008年金融危機無損於摩根大通的長期財務表現，因為戴蒙有先見之明，已經趁早脫手超過120億美元的高風險次貸金融商品──又是一招大膽且及時的資產調度行動。

但話說回來，如果不按公司行事曆進行資金再分配，又要拿什麼當作根據呢？**頂尖執行長會運用業績里程碑，唯有當先前投資的部分產出成果，他們才會釋出更多投資額度，而且每達到一個里程碑，他們就必須商議是否要繼續這項投資。**杜邦執行長溥瑞廷談到公司如何利用里程碑管理，他說：「公司每一項大型計畫都配有度量指標，我們會問現

在需要多少成本,也會定期評估一項計畫目前的報酬,是否仍然符合期待。這麼一來,我們可以追蹤每一項計畫,觀察業績表現,而且專案計畫結束一年後,我們都會再開一次檢討會。」

雖然如此,**利用里程碑定期密切監控投資表現,卻不代表要經常挪動預算。只要重大投資持續有斬獲,不斷達成里程碑,採取的行動又對公司有益,頂尖執行長就會堅持原本的路線**。全球最大純網上資安公司捷邦(Check Point)的以色列裔創辦人兼執行長吉爾·薛德(Gil Shwed),每個月都會舉辦一次全天異地會議,確認資源都配置在對的地方,他說:「即使開會後,沒有要投資新領域或改變營運方式的重大決策,那些會議仍然是重要的約束力量,能讓我們保持高速成長。」

Alphabet 執行長皮查伊也談到類似的績效回顧方式:「我會特別注意兩件事,一是我們的優先要務表現如何,二是我們做的某件事是否就像成長拐點。要有能迅速調整並適應變化的資源,這很重要。」

創造多少,就要消滅多少

用廣義術語來討論資源分配的問題,恐怕過度簡化了執行長面臨的複雜抉擇,實際上,**資源分配包含四項基本活動:播種、栽培、修剪、收割**。

- 「**播種**」是進入新的商業領域,可以是透過收購,也可以是針對新創經營進行有機式投資。
- 「**栽培**」是藉由投資來發展既存事業,包括利用收購強化原本的事業。
- 「**修剪**」是從既存事業抽走資源,要麼將當年度資金配置部分轉移給其他事業,要麼將該事業一部分拿來出售。

- 「**收割**」是將不再適合公司投資組合的事業，整個出售或分拆。

我們研究發現，在播種與收割兩方面，頂尖執行長和其他同儕的做法整體上差不多。這倒也不令人意外，畢竟「播種」是將錢投入新的事業機會，對方通常會欣然接受；至於「收割」雖然不容易，卻往往是一個事業單位長期表現不如預期的結果，很難不受重視。不過我們發現，**頂尖執行長「栽培」與「修剪」的頻率之高，是同儕的將近3倍，兩者合起來，就占了一流公司中半數的資源再分配活動**。[23] 通常，「栽培」與「修剪」都要把資源從某個事業單位抽走，轉移給另一個事業單位，所以絕非易事。不只如此，**一家越是鼓勵「播種」的公司，這兩項活動也就越形重要——「栽培」是要確保新投資計畫能成功，「修剪」是要刪除不會產出成果的分支項目**。

2003年，麥金斯翠成為威科集團執行長時，這家荷蘭跨國書商正苦苦適應網路時代，營收和盈利遲遲沒有起色，而且缺乏數位戰略。麥金斯翠自己坦言，在這樣艱難的形勢下讓她出任執行長，是一項大膽的選擇——她是這家公司首位女性執行長，也是首位非荷裔執行長，但她早在擔任北美業務執行長時，就對這項職務累積了深厚的認識。那時候的威科集團是傳統印刷出版商，以稅務、法律、保健等專業人士感興趣的內容為主要業務。而麥金斯翠深知，客戶對數位格式資訊的需求與日俱增，因為那樣能更快速而輕易地閱讀龐雜的資訊，方便他們找到能提升生產力的專門解決方案。

一開始，麥金斯翠先藉由收購「播種」，新設數位出版業務，並對不符合她理想數位版圖的業務進行「收割」。自從麥金斯翠掌舵以來，10年間出售了總價約10億美元的低潛力資產，同時也依照她的數位戰略，收購了價值合計約為15億美元的幾家新公司。

話雖如此，麥金斯翠的戰略最後之所以奏效，仍要歸功於她對公司資產組合的「栽培」與「修剪」。她每年都會撥出公司大約8％至

10%的營收,再投資經過加強的新解決方案,即使處在全球金融風暴或新冠肺炎疫期,照樣會如此「栽培」公司的投資組合。

再者,麥金斯翠為了確保投入的資金運用得宜,還建立一套公司內部用的整體股東報酬率模型,並推行到她手下50個事業單位去使用。她說:「從模型分析的數據可以看出,近三年股東對某個事業單位重視的程度,接著我們會拿評估中的三年期新計畫來做比較。有了這個模型,整個組織更能了解價值創造是怎麼來的。」麥金斯翠掌握了這項資訊,更能清楚洞見哪些業務正在興起、快速成長、發展成熟,或是正在衰退,然後據此調度資源。她說,這種數據驅動方法也意味著,「領導高層知道公司正投資在對的地方」。

麥金斯翠在「栽培」與「修剪」方面下的功夫有了回報,過去她剛上任時,印刷品占公司業務75%,如今只占不到10%,還多了一項蒸蒸日上的新事業:專門解決方案。自從她接掌執行長一職,公司的股價就成長了超過5倍。

許多執行長都會為「修剪」建立儀式感,好讓這項艱鉅的行動變成一種處世態度。在 Alphabet,皮查伊會定期反思比爾・坎貝爾(Bill Campbell)給他的建議。坎貝爾曾分別在蘋果軟體子公司 Claris、財捷及已退場的軟體新創公司 GO Corporation 三度出任執行長,在科技業頗有影響力,是一些業界領袖的創業教練,也是皮查伊的精神導師。皮查伊說:「以前每逢週一,比爾就會問我:『上週做了什麼斷啊?』如果不斷開一些關係事業,組織可能會陷入僵局。舉例來說,Play Music 和 YouTube Music 都是我們的音樂產品,兩者很相似,到了某個關頭,就得有人來做個決斷。像這樣斷捨離能釋出非常多資源,向企業領袖提問並結束一些業務,能夠賦權於員工,而且對我手下各個團隊主管來說,定期斷捨離也一樣重要。」

像是帝斯曼集團前執行長希貝斯瑪,就設立了「失敗殿堂」(Hall of Failures),專為公司失敗的專案舉行葬禮。這個概念意味著,**只要能**

學到教訓並分享經驗,即使嘗試了沒有成功,也值得嘉許,跟傳統上頌揚成功的「名人堂」(Hall of Fame)異曲同工。而且公司集體舉行這些葬禮,也等於昭示不會再投入更多資源了,換句話說,這些專案已經死亡。葬禮的儀式按照慣例,會有一段對其他部門技術人員發表的演說,目的是互相授受經驗教訓。

其中一場像這樣的葬禮,結果看來反而是一場重生。帝斯曼曾針對相框玻璃業務,進行一項為時數年的研發專案,但後來失敗收場。工程師設計出一種玻璃塗料,可以讓光線中所有光子直接穿透玻璃,照射在裡面的圖畫或相片上,使得玻璃面呈現完全透明,沒有絲毫反光。遺憾的是,這項技術成本高得令人咋舌,加上只有博物館對這種玻璃產品有需求,市場小到沒辦法達到帝斯曼的利潤目標。

在這項專案的葬禮上,正當悼詞唸到一半,一位別部門的技術人員突然舉起手,他是第一次聽說悼文中提到的那項技術,所以好奇心大起:「如果我對這種塗料的化學原理,理解得沒錯,那麼把它用在太陽能板上又會如何呢?應該就能讓太陽能板吸收到更多光子,提高產電效率,對吧?」希貝斯瑪一聽,轉頭望向創新長,兩人面面相覷——靈光乍現的一刻!這想法很簡單,卻是高招,之前銷售部全副心力放在相框市場,從來沒想到過。

於是,這項專案起死回生,測試結果顯示,這種塗料能讓太陽能板的電力提升 5% 至 10%。從此以後,在「失敗殿堂」修剪掉的其他產品或專案所釋出的資金,就用來栽培帝斯曼的抗反射塗層事業成長,時至今日,全世界許多太陽能板都鍍有這種塗料。

儘管策略各有不同,麥金斯翠和希貝斯瑪對「修剪」與「栽培」近乎信仰般的執行熱忱,卻和其他頂尖執行長不謀而合。法雷奧的亞琛布洛區刪減了原為核心產品的投資,轉而發展減碳科技、先進駕駛輔助系統等業務;adidas 的羅斯德沖銷零售夥伴的庫存,轉而發展線上通路;以色列貼現銀行(Israel Discount Bank)前執行長萊菈・亞胥－托普斯

奇（Lilach Asher-Topilsky）則利用國際營運的資源，提升在國內發展的機會。

我們還沒遇過哪個傑出執行長，說他們覺得自己太過積極重新分配資源，究其原因，可以歸結為 Majid Al Futtaim 執行長貝賈尼這番話：「資源再分配說來容易做來難，許多組織與既存的承諾、期望及現實條件密不可分，那些往往是不可控的。」要有無畏精神才能有所突破，所以要像局外人一樣行動，才不會受制於組織的政治和歷史羈絆。

精擅資源分配的人，會以零基（zero base）為起點，從零開始評估每一項投資行動的合理性。也就是說，他們會清楚表示公司整體的利益優先，比其他考量都來得重要，而且不靠年度預算，而是靠績效里程碑來管理，讓資源分配變成一種持續而非週期進行的過程。最後，他們會在深思熟慮後，對公司業務進行「修剪」或「收割」，達到生殺平衡。

我們在這一章主要以財金用語來探討資源分配，不出所料，頂尖執行長看待公司資源的視野寬闊，不會只著眼區區資金與營運支出。除此之外，人才庫是領導的時間及動能投注的所在，因此也是關鍵一環。諸如此類的「資源」，都會在後續其他章節完整討論。

◆ Part 1 重點摘要 ◆

大無畏的心態

到目前為止，我們希望大家已經清楚看出「大無畏」的心態，是如何推動頂尖執行長以截然不同的行動為公司制定方向，來面對越來越詭譎多變、難以預測、錯綜複雜又曖昧不明的商業世界。下面列表總結的大膽行動，就是制定方向的卓越品質。我們的研究顯示，這些行動讓執行長擁有比同儕高出6倍的機率，能成為表現居前20%的高績效執行長。

制定方向：頂尖執行長出類拔萃的關鍵

心態：大無畏

願景實踐	**重新定義戰局** ● 找出條件交集，放大潛在優勢 ● 不只追求獲利，更要看見意義 ● 不怕回顧過去，才能展望未來 ● 邀集各路主管，制定共同願景
戰略實踐	**趁早且頻繁大動作革新** ● 做一個不同凡響的未來主義者 ● 留意不利因素 ● 像老闆一樣行動 ● 定期使用「強心手段」
資源分配實踐	**像局外人一樣行動** ● 以零基為起點 ● 化零為整，眾志成城 ● 管理要看「里程碑」 ● 創造多少，就要消滅多少

即使經營的是小型事業或非營利組織，這些大膽行動的訣竅還是能多方派上用場。可以問問自己：

- 目前追求的方向能否：(1) 填補某種尚未滿足的需求；(2) 應用你獨特的能力；(3) 以某種高尚的目標為驅力；(4) 變現（如果適用於你的情況的話）？
- 你是否已經號召一群人來共同形塑願景，並因此打動他們投入情感，願意幫助你？
- 你是否正採取一些無疑能「扭轉乾坤」的重大行動？
- 你是否已經將時間、精力、人才和資金重新導向，從不夠重要的事務抽離，改用來採取這些行動？

在多數情況下，對以上問題投以肯定答覆，一定能提升成功突圍的機會。

Part
2

凝聚組織：
把軟事情當作硬道理

跟人打交道要記得，人不是邏輯動物，而是情感動物。
——戴爾·卡內基（Dale Carnegie），美國作家

執行長為公司的將來制定好方向後，落實計畫的可能性還是很低，包括本研究在內的許多研究都顯示，**每三個策略只有一個能成功實行，而失敗的根本原因在於，現實中妨礙變革的往往不是理智問題，而是情感問題。所謂「軟事情」，也就是涉及人與文化的各種議題，構成絕大多數（72%）的絆腳石，讓組織無法成功推動變革**。[24]

　　這項發現其實談不上新鮮，管理大師彼得・杜拉克（Peter Drucker）就確切提過這個觀念，據傳早在五十年前，他曾說：「文化把策略當早餐吃乾抹淨。」多數執行長都深知這一點，也很乾脆承認軟事情就是難搞定，所以他們會請公司的人資長確保有妥善對策，能在貫徹執行戰略的同時，處理好與組織和人才有關的必要改變。話雖如此，這些執行長面對與「人」有關的計畫，卻往往不會指望要像詳盡的財務計畫一樣，能夠堅定連貫──說到底，這是軟事情嘛。

　　不過，頂尖執行長才不會來這套，他們不會兩手一攤，說軟事情難搞就算了，而是會打定主意把軟事情看作硬道理，他們還會確保不只有人資長，而是每一位高階主管，都能為公司戰略可能衍生的「人的問題」，承擔起部分責任。比利時聯合銀行執行長帝斯這麼描述：「執行長要能兩邊兼顧，簡單的是技術，困難的是人。技術問題或許很好搞定，只要找出營運資金、變現能力、獲利能力……但時日一長，只要解決不了心態問題，就會走上回頭路，因為錯誤的心態又會害你一蹶不振。」

　　選擇「把軟事情當作硬道理」的心態，並採取相應的行動，會產生可觀的成效──**成功執行策略的機率會從30%，提高到79%，是原來的2倍以上，執行結果的影響力還會增大1.8倍**。[25] 而頂尖執行長能推動這樣的績效變化，是因為他們從根本上改弦易轍，一一擊破凝聚組織的三大要素：**文化、組織設計、人才**。

第 4 章
文化實踐：找出最重要的那一件事

> 文化是密碼寫成的智慧。
> ——旺加里·馬塔伊（Wangari Maathai），肯亞社會活動家、
> 2004 年諾貝爾和平獎得主

好萊塢賣座喜劇電影《城市鄉巴佬》（*City Slickers*），有一幕叫人感傷。飽經風霜的硬漢老牛仔捲毛[*]，嘲笑曼哈頓來的雅痞米契[†]那種「都市人」特有的人生迷惘，接著分享他的經驗智慧：「說到底就只要一件事，全心全意去做那一件事，其他事情連個屁都不是。」米契還是很困惑，問他那一件事到底是什麼事，於是捲毛回答：「你要自己找出答案。」

電影到後來，米契找到了他的「那一件事」。在一個生死關頭，他忽然醒悟，老婆和孩子才是他最在乎的事，而原本看似艱鉅難解的工作問題和中年危機，在那一瞬間都煙消雲散了。

不難想見，談到文化變革時，我們訪談過的每一位頂尖執行長，都會對新手執行長給出跟米契一樣的建言。關於全心全意只做「一件事」，最直截了當的例子，大概是保羅·歐尼爾（Paul O'Neill）在美國

---

[*] Curly，由傑克·派連斯（Jack Palance）飾演。
[†] Mitch，由比利·克里斯托（Billy Crystal）飾演。

鋁業（Alcoa）的執行長經驗（後來他成為第 72 屆美國財政部長）。歐尼爾接任時，這家鋁生產商正在走下坡，投資人都為利潤率和年營收預測憂心忡忡。眾所周知，他第一次在股東大會致詞時，說了這段開場白：「我想跟各位談談勞工安全⋯⋯」他信心滿滿表示，促進勞安就能連帶提高收益、降低成本。當投資人針對庫存水準和產能利用率連珠炮質問，他的回答很簡單：「想要了解美鋁表現如何，就必須先看看工安數據。工傷事故率如果能降低，不會只是因為精神鼓勵，或其他執行長掛在嘴上的那套廢話，而是因為公司每一個員工，都願意融入某種更重要的事物：貢獻一己之力，創造卓越習慣。」

歐尼爾祭出以勞安文化主的計畫，把投資人急得紛紛拋售股票，儘管如此，公司卻在一年內就創下利潤新高，13 年後他卸任時，淨利更漲了 5 倍，而他的邏輯清楚明瞭：「我知道我必須改造美鋁，但**命令人改變是行不通的，那樣違反人腦的運作方式**，所以我決定，一開始專注在一件事就好。**只要能以一件事為主軸開始顛覆習慣，就能擴及整個公司。**」[26]

說到文化焦點，受訪執行長都像歐尼爾一樣，有如雷射光束般只聚焦在一件事，怡安執行長凱斯就是很好的例子。2005 年凱斯接任時，這家跨國保險經紀公司的營運模式宛如併購聯盟，領導主管對自家的客戶關係採取保護態度，打算各為各的損益表單打獨鬥。凱斯回憶：「我們團隊從一代傳奇創辦人手中，接掌了一系列優質資產，但人人都自認是獨立的企業家，都只想幹自己的大事，結果就是所有人一起表現不佳。」

至於能促成最大轉變的那「一件事」，則是他所謂的「**怡安聯合**」──這意味著，如果怡安的員工不管做什麼，都以客戶為中心並互相支援，作為一家全球公司齊心協力代理客戶，就能贏得更多業務並留住客戶，同時也能不斷創新並加速擴張，以滿足客戶的需求。雖然凱斯說這趟旅程是一條「充滿險阻的道路，耗時十年」，但成果十分豐碩。怡安

就這樣從市值 60 億美元的併購聯盟一路蛻變，至 2020 年初成長為市值超過 500 億美元的大一統企業。

我們可以細說的例子還有很多，歐尼爾的勞安文化和凱斯的「怡安聯合」，不過是其中兩個。譬如，在洛克希德馬丁，休森堅持不懈聚焦的是「**有目的創新**」（Innovation with Purpose），這句戰鬥口號既能鞏固顧客導向文化，又能發展尖端產品與服務。在 Netflix，哈斯汀一向重視「**自由與責任並重**」（Freedom and Responsibility）的文化，在賦權員工與要求當責兩方面都做到極致，獨特的做法讓其他組織引以為羨。在萬事達卡，班加不斷強調「**正派商數**」（Decency Quotient，又稱「仁商」）對公司的重要性，他說：「正派商數讓我用這麼一個詞，就能概括許多行為特徵。因為充滿解讀空間，所以對不同的人都適用，但也不容許錯誤解讀。」

或許有人會懷疑，眼光這麼狹隘地聚焦在一件事，真的好嗎？人資多方考量後設計出的價值宣言和領導模型，難道就不重要嗎？當然重要。只不過，**執行長總是會著眼能產生最大轉變的要素，再用一定能喚起聯想的詞語或短句一言以蔽之。**

過去，安娜・柏廷（Ana Botín）在西班牙桑坦德銀行（Banco Santander）擔任執行長，要統御大約 20 萬名員工，當時她常用一句話來清楚強調公司的文化口號：「**簡單、人本、平等**」（Simple, Personal, Fair）。「沒有規則可循的時候，這三個詞可以指點迷津。」她說：「我和大家一樣相信規定、流程和監管的重要性，但那不可能鉅細靡遺寫在公司規章裡。假如有個高齡 92 歲的客戶，沒辦法登入線上帳戶，這時照章行事是一套，但為了秉持平等和人本精神，就可以跑一趟到對方住處，親自提供協助。這三個原則，說明了我們公司有別於競爭對手的特色。這是我們的做事態度。」

在溢達集團（Esquel），執行長楊敏德（Marjorie Yang）對員工反覆強調的，只有「**溢文化**」（eCulture）這個信條，用英文「e」概括表示

道德操守（ethics）、環境意識（environment）、開拓求新（exploration）、卓越理念（excellence）和學習精神（education）。雖然很少員工能一下子背出溢文化的「5e」，但大家都對楊敏德的理念瞭然於胸。

在比利時聯合銀行，帝斯大力提倡公司的文化口號「**珍珠**」（PEARL）。英文 PEARL 其實是縮寫詞組，意指績效（Performance）、賦權（Empowerment）、當責（Accountability）、回應（Responsiveness）和在地鑲嵌（Local embeddedness）。帝斯說：「公司每個人都知道這個理念，誰要是不同意，唯一該做的就是問問自己：『為什麼我會在這裡？』」

在 Sony，前執行長平井一夫（Kazuo Hirai）精心聚焦在「**感動**」（Kando）這個詞，在日文中有讓人驚嘆的意思。他說：「歸根結柢只有一個簡單的訊息，適用於公司 11 萬名員工，能激勵他們多付出 10% 的努力：『不管是在娛樂業、電子業、金融業，或這之間的任何產業工作，Sony 員工的任務就是提供感動，帶給全世界的顧客和使用者嘆為觀止的體驗。』」

那麼，頂尖執行長如何才能判定，什麼是值得全心投入的那「一件事」呢？幸好不至於要像《城市鄉巴佬》的米契那樣，到生死關頭才能頓悟，不過探索過程還是要嚴謹有紀律，像納德拉在微軟的做法，就是典型的例子。一開始，他派一支小型跨部門團隊進行深入診斷，並和各方專家、各部門高階主管及副總對談，還多次舉行焦點團體討論，努力了解員工的工作經驗、期待的文化、渴望保留哪些傳統、需要拋開哪些常規⋯⋯

如此廣納建言後，納德拉主導的「文化內閣」，在來自微軟各部門 17 位領導主管同心協力下，將所有意見濃縮成幾個關鍵主題，到最後，納德拉決定採用「**成長心態**」，這個概念源自史丹佛大學心理學家卡蘿・德威克（Carol Dweck）的研究。德威克強調，**比起一再試圖證明自己是對的，從自己的錯誤和他人身上學習更重要**。有了「成長心

態」，微軟不畏技術考驗並回饋世界的精神得以延續，也擺脫了之前因為高度個人主義、內部過度競爭，而導致害怕失敗、合作困難的組織文化。

雖然找出那「一件事」很重要，但如果公司的文化無法改變，共同為這件事努力，那一切都是空談。 在促成理想文化變革的過程中，頂尖執行長究竟扮演著什麼樣的角色呢？他們……

……改造工作環境
……以身作則
……讓改變有意義
……測量重要的改變

改造工作環境

想像星期六你出席一場室內樂演奏會，當樂手奏起莫札特的弦樂四重奏，你靜靜坐著，全神貫注聆聽。演奏會結束時，你和其他聽眾溫文有禮地致上掌聲。到了星期天，你去看一場運動比賽，在勝負即將揭曉的緊張時刻──你支持的隊伍顯然贏定了──你整個人跳起來，大吼大叫，揮舞手臂跳上跳下。你沒有變，星期六和星期天都是同樣的你，有相同的知覺、需求、價值觀，但是環境變了，你的心態也跟著變了，才會選擇用不同的方式表達欣賞與喜悅。

所以是什麼塑造了員工的工作環境呢？有 4 個主要的影響因子：

1. 說的故事與問的問題
2. 管理工作該如何完成的正式機制，包括架構、流程、系統及誘因
3. 員工看在眼裡的角色楷模，像是執行長、高階團隊或其他有影響

力的公司成員
4. 員工有多大信心能做到理想的表現

　　頂尖執行長推行文化變革時，會要求致力於加強這四項形塑環境的要素。

　　舉例來說，凱斯一面追求「怡安聯合」的文化目標，一面也不斷在季度盈餘宣告提出證據支持，強調「怡安聯合」是公司的一大競爭優勢。此外，他也藉由和曼徹斯特聯足球俱樂部（Manchester United Football Club）談成贊助合作，向大家證明團隊合作能夠成就卓越。

　　另一方面，凱斯也對公司的正式機制進行一些調整，例如：原本由地方領導團隊規劃的客戶服務模型，改採標準化設計；合併營運業務，提升綜效；高階主管的薪酬，依據單一的綜合損益表來決定。於是，「怡安」這個名字，從過去涵蓋 60 個副品牌的主品牌，轉變為單一的全球品牌。凱斯也明白要求公司主管，每週要花一天時間，幫助其他領域的同事實現目標。

　　凱斯知道**做為執行長，必須以身作則，所以幾乎從不說「我」，盡量說「我們」，在傳出好消息時也會第一時間褒獎公司同仁**。他也花時間直接參與客戶服務團隊的工作，確保如實傳遞公司最重要的待客精神，並強化團隊合作的口號：「不是服務客戶，就是協助同事服務客戶。」

　　再者，怡安還舉辦為期數日的訓練工作坊，為五千多名員工建立技巧與信心，讓他們了解「領導怡安聯合」的意義，並創設線上資料庫來存放教育訓練資訊，幫助員工認識公司的全面規模，同時也在所有管理發展計畫中，插入相關的技能培訓項目。

　　而在世界另一頭的泰國，暹邏水泥集團（Siam Cement Group）前執行長乃甘（Kan Trakulhoon），想在這家泰國規模最大、歷史最悠久的水泥建材公司，創造名為「**開放與挑戰**」的創新文化。為了實現這個

目標,他一樣致力於解決那 4 項形塑工作環境的要素。首先是**說故事**,2006 年他接任執行長後,拜訪一家又一家工廠(總共去了 70 家),說明他的戰略「前進地方」(Go Regional),並強調要扶植創新文化才能推動這項戰略。接著,他又將公司的故事,融入為期一個月的新人訓練計畫,傳遞給每一位新進人員。

其次是**正式機制**,乃甘將研發中心遷移至工廠旁邊,要求研發人員和工廠端展開團隊合作。他重新設計獎勵制度,開始重視深度專長,並為專業人員開闢職涯路徑。他也調整營運目標,強調高附加價值產品的重要性,還每年加倍挹注研發資金。

至於**角色楷模**,雖然泰國文化向來注意給人「留面子」,不願公開直指他人錯誤,還有許多繁文縟節,乃甘卻反其道而行,不但大方談論自己的失敗經驗,也常不拘小節輕鬆造訪工廠,並要大家都叫他「甘哥」(Pi Kan,泰語 Pi 是對長兄友好而非正式的稱謂),不要叫先生或總裁。

最後是**提升信心與技能**,乃甘和歐洲工商管理學院(INSEAD)合作,設計出一套領導培訓課程,每個月有 5 天進行課堂作業,持續 5 個月,召集所有資深資淺的領導主管,一起學習培養創新能力的最新方法。他也要求領導主管設法拓展全球經驗,讓自己多接觸新觀念與新思維。結果看來,他致力打造的創新文化「開放與挑戰」非常成功,2016 年他卸下執行長職務時,暹邏水泥的市值已經從 80 億美元成長至 160 億美元,員工人數也從 24,000 人增至 54,000 人。

由怡安和暹邏水泥的成功經驗可以看出,**在短時間內實現永久的文化變革,本質上需要綜觀全局。因此,執行長身為唯一能掌握組織內所有活動的人,在找出概括公司文化的「那一件事」後,當務之急就是懷著清晰的認識與堅定的信念,重新塑造工作環境來響應「那一件事」**。一旦確認什麼是最重要的工作,就能分派大部分任務並管理績效表現,不過在某些方面,頂尖執行長還是會親自採取行動,我們接著就

要討論這一點。

以身作則

幾乎每一位受訪執行長都表示，他們對角色楷模的重要性感到吃驚。星展銀行執行長高博德說：「**身為執行長，就要明白自己每一次說的話、做的事，都會造成巨大的影響，扭轉整個公司的前進方向。**」一方面，這表示**領導者必須謹言慎行，才不會因為拋出草率的想法或言論，不經意對員工傳達錯誤的訊息**。另一方面，這種風行草偃的力量，也大有機會能夠形塑公司文化——如果是頂尖執行長，就會很精明地採取這樣的行動。

很多領導者都努力要實踐這句名言：「成為你想在世界看到的那種改變。」字面上看來，這句話一點也沒錯，但實際上還不夠。主要原因是，大部分人對自己有多少進步空間缺乏自覺。**執行長就像所有人類一樣，都有心理學上說的「樂觀偏誤」傾向。**

舉例來說，我們有一次問一位執行長，他花多少時間來對付別人自我膨脹的心態，他回答要花 20％ 至 30％ 的時間；於是，我們接著問，那別人要花多少時間來處理他的自我膨脹，結果他陷入沉默。這個小例子只是研究的一環，而研究結果很清楚：當我們問執行長本人是否做好榜樣，表現出理想的行為改變，高達 86％ 都回答「是」，但拿同樣的問題去問他們的直屬下級，只有 53％ 表示同意。[27]

澳洲伍德塞德石油公司（Woodside Petroleum）前執行長約翰・埃科斯特（John Akehurst）反思後表示：「我費了好大的勁才認清，我做為執行長，對組織的文化要負完全責任……我深刻體悟到自己當時的行為有多偏差，還有對別人造成的影響。」

關於建立角色楷模，還有一個更實用的取向，那讓我們想到另一

句格言：「**要改變什麼，都要先改變我自己。**」這種思維意味著，不論我扮演角色模範扮演得有多好（或自認為很好），我也有責任要改變自己，就像我要求所有員工改變一樣。

在財捷，史密斯聚焦於「**設計思考與實驗**」文化的做法，就是這種思維的體現。「**我們必須轉變心態，**」史密斯說：「**要用看待成功的方式來面對失敗，視之為一種學習機會**。於是，我開始公開討論我犯的錯誤，把我自己的績效回顧張貼在辦公室玻璃窗上。我甚至寄電郵給所有員工，說：『這是董事會給我的績效回顧書面紀錄，我正在改進這三件事，需要你們幫忙。下次我去你們辦公室，如果又看到我這麼做，請直接糾正我。』」

史密斯願意展現脆弱面的做法，鼓舞了其他同事效法，他說：「我的領導團隊很快就跟著貼出他們的績效回顧，接著整個組織的人也開始承認錯誤，或是說：『這是我想改進的地方。』就這樣營造出持續進步的文化，我們樂意給彼此回饋，不是批評，而是有建設性地改善我們知道不夠好的部分。這樣能鼓勵大家多多嘗試，而且嘗試結果行不通時，也能夠坦承。」

史密斯的行動經過縝密計畫，不過，**頂尖執行長會以「要改變什麼，都要先改變我自己」的態度，尋找任何可以扮演好榜樣的機會**。舉例來說，微軟的納德拉上任第八個月時，曾受邀出席為科技業女性舉辦的年度活動，發表專題演講。在演講的問答環節，有人問他，對於想加薪卻不好意思開口的女性，能否給一點建議，當時他說要有耐心，並建議「要知道並堅信只要繼續好好工作，體制總會給你應得的加薪」。

納德拉這番言論很快就傳開，並引起公憤。他遭到公開嘲諷，有人指控他對證據歷歷的兩性薪資差距太過無知，質疑他聲稱力挺多元共融職場並不可信。面對這樣的處境，納德拉並非坐等撻伐聲浪平息，或繼續一意孤行。他寫了一封電郵給公司員工，告訴他們：「我對那個問題給出的答案，徹底錯了。」接著，他透過覺察自己的偏見來改

變自己,並要求高階團隊也這麼做,據人資長凱瑟琳・霍根(Kathleen Hogan)憶述:「我反倒變得對納德拉更加忠誠,絲毫不減。他不歸咎任何人,承擔起自己的錯誤。他出來面對整個公司,然後說:『我們會從中學習,也會變得更加明智。』」納德拉自己談到這段經驗,則說:「我決心要用這個事件,展現成長心態在壓力下該有的樣子。」他成功了,也因此幫助微軟邁向成功。

改變要有意義

頂尖執行長雖不免面臨抗拒,仍然願意採取有意義的行動,來傳達他們有多嚴肅看待文化變革,像資生堂就是很好的例子。資生堂是全世界數一數二的美妝公司,旗下品牌也享有卓著聲譽,包括資生堂、肌膚之鑰(Clé de Peau Beauté)、NARS、bareMinerals、蘿拉蜜思(Laura Mercier)、醉象(Drunk Elephant)。2014年,資生堂讓魚谷雅彥接任執行長,其實是一個出人意表的選擇,因為在資生堂長達142年(1872年至2014年)的歷史上,他是第一位從公司外部空降的執行長。魚谷雅彥畢業於哥倫比亞大學商學院(Columbia Business School),後來於可口可樂公司任職,一步一步攀升職涯階梯。他深信性別、年齡、國籍、文化的差異,在商業上無足輕重——事實上,他認為**一家公司越多元共融,才越有創造力**。

魚谷雅彥一進資生堂,就發現公司的文化非常以日本為中心。雖然他堅信資生堂的日本傳統價值,卻也感到這家公司需要更接軌國際的思維,才能積極創造全球獲利成長。因此,他決定將英語正式列為東京總部的官方語言,也納入這項行動。他解釋道:「我希望能吸引多元人才、創造多元文化。過去的情況是,我把人從紐約或巴黎調來東京,但這裡不管做什麼都只用日語,調來的人根本無法融入。為了打造一家真

正的全球組織，我們需要不一定屬於日本文化的人才，可以說這是一種揉雜文化。」

然而，一些中階主管不能理解為何有必要改變，對這項變革行動表示抗拒，而魚谷雅彥為了爭取他們支持，不斷說明公司的使命是變得更加多元，以及多元文化會如何帶來國際成長。此外，他也安排員工上英文課，有3,000名員工都同意去上課。他告訴那些員工：「在公司總部擁有雙語能力的人，能更順暢地和世界各地人士溝通，也會因為思想開闊，讓生活變得更豐富。」

如今魚谷雅彥掌管員工人數高達48,000人，在2017年，資生堂已經提前實現原訂為2020年的目標，年度銷售額達到1兆日元，而且複合年均成長率高達9％。魚谷雅彥在上任後的前6年裡，以資生堂傳承的日本文化為基礎，將這家公司重新定位為立足全球的重要企業。

在星展銀行，高博德很早就採取行動，鼓勵員工冒險創新，在公司也傳為美談。2012年，星展的自動提款機遭人安裝卡片盜錄器，而高博德追查星展提款機容易被駭的原因，發現原來是營運部門一位資淺同事決策失當，才衍生問題。當問到為何當時選擇那種做法，這位同事回答：「因為防盜機制運作的方式，會把週期時間拖長約10到12秒，自動提款機又常大排長龍，所以我想比起提款機遭駭入那微乎其微的機率，不如縮短週期時間來改善顧客體驗，好像更重要。」

後來，新加坡監管人員要求對這位職員問責，但高博德拒絕了，他向監管單位保證，公司已經對客戶進行完整補償，也會設法改善資安防護。至於那位出包同仁，高博德表示：「事實上，我打算獎勵他，我就是希望公司有更多人效法他的行為——要有能力用自己的頭腦思考，並做出決定。」這場風波讓星展銀行為了賠償客戶，損失數百萬美元，但高博德認為既然能說服員工相信，他會力挺他們冒險行動，這筆損失也就不算什麼——只要別玩得太大，砸了公司招牌就行。

有時只要換個稱呼或說法，就能由內而外翻轉文化。舉例來說，

克里夫蘭醫院前執行長寇斯葛洛夫，曾在這家世界一流非營利醫療中心進行戰略再造，其中一個目標，就是希望能改善患者就醫體驗。寇斯葛洛夫問道：「你去醫院時，有什麼樣的身體經驗？基本上所有的感官體驗，包括你看到的、聞到的、嚐到的、聽到的⋯⋯都算在內。」

寇斯葛洛夫重新設計醫院空間，引進更多自然光，並改善院內餐點品質，甚至請知名比利時時裝品牌 Diane von Furstenberg 設計病人服。儘管如此，真正翻轉就醫體驗的，卻是他發給旗下 40,000 員工每人一枚的小小徽章。不論醫師、勤務人員或清潔工，都拿到了這枚徽章，上面寫著**「我是照顧者」**。寇斯葛洛夫回憶：「每個人的身分認同都改變了。現在我們不會說誰是員工，而會說他們是克里夫蘭醫院照顧者，這一切在在改善了患者的就醫體驗。不但醫院同仁對新方針接受度提高，患者滿意度也提升了，說到底最重要的還是以患者為先。」

其實，這位執行長發徽章時，也遇到不少反彈聲浪，譬如醫生們會抗議：「我們才是照顧者。」而寇斯葛洛夫會反駁：「不對，如果沒有人在供應室準備好器械、繃帶或其他必需品，你們什麼也做不成。我們大家是同舟共濟，每一個人都是照顧者。」寇斯葛洛夫上任後的前 5 年，克里夫蘭醫院原本吊車尾的患者就醫滿意度，就這樣一路攀升，成為全美大型醫院排名第一。

在德爾福公司，奧尼爾會讓分布世界各地的高階管理人，看一支蜜獾影片。奧尼爾說：「我不知道你們看過蜜獾沒有，但這種動物是狠角色。牠堅決去做必須做的事，別的動物看到牠就躲遠遠，連獅子也一樣。我告訴我的團隊，我們就要像蜜獾一樣，才能跟人家競爭。」那支影片很快就散布出去，後來不論在美國、中國、巴西或其他地方，只要奧尼爾走在公司建築物內，都常會看到某人辦公室裡有一張蜜獾的照片。他說：「要傳達理念，單單說一句『大家一起努力吧』還不夠，也要能懷著熱烈的情感說出一番道理。」

有時就連不起眼的小動作，也能造成巨大改變。舉例來說，麥當

勞員工到今天，還是會談論創辦人雷・克洛克（Ray Kroc）在停車場撿垃圾的軼事，強調麥當勞非常重視整潔文化。惠普公司（Hewlett-Packard）共同創辦人比爾・休勒特（Bill Hewlett）則用破壞剪毀了一間儲物室門上拴的鎖，表明管理層和前線員工彼此信任開放的重要性。而服飾大廠溢達的楊敏德，因為磚頭堆疊的方式不對，就把公司最新建築的一面牆給拆了。為什麼呢？她說是為了讓工人明白，「我們追求品質，差一點都不行」。像這樣的奇行軼事散播得很快，傳遞著強而有力的文化訊息。

有一次，賽默飛世爾科技（Thermo Fisher Scientific）執行長馬卡斯珀（Marc Casper）前往他在日本的辦公室。當時，這家專為科學社群生產設備與軟體的公司，正在改良公司旗下多個舊有商標，新的品牌設計旨在讓顧客知道，如今的賽默飛世爾能幫他們大幅擴張營運規模。據馬卡斯珀憶述：「我走進那地方，把牆上一張商標設計活動的舊海報扯下來丟掉，大家覺得我瘋了。我就這樣衝來衝去 13 個小時，把牆上的布置都給撕了。但大家開始討論我為何那麼做——為什麼品牌設計提案很重要？我們努力是為了達成什麼？對我個人而言，為什麼執行這項計畫很重要？那樣的對話加速實現我們要做的事情，而且不只是在日本。賽默飛世爾在世界各地的分公司，都有人捫心自問，自己只是做做表面的改變，還是真的創造了高階主管想要的實質改變。文化就這樣形成了。」

除了以那「一件事」作為大原則，若能加上幾句精闢好記的話，更能把文化理念傳遞給各種不同的人。眾所周知，沃爾瑪（Walmart）創辦人山姆・華爾頓（Sam Walton）將公司對顧客服務品質的追求化為金句「10 英尺法則」（10-foot rule）——只要方圓 10 英尺（約 3 公尺）內出現顧客，沃爾瑪員工就應該看著他們的眼睛，微笑詢問：「需要幫忙嗎？」

在微軟，納德拉追求成長心態，想將德威克寫的《心態致勝》

（Mindset）列為手下眾大將的指定讀物，但對於廣大的基層員工，這本書就必須再濃縮成易懂好記又有意義的短句，到最後，是一句簡單的說法雀屏中選：納德拉敦促微軟員工，**別當個「萬事通」，要當個「萬事學」**。短短六個字，就讓風險趨避行為和辦公室政治開始減少了。

居家用品零售商家得寶（Home Depot）前執行長法蘭克・布萊克（Frank Blake）利用手寫字條來告訴組織，他把大家的付出放在心上。他說：「我經常跟大家聊到手寫字條的力量，而且每個星期天，我都會寫 200 張字條。我們有一套流程，每家分店會將顧客服務優良事蹟整理好，交給地區分部，地區分部又會集中遞交給各大區域總部，最後一起送到我的手上。然後，我會寫下字條，說一些這樣的話：『親愛的喬，或珍，我知道你做了某某事。』我一定會說得很具體。『我明白，你很優秀，你做了某某事，很了不起！愛你的法蘭克。』這大概是我最熱心去做的事。」

我們還看過執行長們利用一個技巧，比較不易察覺，但威力十足：**將文化理念轉換為問句**。在暹邏水泥，乃甘就用這個方法加強公司的創新文化，他訪視各種廠區時，都會記得在工業現場問一句：「你們做了什麼努力，來改善流程或產能嗎？」他談到這一問之下發生了什麼事：「被我問到的那位工頭嚇一跳，呆住了說不出話。」乃甘信奉佛理，慈愛為懷，便將手放在那位工頭肩膀上，向他保證不管答案是什麼，但說無妨。不過，下一回他又去訪視的時候，可以想見，現場每一個人都會給出很棒的答案。

測量重要的改變

據說愛因斯坦的辦公室裡掛著一張海報，上面寫著：「有價值的事物，不見得都能夠計算；能夠計算的事物，不見得就有價值。」長久以

來，文化都屬於那種無法計算的事物。頂尖執行長會秉持凝聚組織的心態，像追求企業績效一樣嚴謹有紀律地處理「軟事情」，所以會想辦法測量文化改變。

舉例來說，**在微軟，每天都會透過電腦畫面跳出的一道問題，對員工分組進行簡單調查**。在推行文化變革的初步階段，公司會問員工是否注意到納德拉試圖營造的「成長心態」。後來則開始問他們，領導主管展現出多大的程度的成長心態。這樣的方法有多重好處，不但讓員工無法忽視文化變革行動，還能確保成功和失敗的結果都可以測量並從中學習，有必要的話也能加以改進。

開拓重工（Caterpillar）前執行長吉姆・歐文斯（Jim Owens）**定期用一種調查方法來測量文化**，他說：「說到底，你期待員工幫你完成目標，一步一步實現願景，但如果他們根本不了解你的願景呢？如果他們不知道所屬單位要有何貢獻，才能達成願景呢？如果他們覺得連主管也無法每天按照那種價值觀生活呢？如果他們根本不會想建議朋友或同事來這家公司上班呢？」雖然產業標竿調查顯示，開拓重工有 65％ 的員工給公司正面評價，但歐文斯覺得不滿意，將改善目標定為 90％，他認為：「員工起碼要有 90％ 了解你想做的事、知道必須扮演什麼角色，才能幫公司達到目標，而且有你做為雇主，不然要怎麼成為一流公司？」

歐文斯擔任執行長的最後那 7 年裡，每年都讓那個數字增加了一點，到了金融危機摧毀了一切的 2009 年年底，開拓重工獲得 82％ 的正面評價。歐文說：「大家都枕戈待旦，想著自己該怎麼做，才能讓這家公司變得更好。」

像這樣的員工調查，一定要積極進行後續追蹤才能發揮作用，而且要靠管理高層施行才能做到。舉例來說，動力管理公司伊頓前執行長柯仁傑，是員工調查的忠實信徒，每一年都會實施調查，雖然全憑員工個人意願參加，卻仍在全球 175 個國家共 37 個語言中，創下高達 96％

的參與率。柯仁傑說：「我們公司握有好幾百個數據，但員工調查參與率是最重要的一個數字。只要這個數字夠高，我就知道大家同意這麼做很值得。他們可以對公司的好壞表現表示意見，一旦參與率降低，就意味著管理高層缺乏回應，沒能好好處理他們提出的議題。」

柯仁傑為了解決員工調查中浮現的議題，會把一群員工找過來，說：「有個問題引起我們的注意，需要志願的人幫忙想辦法，然後提出一些建議。」有一次在伊頓的某個廠區，員工調查評分結果很糟，於是柯仁傑把那邊的主管通通換人，並對新任主管們說：「做不好的話絕不寬貸，我希望各位把人帶好，別讓他們覺得群龍無首，像一盤散沙。」他讓這套做法發揮了真正的影響力。

用確切可靠的方法來測量文化，也有助於量化評估收購案能否成功。舉例來說，陽獅集團當年與宏盟集團（Omnicom）談成合併，雙方原本即將共組為世界最大的廣告集團，但陽獅前執行長李維到最後卻放棄合併，就是擔心彼此的組織文化和管理精神差異太大。另外，Netflix的哈斯汀也曾提到，因為 Netflix 具有獨特的文化，所以篩選掉不少可能的併購案，他說：「公司擁有堅實獨特的文化，好處多多，會讓併購案的潛在壞處變得更難以接受。」

而且，**測量系統並不限於員工調查**，像是在比利時聯合銀行，帝斯推行「珍珠」文化時，就把其中的「當責」概念化為人手一張的計分卡，上頭列出要計分的 4 項要素。他解釋：「我統整出一個架構，納入所有參數，包含營運資金、變現能力、獲利能力，以及『他人』，要求公司每一個人當責。其中，『他人』包括股東、社會、顧客和員工。這些參數都一樣重要。」

在比聯，員工堅守公司文化的程度，甚至決定了能否升遷。「每一個獲舉升遷管理職的人選，都要經過外部公司按照績效、賦權、當責、回應、在地鑲嵌等指標遴選。」帝斯說：「過不了這一關，就沒辦法晉升管理層，而這種情況經常發生。」

文化有時是讓人摸不著頭緒的艱澀議題，涵蓋層面之廣，套句麥肯錫前全球總裁馬文・鮑爾（Marvin Bower）的話，**所謂文化，簡單說就是「我們這裡做事情的方式」**。正因如此，**頂尖執行長為了盡可能提升企業績效，才會聚焦在關於文化最要緊的「一件事」**。他們用這種雷射光束般專心致志的方法，絲絲入扣地重塑員工的工作環境，並以紀律嚴明的方式測量進步情形。不只如此，**頂尖執行長為了加強文化變革，也會透過言語行為，親身為員工樹立自我改變的好榜樣。**

為了順利傳遞組織的願景與戰略，背後要有三樣東西支撐，其中一樣，就是像這樣調整好文化體質，但這也只是第一步而已，別忘了管理專家亞瑟・瓊斯（Arthur W. Jones）曾犀利地說：「組織設計成什麼樣子，就恰如其分會得到什麼結果。」接著，我們就要談談組織設計。

第 5 章
組織設計實踐：兼具靈活與穩定

設計，是讓才智現形。
——大衛・勞合・喬治（David Lloyd George），英國政治家

19 世紀末到 20 世紀初，第一批摩天大樓落成，結構穩固，即使強風吹拂也紋絲不動。但隨著建商把樓越蓋越高，嚴峻的考驗也隨之而來：樓房蓋得越高，風的亂流就越強，那要如何保持平衡呢？解決之道，就是打造既堅固又柔韌的建築結構。建築設計師加入更輕、更易彎曲的結構梁，同時把較高樓層的角隅削圓，以減少風阻力，並安裝大型懸吊式阻尼器，藉由阻尼器擺動來制衡風力，甚至在所有樓層做通風開口，好讓強風穿流而過，以減少建築結構承受的風壓。如今的高樓大廈夠堅固了，耐得住強風和地震，但不是因為結構剛硬，而是因為結構柔韌，可以彎曲達 90 公分。

同樣的道理，20 世紀早期隨著大規模生產出現，專業分工日趨精細，建立起階層牢固的組織架構。當時跨國公司不多，組織規模普遍比較小，外在環境變遷的步調又相對緩慢，不像現在難以預測，所以這種階層組織架構運作順暢。話雖如此，隨著公司規模擴張，邁入全球化經營，迫使組織改變的風壓也變得更加強勁，包括利害關係人複雜的要求、科技的發展與衝擊、資訊數位化與民主化，以及不斷升級的人才爭

奪戰。在這樣的局勢下，**僵化的階層架構反倒變成組織的負擔，而頂尖執行長就如同高明的建築師，設計出來的組織結構不但柔韌靈活，也能高度保持完整一致。**

　　哥倫比亞大學商學院教授莉塔‧岡瑟‧麥奎斯（Rita Gunther McGrath），曾研究高成長與低成長的大型公司之間的差別，並描述這種組織動力：「高成長大型公司一方面為創新而生，善於嘗試新方法，兼能靈活應變，另一方面又極其穩定，既能保有一致的戰略與組織架構，也擁有堅定不移的組織文化。」[28] 我們的研究也支持麥奎斯的結論：**兼具穩定與靈敏雙重特質的公司，成為高績效組織的可能性，比靈敏有餘但欠缺營運紀律的公司高出 3 倍，更比營運穩定但不夠靈敏的公司高出 4 倍**。穩定（stability）和靈敏（agility），並非孰輕孰重的問題，就像現代摩天大樓既堅固又柔韌，組織也應該兼具兩種特質。因此我們合二為一，稱為「**穩中求變**」（stagility）。

　　關於穩中求變的組織設計，有一個可以追溯到 1943 年的知名案例。當時洛克希德馬丁公司成立新團隊「臭鼬工廠」（Skunk Works），用一種非常新穎的方法來開發生產飛行器──工程師、技術員、飛行員齊聚在加州的沙漠小屋，在公司授權下，共同為明確的目標完成任務。而他們的確辦到了，從就地開發到一飛沖天，只花了短短 143 天，就為美國陸軍航空軍（Army Air Forces）設計並打造出第一架戰鬥機 XP-80。近年來，類似的構想有摩根大通的金融解決方案實驗室（Financial Solutions Lab）、怡安的新創事業集團（New Ventures Group），以及通用磨坊公司（General Mills）的全球創新網路（General Mills Worldwide Innovation Network, G-WIN）。

　　要能穩中求變，不是靠運氣，也不是一夕之間就能達成，有時甚至根本不會發生。許多受訪執行長都談到，有時雖然績效成長了，卻遲遲無法完全破解難關。話雖如此，還是能明顯看出在強健的組織結構支持下，他們的公司普遍能夠有條不紊地靈活應變。更確切地說，頂尖執

行長⋯⋯

> ⋯⋯停止搖擺不定
> ⋯⋯注重當責
> ⋯⋯以「螺旋思維」取代「矩陣思維」
> ⋯⋯做「聰明」的選擇

停止搖擺不定

「金髮女孩原則」（Goldilocks principle）源自一個廣為流傳的 19 世紀童話故事。故事中，一個年輕的金髮女孩嚐過三碗粥以後，了解到自己喜歡吃的粥要不冷不熱，溫度剛剛好。而這個「**剛剛好**」的概念，就是一流領導人做為執行長需要的答案，可以回答這個必然會面臨的問題：**組織應該中央集權到什麼程度？中央集權，公司能提升效率並控制風險；地方分權，公司能加強顧客回應能力並鼓勵創新。不夠老練的執行長往往會捨棄金髮女孩原則，要不是過度集中權力，就是過度分散權力，不利於公司的長期發展。**

裴西・包維克（Percy Barnevik）曾擔任電力及自動化科技公司 ABB 的執行長。ABB 的總部位於瑞士蘇黎世，而包維克任職期間看準一個大好機會，藉由徹底下放權力來賦權員工，並提升當責意識。具體而言，包維克想透過「拆除官僚體制」激發在地創業精神，讓世界各地的員工都能發表新產品、改變設計、調整生產方式，同時不受蘇黎總部的干預。於是他將 ABB 分成 5,000 個利潤中心，隨著利潤暴增，他這套管理體系在短期內備受學術圈、新聞界、管理學家及股東等各方人士讚譽。

與包維克相對的另一個極端，是雅虎（Yahoo!）前執行長泰瑞・塞

梅（Terry Semel）。他重整公司，藉由改善資源分配來實現規模效益，將公司的 44 個業務單位縮編為 4 個事業群和 1 個產品委員會，發揮跨部門協調、規劃和分享資源的優勢。當時外界咸認塞梅會將雅虎打造成「新世紀媒體公司」。

但鏡頭快轉個幾年，像這樣大幅改革組織設計的做法，反而被嘲弄是導致 ABB 和雅虎衰落的大功臣。就 ABB 的情況而言，一位記者寫道：「去中心化的管理結構實施到後來，在部門之間引發衝突和溝通問題。」於是，惡性競爭加劇，加上各部門功能大量重複，導致效率嚴重低落。（舉例來說，當時 ABB 針對採購及專案管理，設置了 576 套不同的軟體系統，並有 60 套不同的薪資系統和超過 600 個試算表軟體程式。）

就雅虎的例子而言，則是高度中央集權的結構設計，權責分工不明，導致決策窒礙難行。一位離職的雅虎前員工說：「優秀人才都離開了，因為太多人自以為是主管，卻什麼事情都搞不定。留下的都是平庸的人，因為他們有靠山又不用負責任。」[29]

其實，包維克和塞梅的做法很常見，執行長看到組織出現某種傾向，往往會忍不住將組織推往反方向──就像時鐘的鐘擺，不斷在兩極之間來回擺盪。不過，頂尖執行長很少會從一個極端激烈擺盪到另一個極端，他們不會把重點放在組織應該集權到什麼程度，套句消費品大廠通用磨坊（General Mills）前執行長肯・包威爾（Ken Powell）的話，他們會這麼想：「**集權管理能在哪方面增加或創造最大價值？在各單位又必須如何布局？**」包威爾還說：「**做為執行長，這些都是必須投注時間思量的重大問題。**」

包威爾自己是接任全球穀物合作夥伴（Cereal Partners Worldwide, CPW）執行長後，才體認到鐘擺效應的道理。CPW 是通用磨坊和雀巢（Nestlé）成立的合資企業，據包威爾憶述：「CPW 在 1980 年代晚期創立時，雀巢已經是規模龐大、傾向分權管理的全球公司。當時，雀巢力

主將CPW設計成更加集權管理的組織,並盡可能整合供應鏈,讓各國分支機構的品牌定位及行銷趨向一致。大概是想對全球品牌試行比較集權的管理方式,所以把CPW當作一種測試台,而我們最初的模型,的確也是將這家合資公司設計成高度集權的組織,採用幾近命令及控制的方法管理,許多決策都是由位在瑞士洛桑市(Lausanne)的總部定奪。」結果是組織功能失調,總部各團隊之間時常意見分歧,尤其是國際經驗有限的美國行銷人員,最容易和各地經理人發生齟齬。

為了補救這種情況,包威爾召集區域主管和中央主管,將公司經營事業必要的關鍵活動列成一份清單,有條不紊地逐一檢視,並集體決定該由哪個單位完成什麼工作,才能創造最大價值,至於**「凡事都要依區域差異調整」或「一切交由中央全權管理」之類的極端想法,都不予考慮**。這個方法收效甚佳,包威爾說:「高階團隊變得積極投入,以公司整體利益考量為出發點,用務實坦誠的態度集思廣益。」而眾人共同的決策,也讓CPW躍升為全球規模數一數二的早餐脆片公司。

後來,包威爾轉任通用磨坊執行長,也將CPW的成功經驗,應用在通用磨坊的國際擴張行動上,針對哈根達斯(Häagen-Dazs,冰淇淋品牌)、老埃爾帕索(Old El Paso,墨西哥食品品牌)、天然谷(Nature Valley,零食品牌)等主要全球品牌,除了著重建立各地區團隊,也明確劃分出總部與區域有別的權責。金髮女孩效應成就通用磨坊公司的國際成長、創新發展及社會參與,讓包威爾躋身《哈佛商業評論》全球執行長100強,並在美國求職網站Glassdoor上贏得「全美最受愛戴執行長」的殊榮(企業員工評選結果)。

注重當責

當大型跨國組織致力於在中央集權管理的高效率,以及在地的顧

客回應能力之間求取「恰到好處」的平衡，往往會採取所謂「矩陣式組織」的組織型態（見圖表 5-1），這個觀點也受到杜克能源（Duke Energy）執行長林恩・古德（Lynn Good）證實：「不用矩陣式組織還真沒辦法，我們公司的營運很複雜，從發電、輸電到配電，涵蓋廣大的地理區域與好幾種公用事業。我們有事業部門主管執掌營運業務，也有法規監管專家領導區域公用事業，而成功的要素就是在這個矩陣中，除此之外別無他法。」

在矩陣管理的匯報模式中，員工依循所謂「實線」或「虛線」的從屬關係，向不只一位上級或負責人匯報。比方說，一位員工通常要向兩位主事者匯報：一位是功能部門主管（如：工程部門、製造部門），致力於實現綜效與標準化管理；另一位是業務單位負責人（如：產品、地區、顧客區隔），負責確保不同部門的功能可以整合，按照客戶需求交遞最佳成果。至於公司的幕僚功能部門，像是財務、人資、技術部門，

圖表 5-1　矩陣組織

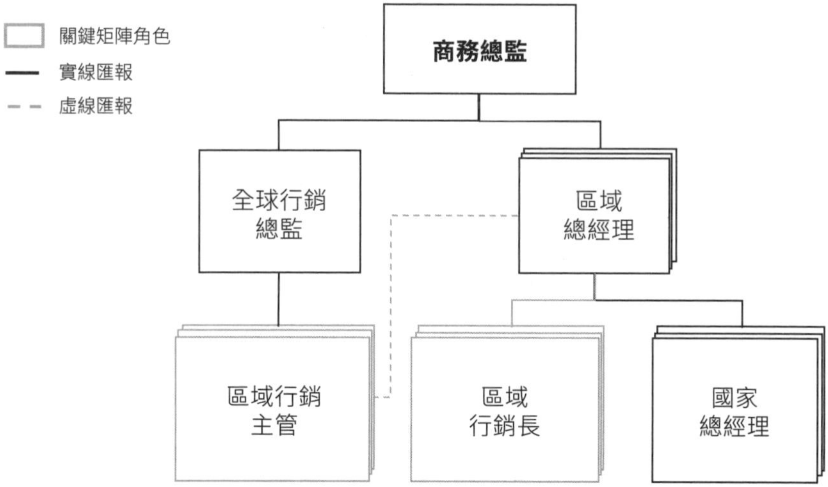

也是以類似模式運作，依循「實線」或「虛線」的架構，向一位核心功能部門主管及一位業務單位負責人匯報。

矩陣式組織的概念，最早始於 1960 年代甘迺迪總統的登月目標。當時登月計畫的專案經理負責控管成本與時程，技術經理則負責開發各項專案所需的技術，而兩者都要向業務負責人匯報。最後，美國太空計畫大獲成功，不但安全登陸月球，還比甘迺迪總統表定時程提早一年完成，成為矩陣管理後來在企業界廣為採用的重要推手。[30]

只可惜，大部分組織儘管採用矩陣管理，卻無法發揮有如「登月」的執行威力，**許多在矩陣式組織工作的員工，反而對該由誰作主感到困惑無力。**一般而言，在矩陣中接受員工匯報的兩位主管，都以局限於自身管理範圍的觀點行使同一套職能，包括聘用與解雇、工作指派、每日工作優先排序及監督、升遷、考評、獎勵……隨之而來的，往往就是權力鬥爭，然後開委員會協調共識以打破僵局，但這麼做讓不專業的人也能事事出意見，大幅削弱了原本互相激盪的想法，導致組織效能低下。

因此，**頂尖執行長會堅持明確劃分權責，快速洞察可能出現的僵局。**舉例來說，溥瑞廷接掌杜邦公司後，就發現「許多同仁都非常努力工作，但不知道該找誰問責。這是一個高度矩陣化的組織，有一半的業務決策交給中央功能部門主管，但他們不會從損益表或投入資本報酬率的角度思考。」

溥瑞廷研究杜邦在愛荷華州興建纖維素乙醇廠的資本計畫，想知道是哪裡出了問題，導致原本預期造價 2.2 億美元的成本，最後飆增到 5.2 億美元，而且還是無力回天。結果發現，有 22 個人批准那項計畫，他回憶：「於是，我問他們，到底是誰做出這個決定，結果得到八個不同的答案。」接著，溥瑞廷馬上重整公司，授予麾下五位業務單位總經理更多決策權，並精簡作為支柱的公司總部，將總部的權責明確界定為戰略制定、風險剖繪、資金分配和人才管理。他說：「在現行組織架構下，如果在愛荷華州做出那樣的決策，就是業務單位總經理、財務長，

還有我這個執行長責無旁貸。」

以「螺旋思維」取代「矩陣思維」

頂尖執行長在複雜多面向的矩陣中開創當責制度，仔細聽他們描述，會發現他們根本不是從矩陣的觀點著想。我們猛然發覺，更適合用來表現他們思維的圖像，其實是「螺旋」。「螺旋」的概念，來自 1950 年代初期科學家發現的雙股螺旋 DNA-DNA 的兩股螺旋長鏈，形狀就像螺絲錐，互相纏繞卻互不接觸，只透過兩股之間的核苷酸對相連接，有點像扭曲的梯子，如圖表 5-2。[31]

在螺旋式組織中，匯報結構並非雙實線或虛線，而是由「分半實線」構成，表示員工出於兩種不同目的，分別向兩位主管匯報（所以是兩股交纏的長鏈）。「分半實線」的概念並不適用於組織內每一項工作，

圖表 5-2　螺旋組織

— 能力管理：如何完成工作
— 價值創造管理：完成什麼工作

不再採用虛線： 兩股清晰、對等且平行的螺旋線條，代表兩種當責性。

能力管理人有權力雇用或解雇員工，並負責提供訓練、工具及專業發展，讓員工的職涯穩定發展。

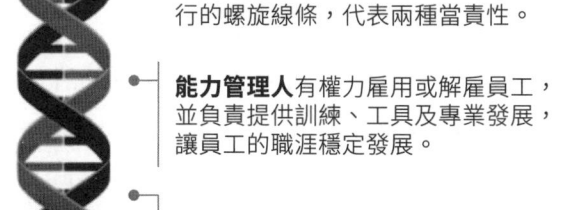

價值創造管理人負責為員工制訂個人目標，並監督他們的日常工作。

但如果工作角色要面對複雜的條件，必須整合銷售通路、產品服務及部門專業為客戶代理，就適合利用螺旋管理來提供俐落務實的解決方案。

想知道螺旋管理在真實世界如何發揮功效，可以看怡安執行長凱斯是如何重整公司。隨著公司從原本的併購聯盟，進化到如今「怡安聯合」的核心精神，凱斯愈發強調為每一位客戶提供公司完整的能力。過去公司的地區主管和產品線主管之間，曾出現權力拉鋸（換句話說，就是實線角色和虛線角色經常變換），而凱斯為了終止這種權力搖擺，清楚劃分權責，便在兩個單位之間，創造一種分半實線的匯報結構。**當中每一位主管，都各有清楚、獨特且互補的職務角色，亦即雙方必須相輔相成，地位同等重要**。因此，員工匯報的對象，包括掌握綜合損益表、客戶關係（但不了解產品線）的地區負責人，例如歐洲地區總經理；以及負責開發頂尖創新產品和解決方案，並提升公司客戶服務能力的產品負責人，例如商業風險主管。

地區負責人握有損益表，所以能決定在某個產品領域要雇用幾個員工；產品負責人則基於本身的專長，負責招聘所需要的人才。新員工上任後，一方面由地區負責人指派到某個客戶服務團隊、制訂個人工作目標、監督每日工作進度；另一方面，也要由產品負責人提供必需的訓練、工具及專業發展，讓員工的職涯步上正軌。

西太平洋銀行前執行長凱利也為她的銀行採用類似的管理模式，她說：「我實施了非常大膽的結構改革。銀行是一個產品導向的產業，我向來也把自家產品當作卓越中心來發展，但我同時在配銷通路發揮資產負債表的力量，所以這些產品就成了利潤中心。因此，我需要一套商業模式，讓兩邊的人馬同心協力，追求一致目標並共同為顧客而戰，創造整合的產品服務，整合的顧客體驗。」但要不是做為執行長的凱利自己也參與其中，這項改革就不可能實現。「這套方法很管用，但**執行長不能坐享其成。實際上，還是要設想該把什麼項目、哪些領域的決策權交給誰，尤其是在一開始的時候**。」凱利如此建議。

在摩根大通，執行長戴蒙說明了企業員工和業務單位互動時，螺旋管理是如何發揮作用，他解釋：「我把管理團隊劃分在企業層級，包括人資總監、財務長、法務長……我們會制訂人資、會計、風險或諸如此類相關的政策，但除此之外，執行面百分之百由業務線全權負責。這麼一來，**站在管理高層的立場，企業級團隊可以介入任何一個業務單位，告訴他們什麼能做、什麼不能做，但要注意態度必須像個團隊夥伴。**大家的目標是為公司做對的事，所以業務負責人會樂於將他們視為夥伴。」

義大利國家電力公司的情況，則是大部分沿用比較傳統的匯報線，不過，也有250個關鍵角色位於管理資產和顧客的交點，所以同樣有「分半實線」的匯報關係，需要員工向兩位主管匯報。舉例來說，智利發電總監考量維修與成長間的資金分配計畫，要向全球發電總監匯報，面臨顧客導向文化與現金流的問題，又要向智利地區總裁匯報。如同摩根大通的戴蒙，義電執行長史塔拉齊也重視讓心態正確的人才來擔當這一類職務角色，他說：「**要讓這套管理模式發揮作用，祕訣就是讓能在建設性壓力下成長的人，來承擔這樣的職責。他們要有企圖心和好奇心，這種人格特質會驅使他們問對的問題，並做得更多。**」

我們要澄清，所有受訪執行長描述他們的組織時，都未曾使用螺旋一詞。只不過，照他們管理組織的方式看來，傳統上以「矩陣」表示的管理思維，顯然改用「螺旋」來呈現會更貼切。

做「聰明」的選擇

秉持金髮女孩原則採取「螺旋式」，而非「矩陣式」管理，清楚界定權力配置與責任歸屬後，就能據此進一步判斷在組織設計中，哪些元素該是穩固的，哪些元素該是靈活的。用智慧型手機來打個比方，有助

於做出更好的選擇：選擇穩固的元素，就如同選擇手機的硬體和操作系統，有了穩固的裝置為基礎，必要時才能將各種應用程式（即靈活的元素）安裝、升級或移除，維持生活的便利美好。

財捷前執行長史密斯這麼描述他們公司的穩固元素：「我們規劃時，會以客戶的需求為優先考量，再往下深入評估客戶特有的問題。在實務上，這表示上層會是消費者小組和小型事業小組，下層可能是支出小組。這個架構固定不變。接著，我們會從做為平台公司的立場著眼，審慎選用最佳方式把這個架構組織起來。舉例來說，會有一個中央小型事業設計團隊，全面掌握並處理某個客戶的問題。」

至於組織設計的靈活元素，可能有各種形式，其中一個方法是設置全職工作的臨時團隊，並充分授予自治權，以利迅速產出特定成果。史密斯解釋財捷如何應用這個方法：「我們把重要的策略問題分配給數個三人團隊，而團隊中的三個人以前都沒有共事過。這麼做的確能在業務和部門間建立合作關係，有益公司提出更精準的解決方案，同時在重要戰略領域中更快速行動。」

財捷還有一個提升靈活度的方法，是賦予所有員工 10% 的自由時間。史密斯說：「我們隨時都有超過 1,800 個不同的實驗在進行，只要員工的實驗構想受到顧客青睞，就能在接下來三個月獲得公司經費支持。」那結果如何呢？史密斯說：「這個方法讓每個人都感到更有力量，願意發表自己的想法，確實幫我們消弭了原本組織設計的隔閡。」

關鍵就在於明確選擇哪些元素應該穩固、哪些應該靈活，才能打破一般每隔幾年就要大規模組織再設計的循環。**高績效組織會根據某種穩固的核心，持續進行自我重整，一方面因為穩固的特質，像高級智慧型手機一樣有可靠的表現，一方面又因為有靈活的應用程式，比起不擅變通的競爭對手更能持續進步。**adidas 前執行長海納則偏愛另一種比喻，不過道理是一樣的，他說：「過去，我們像一艘油輪，載著 10,000 個人，如果想調頭迴轉，就要額外繞行 800 公里。而現在，我們的艦隊有

快艇了！」

比利時聯合銀行執行長帝斯非常清楚「快艇」的用武之地，他告訴比利時業務單位：「我們要打造一個行動銀行及保險應用程式，這個應用程式必須容易操作，才能擄獲客戶的心。」他還指示：「給你們6個月和100萬歐元完成這項專案。」

帝斯為了在這麼短的時間內實現雄心壯志，指派了一位優秀的專案負責人，並授予完整自治權，讓他們根據需求自由組成團隊。「別管什麼上下階級。」帝斯告訴專案經理：「只要用你認為能增加價值的人就行了。」帝斯自己的任務，則是幫專案團隊甩掉比聯資訊科技單位沉重的官僚包袱。「見機行事，我會確保管理單位無從干涉。」這是他一清二楚交代給團隊的訊息。不到6個月，新開發的應用程式就獲譽為市場上最佳創新產品。

帝斯在比聯實施的另一項靈活元素是 Start it @KBC，這個靈感孵化器於2014年推出，鼓勵創業精神，因而催生出一支快艇艦隊。帝斯說：「我們有600人的創意想法在發酵，有人成立自己的公司，也有人想讓新創事業成長為適應力強、存活率高的公司，而當中確實出現一流的金融科技。」這些新創公司讓比聯有更多機會，能為顧客提供創新服務。

同樣地，義電執行長史塔拉齊也利用一些靈活元素，來加強鞏固組織的支柱事業，在世界各地設立了專門的「創新基地」，並由各業務單位人員構成的創新大使組織起來，將創新基地連結到他們面臨的特殊挑戰。同時，他設置了一個能源眾包平台，專門從新創事業、中小企業和大專院校構成的外部生態系中汲取靈感，並推行「靈感實現計畫」（Make It Happen!），來促進小型跨部門團隊發展新構想。

此外，他也成立一個新部門，稱為 Enel X，專為個人顧客、公司行號、政府機關開發新的解決方案，涵蓋領域包括能源效率、能源儲存、智慧照明。「開放式創新」（Open Innovation）的概念驅動了義電這

個組織的靈活元素,就像史塔拉齊說的,**開放式創新「是威力強大的擴效器,不只加速創新,也帶給我們打進更多不同產業的入場券」。**

Alphabet 執行長皮查伊設立了「焦點專區」,專門處理超出傳統產品領域(如:YouTube、Android、Search……)範疇的重要項目,每個焦點專區都配有一個團隊及指定領導人,並獲准使用工具跳過某些核可關卡,比一般組織程序更迅速行動。皮查伊說:「**有時候要增設一些批准方式,方便他們打破原先制定的流程框架。」**

像這樣運用靈活組織元素的公司案例,我們可以繼續寫上好幾頁,其中大部分都可以歸類為三個時興的觀念。

1. 利用「小團隊組大團隊」(team of teams)的方法賦權多個不同團隊,讓它們有充分能力順暢合作,達成較大的目標。
2. 設立資源池(resource pool),讓人力資源「流向任務」(flow to work),配置到能創造最大價值的地方,不再受限於固定不變的匯報結構。
3. 應用敏捷反應的方法:藉由推出最簡可行產品(minimum viable product)快速迭代產品及服務,然後反覆多次取得顧客回饋。

丹納赫前執行長暨奇異現任執行長卡普指出,雖然這幾個觀念聽起來很時髦,卻是換湯不換藥。他說:「觀察程式設計限時兩週的『敏捷精神』(agile spirit),會發現非常接近豐田汽車(Toyota)限時一週的『改善法』(Kaizen),先是把一套程序的操作人員、管理人員和負責人,然後一起籌劃、達成共識,並優化程序。其實,就是把大工程拆解成小項目,然後讓對的人組成團隊,嘗試新構想,最後迅速落實想法。」

1999 年,美國科幻電影《駭客任務》(*The Matrix*)的男主角尼歐

（Neo）面臨紅藥丸與藍藥丸的抉擇。吃下紅藥丸，就會發現痛苦的真相，看清現實遠比他想像的更為複雜而嚴苛；吃下藍藥丸，就能回去過原本盲目幸福的生活，渾然不覺周遭真正發生的事。尼歐考慮了一下，服下紅藥丸。這個選擇形同開始一趟漫長艱難的個人旅程。經過一次又一次英勇作戰，尼歐終於讓人類掙脫了牢籠——人類過度依賴智慧機械而作繭自縛的牢籠。

說到組織設計，其實也有所謂的藍藥丸，關於這一點，美國作家查爾頓・奧格本（Charlton Ogburn Jr.）說得好：「我們往往藉由重新整頓來因應新情況，這是一種製造進步錯覺的大好方法，實際上徒增困惑，造成效率不彰與士氣低落。」事實顯示，有許多組織領導人都會選擇這個方法，其中高達 70％表示，他們過去兩年間曾實施一波重大的組織重整，而且大多數都認為未來兩年內還會再經歷一次。同時，只有 23％的組織再設計行動達成目標並改善績效，其他的若非有頭無尾，就是達不到目標，其中 10％實際上還對組織績效產生負面影響。[32]

頂尖執行長會服下紅藥丸，紅藥丸會幫他們抵抗誘惑，拒絕在集權和分權之間像鐘擺一般來回擺盪，即使身處無比複雜的組織結構，他們仍會設法清楚劃分權責，並跳脫矩陣管理的框架，將組織重整為螺旋結構。他們也會做出有智慧的選擇，妥善規劃組織設計中的穩固元素與靈活元素。雖然紅藥丸這條路比較辛苦，卻能讓組織再設計成功的機率從 25％提高到 86％，還很可能讓員工感覺自己從牢籠中解放了。[33]

俗話說，不良體制總能把好人擊倒，目前為止我們針對組織凝聚力討論的主題，包括文化和組織設計，都是為了打造一個優良體制。接下來，我們就要關注另一個主題：如何確保體制裡工作的是「好人」，才能讓組織蓄勢待發，出奇制勝？

第 6 章
人才管理實踐：（請勿）以人為先

> 用爬樹能力評價一條魚，牠會一輩子都以為自己是條笨魚。
> ——無名氏*

每年都有大約兩萬海軍新兵，表示有興趣加入美國精銳特戰組織海豹部隊。來報名的人都知道，不論在這個世界的什麼地方，或者在未知甚至極其嚴酷的環境條件下，像是零下溫度、熱昏頭的沙漠高溫，或是遠洋颶風掀起足以淹沒船隻的巨浪，身為海豹部隊的士兵，都必須使命必達。每當美國政府遇上軍情緊張、人質挾持、恐怖攻擊等棘手情況，首先就是找海豹部隊搬救兵。

最後，每年只有大約 250 人能夠過關。即使申請者具備過人的精實體格，也占不到優勢，像是許多傑出運動員就沒能挺過訓練。即使申請者的教育程度非常高，也不見得比只有高中文憑的人更有望成功。最終能贏得錄取資格的申請者，都達到了一系列明確的門檻，其中最重要的就是堅定的意志——永不輕言放棄。正是為了考驗這項人格特質，海豹部隊的入伍訓練才會那麼嚴苛，包括讓人聞之喪膽的「地獄週」，要求新兵在寒冷潮溼折磨下完成艱難的挑戰，每晚還只能睡不到 4 小時。

---

* 作者按：常被誤引為愛因斯坦。

正如美國海軍高層會先定義海豹部隊的職務角色，再去招募適任這份工作的人，頂尖執行長也知道，**要建立一個強大的組織，首先要考慮的不是「人」，而是「角色」。他們會先自問，最重要的工作是什麼，再去定義要完成工作所需的知識、技能、態度及經驗。**

這個過程做起來並不如聽上去那麼明顯或輕鬆。假設有一位執行長，來自績效平平的健康照護公司，當我們問他：「貴公司最優秀的20位主管是誰？」他列了一份名單給我們。於是，我們再問：「貴公司最重要的20個職務角色是什麼？」他又開了一份清單，只是從回答的速度可以看出，他對這個問題更不假思索。最後，我們問他：「第一份名單上的人，有幾位擔任第二份清單上的職務角色？」他的臉色登時刷白。他不用想也知道，董事會或股東們肯定不會欣賞他的答案。

接著，看看與這位執行長相對的另一個極端，私募股權龍頭公司黑石集團（Blackstone）執行長蘇世民（Stephen Schwarzman），是如何回答相同的問題。他和人資長、財務長一起仔細檢視，在公司投資組合中的領導職務角色，有哪些在營收、營益率、資本效率等方面，為公司帶來最大價值。舉例來說，黑石旗下一家公司的目標是提高60%的盈餘，同時讓本益比從8倍成長到10倍。而蘇世民等人的分析結果顯示，該公司12,000名員工中有37個職位，為公司創造了80%的價值，其中更有一個職務角色，有可能單槍匹馬讓盈餘提升10%！於是，蘇世民和他的領導團隊設法確保這些工作，都安插了最適任的領導人選。[34]

並不是所有受訪的傑出執行長，都會採取這麼一絲不苟的方法，但他們處理人才問題時，都會經過縝密思考並自我約束，將個人的時間和精力，投注在人才管理中影響最大的層面，就像奇異執行長卡普說的：「**人才決策正是事半功倍的關鍵。身為執行長，這個絕不能搞砸，而且要做出對的決定，就不能置身事外。**」為了做出正確的人才決策，頂尖執行長會……

……釐清高價值職務角色
……別忘了「左截鋒」
……找出「意想不到的人才」
……積極打造板凳後備軍

釐清高價值角色

我們協助過無數執行長和他們的人資長及財務長，共同建立起一套更嚴謹的觀念，來掌握驅動公司戰略的職務角色，而每一次分析的結果，真的都讓這些高階主管大感驚豔。他們很快就明白事實與一般常識正好相反：**職務位階高低與職務角色創造的價值多寡，不一定總是正相關**。我們發現，一般公司最有價值的 50 個職務角色中，只有 10％位於向執行長直接匯報的層級，另有 60％屬於次一個層級，還有 20％屬於更次一個層級。35

至於剩下那 10％呢？就是那些應該存在但通常沒有的職位。這一類職位的工作橫跨組織邊界，往往也能搭上產業趨勢的順風車。舉例來說，美國克里夫蘭醫院前執行長寇斯葛洛夫，致力推動以患者為中心的戰略，於是創設「就醫體驗長」的職位以改善患者的生活，凡是患者照護有關情感層面的事務，都由這個職務角色一手包辦。寇斯葛洛夫說：「人資負責照顧所有員工的需求，但也要有人去照顧所有病患的需求，並細緻入微處理病患照護的種種事項。」

這個新設職務角色讓組織內外運作都變得更透明。本身也是醫生的寇斯葛洛夫說：「我從心臟外科手術學到一件事：我們總是盯著數據看，不論是死亡率或其他，一切都非常透明。」所以他在患者照護方面如法炮製，將醫院的照護品質數據公開給大眾查閱。他也要求就醫體驗長評比院內每一位醫生，當然，不是每個人都喜歡這種做法，不過他

說：「我努力要讓大家明白，有些人的表現真是可圈可點，在患者之間風評很好，有些人則並非如此，而這麼做能幫助醫生，了解自己能如何做得更好。」

在怡安，執行長凱斯創設了一個高階主管級別的職位，專門領導公司旗下的新創事業集團，以加速在保險產業的大規模創新。

杜克能源執行長古德創設的新職位，則是「發電暨輸電市場轉型長」，以確保公司在追求淨零排放目標的同時，能讓發電資源的現行技術順利過渡為新的技術。古德說：「必須將這項職責與日常營運的挑戰區分開來，才能讓這項能源基礎建設重大轉型計畫，聚焦在正確的戰略重點。」

金融服務集團美國教師退休基金會（TIAA）執行長羅傑‧佛格森（Roger Ferguson）了解到，從服務客戶到激勵員工，公司方方面面都要從數位觀點著手才能成功，於是他創設了「數位長」的新職位。在摩根大通，執行長戴蒙發覺若要降低成本、提升效率，關鍵就在於雲端技術，所以他創造一個高階主管職務角色，專掌公司的雲端服務。

此外，阿霍德德爾海茲集團執行長波爾，體認到公眾觀點隨氣候變遷議題改變帶來的衝擊，以及食物與健康對社會的影響，因而為團隊增設「永續長」一職。

弄清楚公司最有價值的職務角色後，頂尖執行長必然會好好定義每一個角色，清楚描述他們必須完成什麼工作，並列出勝任工作必備的技能與特質。舉例來說，做為產品負責人，通常要有商業開發和併購盡職調查方面的知識與技能，其他條件則可能包括全球意識、敏捷決策的能力、優異的團隊建立技巧⋯⋯至於先備經驗，像是執掌過 1 億美元以上營收的業務、領導過整合計畫、曾建立並執行有效的銷售模式⋯⋯都可能包含在內。

除了職務角色專有的素質，頂尖執行長心目中還有一些領導者「必備」的重要人格特質。「熱情、智慧、靈活、成果導向，再加上明

確認同公司的價值觀。」是西太平洋銀行前執行長凱利列出的條件，回顧過去，她說：「領導者要先過得了這幾關，我才會繼續評估他們是否具備職務角色必需的專門技能。」

在伊大屋聯合銀行，執行長賽杜柏想要找「隨和、開放、聰明、創新、善交際」的領導者，而桑坦德銀行執行長柏廷，更重視「價值觀、同理心、創造力及合作能力」。

摩根大通執行長戴蒙則斷然表示，他絕不要「忠誠」的領導者，他說：「如果有人告訴我：『我會對你忠誠。』我會怎麼回答他呢？我會說：『拜託不要，你應該對組織忠誠，對顧客忠誠，不是對我──你應該忠於做對的事情。』」

在比聯，執行長帝斯運用一種嶄新思維的「必備」準則，並解釋自己獨到的做法，他說：「我和執行委員會一起討論，定義出攸關本公司運作最重要的 40 個職位。」接著，他根據個人的績效表現與職務技能，將公司所有主管分類，並和那 40 個職位相匹配。他告訴我們：「我加列了一個條件：每個人當前的職務角色都是暫時的。可以想見，這下子誰都不是『不容質疑的權威』。每一件事情都可以討論，我們徹底改變了這家公司。」

比聯的例子證實，**如果能仔細確認哪些職務角色創造了最大價值，以及他們獲致成功的必要條件，要讓人才適得其所就會容易得多。**不然，會怎麼樣呢？西太平洋銀行的凱利說：「本來有能力的高階主管被放在不適任的職務角色，因為做得不開心而失去自信，表現下滑，後果難以收拾。」

別忘了「左截鋒」

被問到美國橄欖球隊最高薪的球員位置，大部分人都能答出「四

分衛」的正解，理由是四分衛通常負責在球賽中執行戰術。但如果有人問，第二高薪的球員位置是什麼，大家往往會猜「跑衛」或「外接手」，因為他們和四分衛合作得分以贏得勝利。然而，喜歡《攻其不備》（The Blind Side）這部美國勵志電影的人想必會知道，「左截鋒」才是正確答案——電影中，一個無家可歸的青少年，長大後成為美國職業橄欖球聯盟（National Football League）的明星左截鋒。四分衛之後，一支橄欖球隊中最有價值的球員就是左截鋒（如果四分衛是左撇子，那就是右截鋒）。左截鋒（或右截鋒）根本碰不到球，為什麼有價值呢？因為敵隊的衝傳手會從視線死角冒出來，試圖擒殺四分衛或導致意外受傷，所以需要衝傳手負責保護四分衛。[36]

在商業領域，四分衛、外接手、跑衛的角色，就相當於直接負責公司盈虧的業務負責人。許多執行長覺得只要列一張表，就算是找出公司的高價值職務角色了，例如在乃甘於2006年接任執行長之前，暹邏水泥的情況就是如此。乃甘說：「當時，有三樣東西決定了哪些職務角色比較重要：第一，掌管的資產數量；第二，直屬下屬人數；第三，必須管理的業務複雜程度。」

然而，**頂尖執行長會深入觀察，以有條不紊的方式找出「左截鋒」般的職務角色，來保護並推動公司要創造的價值**。以乃甘為例，他的戰略是讓原本的商品轉型為高附加價值產品，所以公司前朝輕忽的職務角色如今反而變得重要。他提高研究部門的戰略地位，並將研究部門主管視為「左截鋒」，也就是團隊中數一數二的關鍵角色（儘管從過去的標準看來，這項職務沒那麼重要）。正因為乃甘開始重視研發職務的角色，並確保該部門充滿最優秀的人才，才能在任內讓高附加價值產品的銷售百分比，從4%成長到35%。

希爾製藥（Shire）前執行長弗萊明・厄斯寇夫（Flemming Ørnskov），後來接任護膚公司高德美（Galderma）執行長。他同樣會**有條有理評估哪些職務角色最重要，並以敏銳的眼光，找出雖不起眼卻是**

公司成功關鍵的「左截鋒」，其專門職務可能是臨床研發、分析、數位、品質、儀器、法規等任何領域。厄斯寇夫說：「我們也會以 1 到 50 分評比研究計畫，這麼一來，就能排出優先順序，把大部分資金投入最重要的那些計畫——我們找出明星球員，然後花最多時間領導他們。」

在這個過程中，厄斯寇夫和他的團隊察覺，有一個左截鋒的職務並未劃分在生物製藥（即含有生命有機體成分的產品）。「生物製劑顯然漸漸成為皮膚科創新趨勢，」他說：「所以我必須雇用對的人來領導這一塊。」

卡普接任奇異執行長後，隨即攤開組織架構圖，找出創造最大價值的職務角色，他說：「我們確認哪些職務是毋庸置疑的明星球員位置。」他從分析的角度著眼，發現有一個職位過去適合 B 級球員，如今卻有左截鋒等級的重要性：供應鏈管理負責人。他說：「看看我們現在的業務，明明有很好的產品，很好的員工，但如果不能在限定時間內將品質無虞的產品交給顧客，顧客不滿的程度會更甚以往，所以日常例行工作千萬不能出錯。」

此外，多數執行長往往是跟分析師和投資人正面對決後，才明白還有一個職位也堪比左截鋒：財務長。以色列貼現銀行前執行長亞胥－托普斯奇說：「**務必要盡可能請到最優秀的財務長，他會是得力助手，替你分擔很多日常雜務。大家常常不懂得，擁有一位優秀財務長是多麼重要。**」

伊大屋聯合銀行前執行長賽杜柏也說：「我回顧過去自己做為執行長那將近 20 年，發現財務長大概是我們團隊最重要的角色。」

怡安執行長凱斯則表示，找來克麗絲塔・戴維斯（Christa Davies）擔任財務長，是他任內數一數二重要的決定，他說：「克麗絲塔是建立怡安的得力夥伴，我們從一開始就並肩作戰。少了克麗絲塔，怡安就不會是怡安。」

頂尖執行長審慎定義出高價值創造的職務角色後，才會在人才管

理方程式中，加進活生生的人。而一旦人來了，政治也就來了。

找出意想不到的人才

頂尖執行長通常會注意，要讓能維護公司營運的高價值創造職位，不論長期或短期，都安插了「最適任」的人才。對，這意味著執行長的直屬下級，不一定能自由選擇團隊成員。相對地，**頂尖執行長會將最高層級主管視為「創業人才」**。舉例來說，奇異執行長卡普就直截了當告訴他的團隊，他對於自己直屬下級想雇用的任何新人選，都有否決權。「我稱之為『一蓋一』。」他說：「我保有這個權力，以免你們徵到不適任的人。」

警告說在先，執行起來不留情面。這一招很讓人意外。事實上，多數執行長心中都有一份「頂尖人才」的名單，數量只有個位數。這些是意料之中的人才，執行長會視為可靠的左右手，把其他人辦不到的事情交託給他們。他們是公司的大將，在幾乎每一個常設委員會都有一席之地，常常也會資助專案小組或提案行動，同時在公司內外部都擔負重大的領導責任。這些領袖人才有能力，也很積極，但往往到最後會左支右絀，因為沒有其他人能支援，反而無法好好發揮。

頂尖執行長會更著重用分析的眼光，去觀察每個人在組織中做什麼工作，而且為了替公司大約 50 個最高價值的工作找到適任人選，他們會要求人資針對 200 到 300 位主管的知識、技能、特質和經驗，提供一些可靠的資訊。這麼做能發掘很多有潛力擔任重要職位的新人選，包括「意想不到的人才」。頂尖執行長也會為了找出潛在人才（或是適應困難的人），持續掌握更多資訊，奇異執行長卡普解釋：「營運回顧就非常適合用來評估：某個員工是否持續學習、成長、融會貫通，並持續進步？而且，巡視工廠或和顧客對話的時候，也是在對主管進行非正式

頂尖執行長取得這些資訊後，會預期發掘至少 5 位有望擔任高價值職務角色的人選，如果能審慎評估，通常會有兩個意外收穫。首先是**原本精挑細選來擔當重任的人力中，有多達 20% 到 30% 其實並不適任**，就像西太平洋銀行前執行長凱利說的：「我發現有些可靠又忠誠的高階主管，已經不再適合原來的工作角色，因為職務內容改變後，需要的技能也不一樣了。我選擇趁早正面處理這樣的情況，要是不直接面對或拖著不管，不只有礙業務推展，對受到影響的同仁來說也不公平，有失尊重。」

仔細進行人才評估的另一個意外收穫，就是會發現**適任關鍵角色的潛在人選之多，遠超過多數執行長最初的想像**。回頭看之前產品領導人的例子：就算某個人選缺乏理想工作經驗，不曾管理過 1 億美元的損益表，但具備全球意識、善於迅速決策、展現出團隊建立技巧……可能是他的強項，所以反而適合這個職務角色，甚至能做得更好。

Adobe 執行長納拉延就是經由這樣的過程，發掘了葛洛莉雅‧陳（Gloria Chen），她在業務和企業戰略部門一步一步往上爬，曾擔任納拉延的幕僚長，後來成為領導人資長人選。納拉延說：「最適合這份工作的人，要懂得人心和策略，也要是你能百分百信任的人，而且必要時要能反對我的意見，死不退讓。葛洛莉雅是沒有人資經驗，但她具備一切該有的條件。」

在每一個重要職務角色的至少 5 位人選中，頂尖執行長也會期望落實多元共融的觀點。舉例來說，默克藥廠（Merck）執行長肯‧佛瑞澤（Ken Frazier）告訴我們：「我還沒成為執行長的時候，在費城從事法律工作，默克只是委託我代表的其中一家公司。我現在之所以會是默克執行長，是因為當時的執行長羅伊‧瓦格洛斯（Roy Vagelos）打電話找我去他辦公室，跟我說：『再過兩年我就要退休，但我再怎麼做，似乎都無法讓白人主管升遷任何非裔美國人員工。怎麼辦呢？我決定來為你

打造新事業——我要帶走這位具備所有必需潛質的律師,我要帶他進我們公司,給他一份工作,然後我會負責指導他。』」

adidas前執行長海納認為,**確保公司不要變得太過保守很重要**,所以他定了一條規矩,凡是能帶來極高價值的職務角色開缺需要升遷,唯一的問題就是:「誰最能勝任這份工作?」至於人選來自公司內部或外部都無所謂。此外,海納也確保人才不因年齡受限而被排除在外。「高階職位可以放一個35歲的人,但也可以是55歲。」他說:「重點始終是找到最適任的人。」

關於從公司外部招募人才的好處,美國合眾銀行(U.S. Bancorp)前執行長李察‧戴維斯(Richard Davis)也說:「引進新思維最好的辦法,就是引進新思維。」

打造板凳後備軍

把對的人才放到關鍵職位上,是執行長管理人才的起點,而非終點,就像佛瑞澤談到前任執行長瓦格洛斯,對於他事業成功發揮的作用——**頂尖執行長會投注時間和精力,去指導並留住人才,以及管理績效,為找到高價值職務角色的接班人預作計畫。**

這意味著執行長會花上大量時間,跟位居要津的主管密切接觸,財捷前執行長史密斯說:「我有30%的時間花在一對一訓練人才成長、舉行公司全員大會,以及和那些不是直接對我匯報的重要主管聊聊。」

杜邦執行長溥瑞廷則說:「我們有一套機制,用來找出有望擔任重要職務的人才。我會針對公司頂尖人才進行年中及年末績效回顧,也會每個月花時間,找來現居要職又頗富潛力的人才,進行一對一晤談。」

有些執行長,像是高德美的厄斯寇夫,也會媒合技能組合與個人特質,請董事會成員擔任某些高階主管的導師。最重要的是,這些優秀

人才受過訓練或指導後,更有機會對公司產生真正的影響力,也會養成積極推動專案成功的主控感,並為自己帶來有意義的貢獻而感到自豪。

頂尖執行長也會參與關鍵職務角色的接班計畫,就像籃球社或棒球社會有所謂的「二軍」制度(由年輕球員組成的隊伍,預備培養成大聯盟隊伍的球員),**執行長也應該要能掌握誰是潛力新星,以及什麼時候、在什麼情況下能允許他們進階發展。**

在 adidas,曾因執行長海納要求看到多元人選,團隊便舉薦一位某家香港唱片公司的 35 歲主管。後來,海納不但聘用他負責原定的中國行銷業務,兩年後還親自指導他成為亞太區總經理。海納反思這段往事,說:「當時中國業務規模不大,但那是攸關公司未來發展的關鍵職位,既然這麼重要,那我除了以執行長身分參與選才過程,也要負責訓練才行。」

在能源巨擘道達爾公司(Total),內部高層為一位前途看好的傑出人才規劃職涯,普遍認為應該進用為區域經理人,但道達爾執行長潘彥磊(Patrick Pouyanné)說:「當時,我反而建議,應該讓他領導再生能源業務,而我看得出來,這讓在座同仁相當驚訝,因為按照道達爾標準的職涯階梯,下一步通常就是領導某個重點區域。」潘彥磊早已計畫好永續轉型的路線,致力讓公司在再生能源產業占據領導地位,他接著說:「我得安排頂尖人才參與這項專案,結果良材適得其所。在這方面,執行長要花點時間,確保派去執行任務的是最優秀的人才。」

頂尖執行長也會要求人資主管制訂好相關流程,來打造一支堅實的板凳後備軍,星展銀行的高博德分享他們的做法:「我們會針對每一項工作,包括我的執行長工作在內,逐步檢視所有可能的人選,像是誰能做這份工作,或是誰再過 3 到 5 年能勝任這份工作。然後,我們會對一百多個人選進行個案管理,討論誰該轉換職務、該換到什麼職位去,以及該如何提供必需的歷練及成長機會,幫助他們邁向職涯的下一個階段。這一切都按部就班進行。」而這個方法,讓板凳區空出更多空間給

有潛力的人才。伊大屋聯合銀行前執行長賽杜柏言簡意賅地說:「不該在那裡的人就不必留著。」

杜邦的溥瑞廷也談到他的做法:「我們把大家分成四大組,如果六個月後績效評估,發現吊車尾那一組有人沒什麼進步,就要反省:『為什麼我們沒採取對策?』我們會用這樣一套縝密的機制去管理,因為我深信派最優秀的團隊上場才能贏得勝利。」

奇異執行長卡普告訴我們,任用對的人才能創造良性循環,由他在前公司丹納赫的成功經驗就能印證。「這整個概念,就是把對的人放在對的位置,然後訓練他們在職位上達到卓越表現。」他思索道:「這是勝任執行長這份工作的重要一環。只要手下有優秀的領導人才,由他們帶領優秀的團隊,我就能把時間花在處理資本配置,設法藉此留住我們培養起來的優秀人才,我們從前就是這樣在丹納赫製造飛輪效應。」

嚴謹而有紀律地進行人才管理有許多好處。一般常聽到執行長的最大遺憾,是未能在明顯需要改變時採取行動,處理位在關鍵職務卻績效不彰的員工,但本書談及的頂尖執行長會設法做到知人善任,所以並沒有這種情形。

可以想見,**要是不用資料導向的方法來管理人才,人事面談就會變得窒礙難行,囿於諸多人際考量而施展不開**——對這些高階主管效忠的員工怎麼辦,會跟著離開嗎?他們負責接洽的客戶,會有什麼反應呢?董事會對他們的表現也持相同看法嗎?考慮到他們多年來忠心耿耿,資遣他們是否顯得太絕情了?是否已經有能用的接班人了?諸如此類的考量,不勝枚舉。

因此,**如果能針對那些創造、捍衛並推動價值的主要職務角色,事先釐清人才需求標準(也就是將這些職位媒合適才適性的人選),並儲備足夠的板凳後備主管,就能大幅減少人事議題受到政治因素介入。**

關於這個問題,摩根大通執行長戴蒙的見解精闢,他說:「有時人

家會問我,有些人儘管不適任卻是大好人,是對公司忠誠的『社會棟樑』,你怎麼能把他們降職呢?答案很簡單,他們已經做不好份內的工作了。如果為了回報他們的『忠誠』繼續留任,反而是對公司其他員工及客戶極度不忠誠的行為。人才管理,難就難在這一點。」

我們在這一章大略探討了「人才」這個主題,下一章接著就要更確切對焦,談談頂尖執行長會如何領導他們的一流團隊。

◆ Part 2 重點摘要 ◆

把軟事情當作硬道理

目前為止,我們知道頂尖執行長如何將「把軟事情當作硬道理」的心態,轉化為具體行動。說這是執行長眾多責任中最難做好的,一點也不為過,即使對最優秀的執行長來說,也是如此,有些執行長更坦言,他們覺得向來做得不如自己的預期。下方列表總結的內容,說明了那些游刃有餘的執行長,是如何以嚴謹的紀律,做好凝聚組織的關鍵任務:文化、組織設

凝聚組織:頂尖執行長出類拔萃的關鍵

心態:把軟事情當作硬道理

文化實踐	找出最重要的那一件事
	◆ 改造工作環境
	◆ 以身作則
	◆ 讓改變有意義
	◆ 測量重要的改變
組織設計實踐	想辦法兼具靈活與穩定
	◆ 停止搖擺不定
	◆ 注重當責
	◆ 以「螺旋思維」取代「矩陣思維」
	◆ 做「聰明」的選擇
人才管理實踐	(請勿)以人為先
	◆ 釐清高價值職務角色
	◆ 別忘了「左截鋒」
	◆ 找出意想不到的人才
	◆ 積極打造板凳後備軍

計、人才管理。相較於同儕，頂尖執行長透過這種做法，有至少 2 倍的機率能勝任愉快，並達到將近 2 倍的績效水準。

即使不是大型公司的執行長，若是想實現願景與戰略，也一樣要重視「軟事情」一如「硬道理」。想知道自己是否做到了這一點，可以問問自己：

- 為了解鎖成功之門，最關鍵的行為改變是什麼？
- 我自己是否以身作則，在訴說鼓舞人心的故事、配置獎勵措施，以及幫助他人培養信心與技能等方面，做到了什麼程度？
- 工作規劃是否權責分明，既不會過於死板，也不至於造成混亂？
- 最重要的職務角色是否安插了最適任的人才？
- 我有沒有可靠的方法，能判斷「軟事情」正往對的方向發展，並能在出錯時校正路線？

如果能下點苦功，好好回答這幾個問題，執行策略就會變得簡單許多。

Part
3

動員主管階層：
做好團隊的心理建設

想想看，如果粒子會思考，物理學該有多難啊！
——穆瑞・蓋爾曼（Murray Gell-Mann），美國物理學家

高層領導團隊的團隊動力左右著一家公司的成敗，投資人了解這一點，所以在評估首次公開發行公司*時，將高層領導團隊素質視為最重要的非財務因素，而這種本能其實也有數據佐證：當高層團隊為了共同的願景同心協力，公司就有 2 倍的機率，能達到高於中位數的財務表現。領導學專家約翰・麥斯威爾（John Maxwell）也曾說：「團隊合作能實現夢想，但如果領導者的夢想遠大，團隊不佳，願景就會變成噩夢一場。」

　　優質的高層團隊顯然好處多多，但超過半數的高階主管表示，他們公司的高層團隊表現欠佳，而執行長往往意識不到這樣的現實狀況──會說自己和團隊之間有問題的執行長，通常不到三分之一。[38] 這並非認知落差，而是一種社會脫節：個體偏見、組織偏見，以及運作不良的團體動力，都會降低團隊效能。團隊中往往會有幾個剛愎自用的領導者，他們代表不同立場的觀點，競逐影響力，搶奪稀缺資源，有時還會為了晉升最高職位互鬥。雖然他們開會時，表面上都是一副「我是為團隊發聲」的樣子，暗中卻一邊防著同事，一邊在幕後操作，只想著實現自己那未必符合公司利益的如意算盤。

　　頂尖執行長會正視這項挑戰，並承認團隊能否發揮最大潛能、推動公司發展，就取決於在上位者的領導能力。一開始，執行長思考如何充分激發手下主管的效能，大多會提出這樣的問題：「我們應該多久開一次會？」「議程中要納入哪些事項？」然而，**頂尖執行長思考的重點，並不是團隊一起做什麼工作，而是團隊如何一起工作。他們會先專注做好團隊的心理建設，再據此發展出協調與執行的方法。**

　　把重點放在團隊「如何一起工作」，而不是「一起做什麼工作」，更能凸顯團隊組成、團隊效能及營運節奏的重要性。雖然接下來主要探討大公司的高層團隊，但箇中道理適用於各種組織中任何規模的團隊。

---

* IPO（首次公開發行）為 initial public offering 縮寫，指非上市公司首次向一般大眾出售股份，開始轉為上市公司。

第 7 章
團隊組成實踐：創造一個生態系

團隊的力量來自每一個隊員，每一個隊員的力量來自團隊。
　　──菲爾・傑克森（Phil Jackson），美國職籃教練

　　當你漫步在一片原生林，周遭豐富多樣的樹種會令你目眩神迷：花旗松、五葉松、白楊樹、紅楓、橡樹，一棵樹接著一棵樹拔地而起，直衝天際，彷彿每一棵樹都為了陽光和空間互相競爭──但事實果真如此嗎？有研究顯示，在泥土表面底下，樹木其實是在彼此合作，而非相互競爭，不同樹種像一個團隊般同心協力，充分發揮整個森林的成長潛能。科學家也發現，樹木和真菌會在地底下形成名為「菌根」的共生夥伴關係，將各種樹木的根部連結起來，共享碳元素、水分，以及氮、磷等營養素。

　　這項研究多少解釋了一個令人不解的現象──砍伐林地後再植花旗松之類的單一樹種，明明不必再跟其他樹種競爭陽光和空間，但相較於之前和不同樹種混生的時候，為什麼生長情形反而變差了？原來各種不同的樹種互相合作（而非競爭），可以促進永續成長。[39] 同樣的道理，**組織就像生命體，一個由高績效人才組成的團隊，唯有當成員像原生林般功能互補、彼此連結，而非像排排站的再植花旗松各自為政，才能真正發揮高績效潛能。**

2014 年，亞胥－托普斯奇甫接任以色列貼現銀行執行長，就面臨幾項需要克服的挑戰。當時，這家以色列數一數二的大銀行財務表現不佳，數位化的腳步也跟不上時代，而亞胥－托普斯奇知道要怎麼做，才能帶領這家銀行向未來邁進，她要整理一份清單，列出 30 項大膽改革的提案。但是經過審慎評估後，她才發現，手下許多高階主管都缺乏實現變革的能力與幹勁。「站在執行長的立場，如果底下有人不相信改變有意義，就很難在組織內進行改革。」亞胥－托普斯奇說：「**執行長總不能跳過高階主管，去管理基層員工，所以當我考慮換掉高層管理團隊的成員，我會先觀察組織中需要改變的職務角色，再從擔任這些職務又抗拒改變的經理人下手。**」

結果亞胥－托普斯奇把高階團隊幾乎半數成員都換掉了。她實施的第一項大動作改革（或許也是最重要的一項），就是任命新的人資長。**人資長是一個關鍵職務角色**，能夠打開亞胥－托普斯奇需要的組織能量，推動以色列貼現銀行搭上未來浪潮。她發現一位內部知情人士，既熟知這家銀行的文化與歷史，也具備局外人特有的感知能力。而且，她選中的這位女士不但強悍到能對付大型組織（例如代表這家銀行眾多員工的工會）同時也很有頭腦，懂得安裝務實的人力資源管理系統，以利提升員工生產力。亞胥－托普斯奇回憶說：「我需要有人來確保人資管理系統到位。幾乎每個員工的雇用協議都不太一樣，而這是個大問題。不只是薪資，也包含工作相關安排，例如：基於某些因素，某個員工的上班時間是朝九晚三。」

到了 2019 年底亞胥－托普斯奇卸任時，以色列貼現銀行已經是數位銀行產業領頭羊，與一些新興金融科技公司簽約成為合作夥伴，包括 Icount、PayBox，因而大幅優化支付服務，開始提供更多數位產品。此外，她也引進人工智慧技術，讓這家銀行能即時分析帳戶交易資料，為顧客提供個人化財務管理資訊。在亞胥－托普斯奇任內，以色列貼現銀行的股東權益報酬率翻了 1 倍，淨利翻了 2 倍，而且 20 年以來頭一次

發放股利。

話說回來,像亞胥－托普斯奇這樣的傑出執行長,究竟是怎麼決定誰該留在團隊,誰又該離開呢?他們會⋯⋯

⋯⋯團隊選才,首重能力與態度
⋯⋯迅速處理但公平對待不適任的團隊成員
⋯⋯保持融洽關係,也要保持距離
⋯⋯直屬團隊以外,打造凝聚全公司的領導聯盟

選才首重能力與態度

第 3 章談過,評估一個團隊該有的成員時,**重點不在於人,而在於職務角色**。什麼樣的高階團隊能推動公司進步?有哪些知識與技能是必備的?需要有什麼樣的經驗?哪些人格特質和工作態度是必要條件?能夠做到多元、平等、共融嗎?有了這樣的心理準備後,頂尖執行長才會開始謹慎地組織最高層團隊。

adidas 前執行長海納用歐洲足球打比方,強調在建立團隊時,應當宏觀與微觀思考並重,他說:「你不能用 11 個前鋒或 11 個守門員上場打比賽。你需要的是一個優秀的守門員、一個優秀的前鋒,還有其他優秀的輔助球員。**執行長有一項非常重要的任務,就是在身邊打造一個他們能信賴的團隊,彼此信任,相輔相成。**」

Sony 前執行長平井一夫,談到他挑選管理團隊成員的方法:「我大致上會看,在我需要請人來管理的領域,他們是否具備專業知識,以及經過證明的實力,不論是電視、數位成像、電影、PS 遊戲機(PlayStation),或是諸如此類的業務,都一樣。」**除了能力,平井一夫也看重態度**,他說:「我也會看他們是否敢於反對老闆的意見,不怕

大膽提出自己的想法。當他們認為某個想法並不好，要有能力告訴老闆或執行長。我集合大家時說過，這是我對他們的期望。」

有一種能力是幾乎所有執行長都重視的：兼顧短期與長期目標的能力。通用汽車執行長巴拉解釋：「一開始我想說，只要讓員工去賣車，一直賣、不停賣，不就好了嗎？在某種限度內，那樣沒問題。但我後來得出結論，那就是**大部分高階職位需要的人才，不只要能在今天執行任務並產出成果，也要能把目光放長遠，規劃未來。**」

至於態度，**團隊合作態度是頂尖執行長普遍都會要求的**，正如以色列貼現銀行前執行長亞胥－托普斯奇所言：「**關鍵在於找進來的人才，要能了解組織共同的使命，不是一心只想著自己要升遷。這是最重要的事情。**」

Alphabet執行長皮查伊，想的則是：「我在他們身上，看得到把公司放在優先地位的人格特質嗎？他們會不會去想公司的使命是什麼，我們致力要帶給客戶的又是什麼？」

摩根大通執行長戴蒙更進一步說明：「說到團隊合作，通常會想到要能『和諧共處』，但有時候，**團隊合作的意思是要能獨立思考，有勇氣表達想法**。最優秀的團隊成員會勇敢舉手，說：『我不同意，因為我認為你的做法，並不是以客戶或公司的利益為優先考量。』」

頂尖執行長賞識的團隊成員，都是既能夠兼顧長短期目標，又敢於反駁上級的人才，不過也有一些執行長，另有其他更看重的工作態度。杜邦執行長溥瑞廷說：「對我來說，第一重要的東西是熱情。有熱忱的人具有正面感染力，會吸引大家到他們身邊。畢竟履歷能進到我這一關的應徵者，一定受過良好教育也有優異背景，所以那些條件反倒不必我操心。」

而益華電腦執行長陳立武注重「**坦誠、謙虛，以及願意學習的態度**」，溢達執行長楊敏德則說：「選任高層主管時，我重視**優秀的計量能力、好奇心及高情商**。

而**同理心與高情商**，益發受到 Alphabet 的皮查伊重視，他說：「八年前，我不會說同理心是多重要的人格特質，但如今要經營一個規模有如 Google 的龐大組織，需要提升內外部的參與度，就必須具備豐富的人際歷練與認知。」

再者，**團隊的整體組成也會是考量重點**。資生堂執行長魚谷雅彥建立的一個團隊中，有大約一半成員是從公司成立初期就待到現在的員工，另一半則是較晚加入公司的同仁。

帝斯曼前執行長希貝斯瑪惋惜地說，他接任執行長以前，公司的高階主管群被戲稱為「那群先生和一位女士」，因此他設法確保公司 300 名主管中有 30% 是女性，董事會和高層團隊中則有 50% 是女性。

在阿霍德德爾海茲，前執行長波爾成立的一個團隊中，有半數成員是經驗老道的公司內部人士，另外半數則是外來成員。

印度工業信貸銀行（ICICI，印度規模最大的私人銀行）前執行長 K.V. 卡麥斯（KV Kamath），則鎖定「30 歲出頭」的聰明人才，致力於納入更多年輕的團隊成員。

良好的態度與適配的能力相結合，不只是美事一樁，更是每一位成員加入團隊的必要條件，一旦發現團隊少了這種化學作用，頂尖執行長就會秉持迅速處理、公平對待的原則，及早採取行動。

迅速處理，公平對待

撇開高階主管明顯做不好或破壞團隊動能的情況不談，**頂尖執行長會用公平而有節制的方法，給適應困難的高階主管一個機會改進**。Majid Al Futtaim 執行長貝賈尼說：「一般執行長的常識會告訴你，處理人事問題更要速戰速決，但我認為那是一種短視而僵化的觀點。要改變他人的確不可能，我連自己的孩子都很難改變了，更不用說要改變團隊

成員。不過，還是可以創造一個環境，支持大家學習、適應，逐漸成長到有能力、有意願做好工作的程度。」財捷前執行長史密斯則以運動為喻來闡明這一點：「如果一個教練得把全隊球員都換掉，他肯定不是他自以為的好教練。」

當頂尖執行長評估是否要讓某個成員退出團隊，會先確定以下問題的答案都是肯定的：

- 「這個團隊成員是否真的明白組織對他的期待？（也就是組織的願景是什麼，以及要完成哪些工作才能促成願景實現。）」
- 「他是否得到了所需的工具與資源，以及是否有過機會培養必需的技能與自信，去有效運用那些工具與資源？」
- 「他周遭的人（包含執行長在內）是否也有一致目標，並表現出合宜的心態與行為？」
- 「他是否清楚知道，如果不參與團隊合作並產出工作成果，會有什麼後果？」

不夠老練的執行長在採取行動前，往往無法對前述問題都回答「是」，像這樣的情況多得令人意外。而丹麥製藥公司諾和諾德前執行長索倫森，向來會確保自己能給出肯定的答案。2015年名列《哈佛商業評論》全球執行長100強的索倫森，曾因為業務規模成長的速度太慢，不足以滿足市場需求，而一度飽受壓力，考慮開除一位部門主管。不過，索倫森其實反對這麼做，因為他評估後認為，公司整體績效表現不佳，是對生產量能投資不足的緣故，也就是該部門未能獲得足夠的資源，來建立起達成任務所必需的能力。後來資源到位，那位生產部門主管也就扭轉局面，順利保住飯碗。

要澄清的是，我們的意思並非要留著績效不佳或表現平庸的員工，而是要給那些在前任領導團隊手下表現平平的主管一個機會，在新

環境中發揮實力。星展銀行執行長高博德這麼形容自己思維的轉變：「以往我的規矩是，如果我判斷員工有50％的成功機會，我就會跟著一起想辦法，協助他們實現潛能。但現在我的判斷基準變了：如果我認為員工有75％的機會能成功，我會跟他一起解決這個問題，但要是有一點點達不到75％，我會覺得只好忍痛割捨，換一個更有可能做好的人來。」

高博德的思維轉變，是緣於1990年代他任職於花旗銀行（Citibank）時，跟著管理教練上過的一期課。當時，正值他在執行一項典型為期3年的外派任務，那位教練把一張組織結構圖擺到他面前，請他指出他團隊中的A級、B級和C級員工，而高博德的答案令他吃了一驚──團隊中有幾位A級夥伴，但大部分人都屬於B級或C級。於是教練不留情地對他說，他都做到任期只剩一半了，卻還組不成一個A級團隊，那麼再過一年左右他轉調後，留給接班人的充其量只是一個B級團隊，可不能這樣回報股東啊！後來，高博德不敢或忘這個教訓。

幫助B級員工成長為A級員工的合理時程，一般來說是幾個月的事情，不至於要幾年。洛克希德馬丁執行長休森解釋：「執行長會想要驗證自己的假設並評估結果，但改革仍然要趁早，因為大家期望身為新任領導人的你介入問題，改變現狀。如果不趁早改革，大家會習慣現狀，等到哪天你終於要實施改革了，他們反而會覺得你幹麼突然搞破壞，妨礙大家工作？到那時候，改變會更不容易。」

西太平洋銀行前執行長凱利，則從另一個角度支持同樣的觀點，她說：「我很常看到這種情況，某人有潛力，你也希望他成功，但他就是表現欠佳。如果該有的資源條件都到位，那人還是做不到，那麼情況通常都不會有起色。所以才說要及早做出人事決策，這對當事人和公司兩方面而言，都是最好的結局，也是最漂亮的解決之道──至少能告訴對方，他和這份工作不適配。要是拖得太久，反倒無法這麼說。」

我們最後的建議，來自怡安執行長凱斯對秉公處理人事的看法，

他說：「要注意自己調任高階主管的心態，你有沒有懷著溫情處理這件事，公司其他員工都看在眼裡。務必要清楚表示，這位員工未來不會繼續在這個領域一起前進，但依然是一個非常好的人，也不代表他過去從未做出重大貢獻。若不是他的付出，公司也不會有今天的成績，因此他們對於自己任內幫助公司取得的成就，理應深深感到自豪。成功可喜，轉調同樣可喜可賀。」

維繫關係，保持距離

　　為了確保團隊成員能拿出 A 級表現並保持佳績，執行長就必須親自掌握每一位員工的狀況。非營利機構辛辛那堤兒童醫院醫學中心（Cincinnati Children's Hospital Medical Center）前執行長邁可‧費雪（Michael Fisher）解釋：「執行長要投注時間與精力去了解每一位員工，明白他們都是獨立個體，有不同的需求，強項和缺點也不一樣。執行長要能欣賞並鼓勵他們展現強項，把他們放在最能發揮本領的位置上，但在此同時，也要盡量定期反覆地給予回饋，像是告訴他們：『有些部分你可以做得更好。』『這方面讓我們一起想辦法解決。』」

　　西太平洋銀行前執行長凱利，談到她如何和每個團隊成員保持連結，她說：「我每個星期都會和所有團隊成員通話至少一次，通常會是在近傍晚或一大早，也就是在回家或上班路上，我也會鼓勵他們主動打給我。而且我和他們養成的關係是這樣，他們看到我的來電，第一個念頭不會是『她想幹麼』，而是『要聊聊囉』。我會利用婉轉的開場白，例如：『我注意到……』『我有點擔心，因為我看到……』『對了，我聽說……』。但有時也會開門見山，例如：『告訴我……』『說說你的想法』『哇，那真令人期待』。我的工作是讓大家盡可能發揮潛力，為了做到這一點，我得認識他們，了解每個人的弱點、脆弱面，以及擔憂的

事情。」

adidas前執行長海納指出和團隊成員建立一對一關係的優點，他說：「最高層團隊需要執行長投入時間，協助營運決策，並關心個人情況。有時團隊成員單純想和執行長聊聊，談論自己的感受或時局的艱辛。只要執行長付出足夠時間，表現出對團隊成員的關懷，他們往往會加倍回報，甚至3倍。其實，每一個成員都很敬重執行長，只是執行長本人未必察覺到。」

儘管如此，**建立一對一關係並不表示要把團隊變成一個大家庭**，辛辛那堤兒童醫院前執行長費雪從「距離」的觀點切入，來說明執行長與下屬如何建立有益的關係，他說：「執行長也必須明白自己是老闆，即使和部屬關係熟稔，相處融洽，再怎麼說首先仍然要對整個組織負責，並建立起一個運作良好的最高團隊。」星展銀行執行長高博德也同意：「如果和員工走得太近，在艱難的時刻會無法做出抉擇，最後只能妥協於平庸。大家必須有共識，接受說到底你才是老闆的事實。」關於這個問題，adidas前執行長羅斯德為了公正客觀地問責，採取非常斬釘截鐵的立場，他說：「在工作上，我希望能表現得親切，但我不想交朋友，畢竟我必須不帶偏見做出決策。」

至於和個別團隊成員討論他們的績效表現，套句杜邦執行長溥瑞廷的話，**頂尖執行長會「先評價行為，再評量結果」**。摩根大通執行長戴蒙解釋了這麼做的理由：「執行長要接受，失敗沒關係，因為錯誤也可能有建設性：你主張做某件事，不但徹底想過了，也找該談的人談過了，只是結果證明你錯了。因此，要容許犯錯，不能只看損益表論英雄，而應該要問員工：是否努力工作？是否雇用了新員工？是否好好訓練下屬？是否為客戶做了該做的事？是否幫助過其他人？是否建立起工作流程？當公司請求支援，例如招募新人，是否確實提供協助？」

績效評估期間，所有回饋都應該因材施教。關於這一點，辛辛那堤兒童醫院前執行長費雪具體解釋：「譬如，對某些人可以說：『或許

你在開會時,可以試著多聆聽,不必總是第一個發表意見,也讓其他人有機會發言。』但對另外一些人,就要說得直接一點:『開會前半小時,請你保持安靜就好,不用挖陷阱給自己跳。』」

營造超越直屬團隊的廣泛領導聯盟

目前為止,這一章聚焦討論組織的高層團隊,不過,**頂尖執行長也會在組織中營造更大的領導聯盟,將團隊合作意識擴散出去**。美國合眾銀行前執行長戴維斯,就說明了他是如何擴張自己的後備軍:「我主動和許多員工搭上線。按照公司的科層體制,執行長有 12 名直屬下級,再往下兩個層級共有 76 名員工,最末三個層級則有 220 名員工。而我知道每一位員工的名字,也發覺和他們直接建立關係非常重要,不能只是透過組織階層上意下達。沒有哪個主管會擔心我越級,直接指導他們的下屬或進行交流。」

帝亞吉歐執行長孟軼凡,會刻意和組織高層 80 位主管,進行一年兩次的一對一會議,他說:「他們是公司的高階主管,而我們什麼都聊,公司業務、家庭生活、個人發展,以及他們最近的狀態和感受。雖然談話內容鬆散,卻很有意義。」

要凝聚組織下部階層主管的團隊意識,除了像這樣一對一互動,也應該藉由團體或小團體互動來加強。舉例來說,杜克能源執行長古德會透過團體會議,和組織高層 100 位主管拉近關係,她說:「我盡全力投注時間接觸我的直屬下級、他們的直屬下級,以及其他負責重大業務營運的主管。我會每個月召集他們一次,花一個半小時討論戰略主題。此外,我們每個季度也會花更長時間開一次會,並且每年舉行一場一天半的會議。像這樣適時進行透明溝通很重要,能在領導團隊中培養信心與信任感。」

通用汽車執行長巴拉不只定期和高層團隊開會，也會和全球230位高階主管，進行一年兩次的團體會議，目的是確保每一位同仁努力的方向一致。她說：「他們都是很好的領袖，只要能理解公司改革的內容及原因（讓他們了解『這麼做的理由』，非常重要），他們就會扮演好幕後推手，推動公司前進。」

有些執行長創造廣泛領導聯盟的方式，則是讓最高層以下一兩個層級的員工，旁聽某些最高團隊會議。史密斯任職於財捷期間，就建立了這樣的慣例，他說：「我和12位直屬下級的團隊會議，會對公司400位高階主管播送，允許他們撥號加入，一起聽我們討論待議事項和我提出的問題，進而了解我們做決策的基本依據。這種做法加快了公司運作的速度，大家都漸漸明白該如何獨立做出正確決策。」

執行長也可以藉由將跨部門專案，指派給更多中階主管去執行，進一步擴張自己的領導聯盟。西太平洋銀行前執行長凱利說：「我主動接觸下一層級的員工，無論工作內容為何，只管挑出各部門表現優異者，然後請他們全心參與一項專案——共同勾勒這家銀行的長遠未來。」她接著說：「大家會一起探討這些問題：如果要描述這家銀行，我們希望能夠說些什麼？我們會希望顧客和員工說些什麼？我們這家銀行想要在社區扮演什麼樣的角色？現在就讓我們集思廣益，設計出我們理想的組織樣貌，然後以現狀為起點，著手打造通往理想的道路。」

執行長建立起廣大的領導聯盟，不只能有更多著力點推動組織前進，也能對高層團隊成員施壓，要求他們適當回應那些在執行長訓練下擁有相同願景、了解公司方向的中高階主管。

頂尖執行長要組織一支團隊時，理想人選不但要有意願成為明星球員，也要有意願、有能力一起打造一支明星球隊。組成團隊後，頂尖執行長會給予所需的資源條件，好讓每一位成員拿出最佳表現，同時也會和團隊保持適當距離，才能客觀評價成員的績效表現並採取相應行

動。此外，他們也會積極提升高層團隊以下主管的參與感。

還有一種頂尖執行長經常運用的團隊型態，目前我們尚未談到：非正式小型團隊，也稱作「軍師團」（kitchen cabinet）。這樣的團隊通常就像一個安全空間，讓大家能討論比較敏感的議題，並給予彼此最坦誠直率的反饋。不過，這種由非正式顧問組成的團隊型態往往因人而異，所以等到後面談到執行長管理個人效能的責任，我們再來探討這種團隊的價值、組成和用途。

目前為止，我們已經討論過頂尖執行長如何針對個別團隊成員，調整好他們的心態並建立團隊機制。然而，家裡有兩個以上孩子的父母肯定都知道，照顧好每一個孩子，跟處理好手足之間複雜的愛恨糾葛，完全是兩回事。

第 8 章
團隊合作實踐：把光環獻給團隊

有才華能打贏比賽，但有團隊和謀略才能贏得冠軍。
——麥可・喬丹（Michael Jordan），美國職籃球員

1992 年奧運美國男子籃球隊，世稱「夢幻隊」（Dream Team），由一群籃球史上數一數二傑出的球員組成，包括「惡漢」巴克利（Charles Barkley）、「大鳥」博德（Larry Bird）、尤英（Patrick Ewing）、魔術強森（Magic Johnson）、喬丹、「荒野大鏢客」皮朋（Scottie Pippen）、「郵差」馬龍（Karl Malone），個個都是無可挑剔的專業選手，不但是戰績輝煌的明星球員，也一向為明星球隊效力。然而，夢幻隊打練習賽第一個月，就在對上一群大學生籃球員的混戰中，以八分之差吞下敗仗，照喬丹的話來說是：「今天我們被痛宰，大家步調不一致，無法貫徹執行。」[40] 皮朋總結說：「我們不懂並肩作戰。」[41]

大家多少聽說過這場慘敗，但很少人知道這場球是怎麼輸掉的。教練查克・戴利（Chuck Daly）善於駕馭不同球員的自我和性格，因而獲選為這支球隊的教練。令人意外的是，他決定完全袖手旁觀，就讓比賽這樣進行下去。「他知道自己在幹麼。」當時的助理教練麥克・薛夏夫斯基（Mike Krzyzewski）回憶：「他故意讓球隊輸掉，做了一般教練通常不會做的事。從那一刻開始，必要時他就能告誡球隊：『不是我要

說，你們可能會輸。」查克這一步真是高招！」

戴利教練這一招當頭棒喝，正是這支隊伍需要的教訓，從此他們放下驕傲自滿，開始重視團隊合作並虛心學習。隔天在訓練營，夢幻隊又對上那群大學生籃球員，隨即翻盤取得壓倒性的勝利。畫面快轉來到1992年奧運，夢幻隊在每一場比賽中都拿下超過100分，氣定神閒抱回金牌。[42]

就企業組織而言，大部分團隊運作的方式就像那場混戰中的夢幻隊。**協助團隊成員彼此合作無間，也是高層人資主管的一項職責**，但只有6％高層人資主管認同：「我們的高階團隊整合良好，運行順暢。」接著以團隊最大潛能為10分，請這些人資主管評估高階團隊目前的效能表現，他們只給出5分。[43] 如同夢幻隊初成軍的慘敗經驗，這種情況通常不能歸咎於個別團隊成員，而是整體團隊運作的動力出了問題。

帝斯曼前執行長希貝斯瑪也支持這個觀點，他說：「依據我的經驗，要求一支由優秀人才組成的團隊，原則上說的沒錯，但如果以為把成員汰弱留強，就能打造優質團隊，那可想得太簡單了。」不然呢？他接著解釋：「**團隊成功的關鍵，在於人格特質各不相同的成員如何互動——磚塊重要，水泥也重要！那對於團隊表現的影響其實更大。**」

話說回來，要讓一個團隊的專業人才好好互相合作，能有多難呢？答案是非常難。肯文・史密斯博士（Kenwyn Smith）和大衛・伯格博士（David Berg）在他們影響深遠的著作《團體生活的弔詭之處》（*Paradoxes of Group Life*，暫譯）就曾指出，團隊動力相當複雜，充滿矛盾，以下略舉三個例子：個體感到必須服從團體的壓力，但團體正是利用成員的個體性才具有影響力；團體領導人必須要求追求成功的個體，冒著可能失敗的危險去行動；團體中握有權力者會創造條件，讓其他個體開始掌握權力。

關於複雜的團隊動力，adidas前執行長海納更指出一個事實：「高階主管往往是阿爾法領袖（alpha leader），好勝心極強。」這也就不難看

出，為什麼高階團隊成員即使各懷絕技，卻不必然會產生高績效表現。[44]

西太平洋銀行前執行長凱利接任執行長時，正值澳洲捲入全球金融危機初期，而這意味著她無法按照自己的期待來組織團隊，有太多問題需要即刻應對，加上未知變數太多，更難拋開保守傾向的組織知識與技能。另一方面，在這家營運有 200 年之久的老牌銀行，凱利是史上第二位從公司外部空降的執行長，正因如此，員工對她的能力多少有些懷疑，尤其是那些自認有資格擔任執行長的高層團隊成員。而且，前任執行長經常單獨找高層團隊主管，一對一討論業務單位、資源配置決策、關鍵人才決策等戰略計畫，造成不少高層主管習於單打獨鬥，管理風格傾向命令及控制。

凱利知道，如果團隊的信任感與合作度不足，就很難繼續朝她的願景邁進，要度過這場金融危機更是難上加難。因此，她利用一系列異地會議，要求 12 名直屬下級共同推動公司轉型，堅持將他們打造成一支高績效團隊。在適當引導下進行的各種會議活動，消弭了成員之間的隔閡，於是，這支高層團隊的目標變得清晰，不僅建立了行為準則，也培養起信任感。隨著時間過去，西太平洋銀行安然度過全球金融危機，凱利也找到方法微調團隊組成。後來，她認為自己對團隊合作的高要求，是她七年任內能達到這項成就的一大因素。結果不證自明：公司市值從 380 億美元成長到 790 億美元，翻了不只 1 倍，而凱利本人也榮獲許多肯定，成為全球極具影響力的傑出企業領袖。

就如同凱利在西太平洋銀行面臨團體動力問題，設法突破難關，頂尖執行長打造高績效團隊時，也會採取這些方法⋯⋯

⋯⋯確保團隊做只有團隊能做的事
⋯⋯清楚界定身為「第一團隊」成員的意義
⋯⋯綜合對話、數據與速度來進行決策
⋯⋯定期投資團隊建立活動

讓團隊做只有團隊能做的事

C‧諾斯寇特‧帕金森（C. Northcote Parkinson）在他 1958 年出版的著作《精益求精》（*The Pursuit of Progress*，暫譯）中，談到團隊失能常見的一種情況。故事是這樣的，有一個高階團隊開會，要做出三項投資決策。首先，他們討論的是需耗資 1,000 萬英鎊的核電廠投資案，過了兩分半鐘，他們一致批准這項投資案。接著商議的事項，是要決定腳踏車棚該漆成什麼顏色（約需耗費 350 英鎊），而他們討論了 45 分鐘後完成決定。最後，公司需要一台新咖啡機，開銷約為 21 英鎊，而三位決策委員商量了 75 分鐘，還是決定暫緩這項決策，留待下一回開會從長計議。[45]

這個故事說明了所謂的「瑣碎定律」（law of triviality），又稱為「腳踏車棚效應」（bike shed effect）：一群人討論事情的時候，對於瑣碎的議題（尤其是人人都有經驗又能出意見的事務），往往會投入高得不成比例的注意力。在腳踏車棚效應作用下，常會聽到團隊成員抱怨：「我們花太多時間開會了！」

於是，有人出於好意，將不同會議合併一次開完，但這樣只會讓問題惡化，因為更多待議事項壓縮在更少的時間內討論，更難好好達成共識，反而更加覺得花時間開會沒意義。我們和其他人的研究都證實，像這樣的團體動力確實存在。在執行長的直屬下級中，只有 38％認為高層團隊重視的工作，是真的能發揮組織高層視野的優勢，而且只有 35％覺得重要議題分配到足夠的討論時間。[46]

如果主持大局的是頂尖執行長，情況就不會是如此，他們會確保開會討論的事項，都有舉足輕重的地位。賽默飛世爾科技執行長卡斯珀分享他的理念：「我們成功的一個原因，是對於我們要一起完成的工作事項，『冷酷無情地排出優先順序』。如果不是優先事項，做得馬馬虎虎也沒關係，真的無所謂。成功的關鍵，是把時間和精力集中花在真正

重要的事情上。」

對高層團隊而言，真正重要的工作通常包括：企業戰略（優先事項、目標、併購）、大規模資源分配、辨識業務單位之間相輔相成並發揮綜效、批准對全體員工有重大影響的決策、確保公司的財務目標能夠達成、為動員全公司的重要專案指引方向、強化理想的公司文化（包含個體與集體角色塑造），以及培養一群實力堅強的儲備主管（包含給予彼此回饋）。

如果是交給個別部門、業務線或更少的一小群人去處理，反而收效更好的議題，高層團隊就不該浪費注意力。舉例來說，除非有文化因素考量，不然每一季的業績回顧，只須交由一小群高階主管（如：執行長、財務長、人資長）找各個業務單位評估，不必特別併入開會議程。另外像是公司治理及政策制定（如：風險管理的控制與流程），通常也是先由一小群主管商議後再宣布，讓底下團隊依照準則執行。

在這方面，藝康前執行長貝克談到執行長必須做的事，總結道：「我的職責是確保高層團隊能成大事，我們只要做好攸關公司存亡成敗的事──其他的，靠電子郵件就夠了。」

訂立「第一團隊」守則

先釐清高層團隊該把時間花在什麼事情上，下一步，就是要釐清這些事情該怎麼處理。首先要做的是建立心態，讓每個成員將最高團隊視為自己的「第一團隊」。就這一點而言，頂尖執行長的態度會十分明確，這意味著最高團隊成員要以公司需求為第一優先，自身業務或部門的需求則退居其次。換句話說，**最高團隊成員的心態，不是「我做為最高團隊的一員，代表我的部門或業務」，而是「我做為最高團隊的一員，代表公司面對我的部門或業務」。**

貝克談到自己在藝康是如何說明這個觀念：「我要求所有團隊夥伴，一面參與我這邊的工作，一面處理他們自己的業務。也就是說，舉個例子，我們團隊的任務並非優化人資部門的效能，而是參與這個團隊的人資部門代表，要來優化整個藝康的效能。幫助公司是人資的任務，不是公司去幫人資，是這樣運作的。而且，同樣的道理在執行長身上也適用。」

美國合眾銀行前執行長戴維斯重申這個觀念：「終極目標是組成一支 12 人管理團隊，每個人有同等的話語權，是平等的發言人。也就是說，他們可以代表團隊或代表公司發言，不只是代表他們自己。」

洛克希德馬丁執行長休森強調，這種心態也適用於創造顧客體驗，她說：「我們高層團隊的每一位成員都知道，他們的工作是代表公司整體，並安排合適的人選去服務顧客。」

頂尖執行長對最高團隊的狂熱是有原因的。在第 3 章「化零為整，眾志成城」的內容，我們看到在資金分配方面，以公司整體而非部分的利益為優先，能帶來許多好處，而經營公司也是同樣的道理。我們分析涵蓋 100 個國家超過 2,000 個組織的資料，觀察最高團隊的管理方針，能對全公司貫徹實踐到什麼程度。結果發現能貫徹管理方針的高層團隊，績效表現平均高出 3.4 倍，只不過，問題就在於貫徹執行程度必須非常高，才能達到這種超高績效。因此，說要將最高團隊視為第一團隊，就要做得徹底才行。

前文已經看到，**許多執行長都有自創的口訣，能一語道破「第一團隊」心態的精髓**。像是洛克希德馬丁的休森，就把這個觀念化為「一個洛克希德馬丁」，而希爾製藥的厄斯寇夫稱之為「一個希爾」，Sony 的平井一夫以「一個 Sony」號召員工，帝亞吉歐的孟軼凡挑明要大家為「一個帝亞吉歐」而戰，也都有異曲同工之妙。

此外，歐文斯稱之為「開拓重工團隊」，比利時聯合銀行的帝斯則以「藍色團隊」為營運精神，利用「藍色」凝聚集團旗下散布各國的分

公司，來達到類似的效果。其他像是凱斯的「怡安聯合」、雷頓的「阿特拉斯科普柯民族」，也是要傳達一樣的觀念。安聯的貝特強調「從多重在地走向全球」，陽獅的李維推行「一的力量」，而以色列貼現銀行的亞胥－托普斯奇，為高層團隊取了「拳頭」的稱號，並解釋原因：「握住拳頭，就沒有東西能介入指間的縫隙──不管是董事會、工會、競爭對手或是誰，都不能介入。」美敦力的喬治則將執行委員會封為「企業領導者」，他說：「他們必須協助我經營美敦力，我無法獨自領導整個公司。」

在西太平洋銀行，凱利解釋如何利用規範來管理高階團隊，她說：「我們制訂了一份行為章程，後來成了我們嚴守的鐵則。我們每一次開會都會遵守，也經常提到這套規範，並據此衡量我們的行為。舉例來說，這套行為章程的內容包括：『我們之中任何人有什麼不滿，就會舉手告訴大家，有什麼問題，也會盡快把話講開，而且最好是面對面談。我們不會讓經理代表部門去爭權奪利，也絕對不會暗中算計他人。只要我們做為團隊通過某項決定，那麼即使我做為個人在會議上並不同意，也不會選擇走這條路，我還是會支持這項決定。』」凱利描述行為章程帶來的影響，說：「辦公室政治的確因此大幅減少了，雖然不可能完全根除，但因為大家都負起責任將最高團隊當作第一團隊，所以情況改善許多。」

開拓重工前執行長歐文斯告訴我們，有一條規範，執行長在任內最好趁早訂立，有助於大家在會議上更率直感言，他說：「成為執行長後，你馬上會發現有件事很奇妙，那就是大家突然都覺得你聰明過人，非比尋常，於是開會時當你發表意見，每個人都站在你這一邊。所以我上任初期，就刻意告訴大家：『我敬重在座每一位同仁，我希望參與這場討論，但也請別忘了，我並非無所不知。如果你們覺得應該反對我的看法，卻沒有表態強烈反駁，那你們應該感到慚愧，而我也應該感到慚愧，因為這代表我做為執行長不夠稱職。』」

頂尖執行長建立起「第一團隊」心態後，下一步，就是要確保底下各個團隊都清楚知道，高層決策是如何制定的。這當中雖然方法有很多，但都不外乎以數據、對話、速度為要領。

結合數據、對話與速度

「我們只相信上帝，其他的全憑數據」這句話，一般認為是美國管理學家愛德華茲‧戴明（W. Edwards Deming）所言，反映出他的中心思想，認為**良好的管理決策一定需要數據測量與分析**，而頂尖執行長也信奉這條至理名言。史密斯談到過去在財捷，他為了確保由數據推動決策所採行的一套方法，他說：「我們堅持以證據為決策原則。在財捷，有這麼一句老話：『因為某某原因，我認為我們應該做某某事。』發言若非基於證據，就只是意見，可以不予理會。我們致力提倡的是基於證據的言論，不是個人意見，因而增進了決策品質。」

再者，史密斯也肯定對話的重要性，這也是頂尖執行長的一個特點，美國教師退休基金會執行長佛格森就告訴我們：「**數字不會說謊，那當然沒錯，但數字也不見得會清楚顯示它們的意義，所以對話才這麼重要。**」而研究也支持數據與對話的重要性。有一項跨產業研究，調查近五年來企業的數千個重大決策，包括新產品投資、併購、資本支出……並請經理人詳述數據分析的細節與品質，例如：是否曾建立周密的財務模型或進行敏感度分析？另外也會詢問他們是否進行過可靠的對話，例如：合適的參與者是否進行過高品質的辯論？結果發現，「**參與對話**」和良好決策之間的相關性，比「**數據支持**」高出 6 倍。[47]

不過，只有當團隊成員不帶成見，**對話才能發揮作用**，而最普遍的成見就是「團體迷思」（groupthink）：我們傾向根據他人認同某項決定的程度，來決定是否支持某個想法。另一種普遍成見是「確認偏誤」

（confirmation bias），也就是人傾向接受能肯定自身信念的訊息，並抗拒所有相反的資訊。此外，還有第三種成見也很普遍，稱為「樂觀偏誤」（optimism bias），也就是假設或期待出現最好的結果。頂尖執行長會積極設法降低這些偏見的影響。

星展銀行採用的是名為「搗蛋浣熊」（Wreckoon）的方法，執行長高博德解釋這個方法的由來與目的：「Netflix 會對程式設計進行所謂的『潑猴』（Chaos Monkey）測試，每當設計出一套程式，他們就會把『潑猴』放進去作亂，藉此對程式實施壓力測試。而我們偷偷挪用這個想法，創造出『搗蛋浣熊』，用來對我們開會時的思維進行壓力測試。」

至於實際的做法，則是在星展銀行的討論文件上，每隔一段時間就會出現一張浣熊的圖片。一旦圖片出現，大家就要停下來反思一些問題，例如：**有什麼事情是我們應該考慮，卻沒考慮到的？我們要走下去的這條路，可能出什麼差錯？在什麼樣的條件下，這會是一個不好的決定？**高博德解釋這種反思活動的好處：「要直接請大家提出異議也行，但創造這個簡單的口訣，大家自然會記得，更容易進行反思。可以看到大家實際上越來越常這麼做，決策品質也因而變得更好。」

有時候，光是執行長也同處一室，就足以讓大家不敢暢所欲言。藝康前執行長貝克解釋：「尤其是隨著時間過去，大家開始認為你是成功的執行長，你的觀點就會變得太有分量，即使你只是想拋磚引玉，大家也會以為是在下達指示。」貝克接著說明如何減輕這種危害：「所以有時必須暫時離場，告訴他們：『不如各位先討論看看吧。』如果我不走，可能會導致對話窒礙難行，又或者他們恐怕不敢批評我的想法不好。」

結合對話與數據來進行決策，這個觀念看似簡單明瞭，實際上卻並非百試不爽。怎麼說呢？**對話與數據孰輕孰重，要拿捏得當，否則無法敏捷決策，組織行動也會漸漸停擺。**此時，團隊可能一下子陷入「分析癱瘓」（analysis paralysis）──不斷想要掌握更多的數據，卻遲

遲無法做出決定。而另一種可能的惱人症狀，不妨稱為「共識昏迷」（consensus coma）──同一件事彷彿永遠有開不完的會，並允許每個人發表高見，就連不夠格的人也算在內。

　　為了避免這種結果，財捷前執行長史密斯使出妙招，他說：「我們也用一種稱為 **DACI 的決策工具**：D 是推動人（driver），A 是當責核可人（approver/accountability），C 是貢獻人（contributor），I（即英文的「我」）則是指每一位應當知悉決策的人。」在這個決策模式裡，每一項個別決策的制定過程中，都只有一位推動人（負責撰寫約 6 頁備忘錄）、至多 2 位核可人，以及不超過 5 位貢獻人。因此，要審慎選擇納入決策討論的專業人士，而且正如同所有執行決策的人，每一位制定決策的參與者也需要知悉情況，史密斯說：「核可人有責任在一開始就說清楚，要依據什麼原則來制定決策，例如聲明這是成本決策，或品質決策。而且即使數據資料尚未備齊，核可人也要事先擇定完成決策制定的日子。」

　　史密斯對於決策時間點的看法非常重要，至於原因，可以聽聽洛克希德馬丁執行長休森怎麼說：「永遠不可能掌握所有資料或達成全面共識，才做出非作不可的重大決策，要是只等著蒐集更多數據，反而可能錯失良機。所以執行長要信任團隊，信賴他們擁有的經驗，然後自己負責發起行動，拍板定案。」印度工業信貸銀行前執行長卡麥斯更極端，訂出「**90 天法則**」的規矩，聲明：「不管要做什麼，我們都要在 90 天內做到，不然乾脆不要做。」

　　紀律能充分發揮團隊會議的威力，不可或缺。在星展銀行，高博德開創一種稱作 **MOJO 的機制，來保證會議的效率與產出**。MO 指的是「會議主持人」（Meeting Owner），負責確保會議有明確目標、與會者都是該來的人、呈現出必要資訊，而且討論經過適當組織與引導。JO 指的則是「愉快的觀察員」（Joyful Observer），只要扮演對會議建議指教的角色。據高博德說：「找個人坐在那邊，賦予他提出建言的權力，

例如說：『會議應該要這樣進行哦。這方法管用、那麼做不行。這樣沒講到重點。』就能夠。」

星展銀行也打造出一種簡單的工具，**讓與會者能在每一次會後評量會議成效，評量結果則會進一步轉達給會議主持人**。這是頂尖執行長領導組織常用的方法。史密斯也談到財捷採用的機制，是如何確保會議時間不被浪費，他說：「我們以 0 到 10 分量表，請與會者評量他們有多願意向同事推薦這場會議。這麼做有幫助嗎？我們評估低分會議的毛病後，有時會設法改善，但更多時候反而開始明白，其實沒必要開那些會。」

投資團隊建立活動

要進行團隊建立，總不免會遇到愛唱反調的人，這時候就很需要勇氣，通用汽車執行長巴拉坦言：「起初，我們表明要著重建立高績效領導團隊，就聽到有人說：『瑪麗要逼我們接受治療。』但我反駁說：『並不是，我只是投資你們的領導能力和這個團隊。』」巴拉在通用汽車，應用了本章談到的所有團隊建立方法，而結果證明這麼做很值得，就像她說的：「今天你隨便問公司某個人：『是什麼讓我們能夠成功？』他會告訴你，是因為我們有高水準的團隊合作表現。」

幾乎我們訪談的每一位執行長，都談到在團隊建立方面有類似經驗。舉例來說，西太平洋銀行前執行長凱利決定帶著領導團隊，進行為期兩天的異地會議，而許多人一聽到她說會有一位引導者，協助小組培養「團隊動力」，都紛紛翻了個白眼。不過，凱利知道需要的是什麼，並不打退堂鼓。「其中有一些活動，會請大家談談自己的熱情從何而來，以及為何會感到焦慮，而我也分享自身經驗。」她回憶：「我準備好展露非常脆弱的一面，也要求其他人這麼做。我們共同創作一本小

書,稱作《我們的故事》,每一個人都有專屬的一頁,寫著我們擁有的強項,以及想要進步的方向——我們的個人願景是什麼呢?不只是有關公司的願景,而是關於你個人的願景。身而為人,是什麼帶給你生活的動力?這麼做確實有助於建立信任。」

凱利也說,這場異地會議是一個開端,讓團隊步上了不斷提升合作績效的軌道。她告訴我們:「我們後來都會讓每一位新加入的同仁,寫一頁專屬的《我們的故事》。同時,我也開始對最高團隊進行360度績效回饋,連我自己也不例外。我們實際上會圍坐成一個大圈圈,分享自己的回饋。這需要充分的信任,並做好展露脆弱與開放交流的心理準備。我另外也讓底下的一般經理人加入,他們是非常資深又受到敬重的高階主管,會反映我們哪方面需要做得更好。然後,我們也會告訴他們:『對,我們有些地方需要加強,這是接下來為了進步會做的事情。』這麼做的確很有幫助。」

還沒試過團隊建立的人,可能會覺得凱利的案例分享「太弱」,但其實有類似經驗的執行長不只她一人。幾乎所有頂尖執行長都渴望有團隊時間,能專門用來思索該怎麼做,才能改善整個團隊合作的方式。過去十年來,我們已經訪談超過五千名高階主管,請他們想想,做為團隊一員曾感受到的「高峰經驗」(peak experience),並寫下或長或短的文字描述當時的情況。而調查的結果出奇一致,**整體上反映出優異團隊合作的三個重要面向:首先是方向一致,也就是對公司努力前進的方向,都懷有共同的理念。其次是高品質互動,特徵是信任、開放溝通,並願意接納衝突。最後是強烈的革新感,意指團隊環境能激發成員的活力,讓團隊成員感到有能力冒險創新,並向公司外部汲取靈感,從而克服萬難達成重要目標。研究顯示,這三個面向每每改善20%,平均團隊生產力就會翻倍**。[48]

一如凱利在西太平洋的成功經驗,交由管理教練或其他不帶成見的引導者,來帶大家討論這三個團隊績效面向,對許多團隊都是助益

良多。高博德也談到他的星展銀行經驗，說：「我們請真誠領導力機構（Authentic Leadership Institute）來花幾天時間，跟我們一起進行組織行為研究之類的工作。那是一段讓人豁然開朗的歷程，我們都深刻內省並自問：『我們在做什麼？目的又是什麼？是什麼帶給我們動力？我們要如何凝聚整個公司？』」而這兩天只是一個起點，高博德說：「後來我們進行了更多類似的活動，幫助彼此成長，成為一個更好的團隊。」

引導者也能在團隊中引發更極致的內省形式，美國合眾銀行前執行長戴維斯說：「有位來自外部的引導者帶了非常有趣的活動，他說：『包括自己在內，請每個人按照自己信任對方的程度，將全部 12 位成員依次排序。然後，在你認為目前信任程度低於自己期待的名字上，劃一條線。』我承諾說，如果我對團隊中任何人的信任程度不如我的預期，會坦白告訴他們，所以目標不在於指出缺陷，而是要讓他們知道，我要讓團隊運作有良好的信任基礎。」

團隊建立也不見得只能在外部場地進行，許多執行長手下都有一位「團隊教練」，會定期參與團隊會議，觀察團隊成員如何互動，並即時給予他們回饋。通常在這樣的情況下，成員能幫助彼此更了解，為何團體情境會發生某些不經意的衝突。益華電腦執行長陳立武談到一個方法，他發現很有用：「我請了一位教練來協助團隊。我們做了 MBTI 性格測驗，讓大家更加深入了解彼此，像是哪些人比較內向，或是哪些人比較能專注做出決策。總之透過這種方式認識同事，甚或你自己，都非常值得。」

我們無意暗示說，引導者或團隊教練一定能帶來正向體驗，藝康前執行長貝克也說過：「我接任幾年後，公司來了另一支團隊，但我對他們的方法持懷疑態度。他們讓大家告訴彼此，對方哪一點最讓自己受不了，但我當時心想，這下完蛋了。果不其然，結果不太妙。」雖然有這次不好的經驗，但貝克依然做了頂尖執行長都會做的事，堅持繼續投資團隊合作，並請來其他顧問，協助團隊夥伴不斷成長。

我們已經看到，頂尖執行長會讓團隊成員在適當引導下，進行一系列的異地會議、團隊及個人教練、反思活動……來提升團隊合作能力。隨著團隊的績效表現提高，花點時間反思工作常規也變成習慣。舉例來說，**許多頂尖執行長做出某個重大決定後，會設法額外撥出 30 分鐘，跟團隊一起反思這項決策**，例如：團隊成員是否從一開始，就對於要共同達成的目標感到有共鳴？對於達成的結論是否感到振奮？如果不是，又是為什麼呢？他們是否覺得自己激發出彼此最好的那一面？這些問題的答案能提供事後檢討的機會，讓團隊一起學習進步，而且不論答案為何，往往都會加深信任感。

像是運用社交時間相處之類的簡單方法，也能改善團隊動力。「這對於我們高階團隊培養親密感很重要。」益華電腦的陳立武說：「我們能從中了解每個成員的內在驅力、家庭生活，並因此更懂得如何關懷彼此。」星展銀行的高博德也這麼認為：「我是異地會議和社交宴會的信徒，寧可把錢花在這些活動上，而不是拿去發年終獎金。因為我認為把大家團結起來，創造共同回憶和革命情感，才是更加重要的價值。」

人家常說，經理人就像溫度計，領導者則像是溫度控制器。經理人回應環境，處理此時此地的情況，再評估並呈報結果。領導者則影響環境，改變他人的信念與期待──他們引發行動，不只是評估現狀，而且會不斷朝某個目標努力。說到團隊合作，毫無疑問，**頂尖執行長就像是溫度控制器**。

頂尖執行長為了促進團隊合作能力不斷提升，會親自料理多數經理人假手他人的四件事：首先，他們確保團隊的時間集中花在只有團隊能做的事；其次，他們重視讓最高團隊成為每一位成員的第一團隊；第三，他們進行高層決策時，會利用數據、對話、速度構成的鐵三角；最後，他們定期投資團隊建立活動，通常會藉助引導者或團隊教練來加速團隊進步。

第 9 章
營運節奏實踐：讓公司隨著韻律運行

> 最好的學習方法是，體驗韻律的威力。
> ——沃夫岡・阿瑪迪斯・莫札特（Wolfgang Amadeus Mozart），
> 奧地利古典時期音樂家

環法自行車賽（Tour de France）是世界上數一數二艱鉅的運動賽事。炎炎夏日長達三個星期裡，約莫 20 支分別由 8 名車手組成的隊伍，踩著腳踏車橫越長達 3,500 公里的自然地形，沿途還要穿越阿爾卑斯山區（美得令人屏息也把人累得喘不過氣），每個選手都把自己逼到極限。不過決定比賽勝負的，不只是如何克服翻山越嶺的艱苦過程，也包含賽前準備做了些什麼。

環法車手穿越香榭麗舍大道上的終點線後，才過短短幾個月，差不多是當年度 UCI 世界巡迴賽的其他賽事一結束，就緊接著開始為明年環法賽做準備。車手和教練都知道，在漫長的訓練季中，車隊會按照一種嚴守紀律的節奏，為即將來臨的賽事進行鍛鍊。

首先，教練會針對當季訓練計畫擬訂大致的輪廓，隨即展開以有氧活動為主的低強度訓練，等到 10 至 11 月明年環法賽路線一宣布，又會進一步篩選車隊成員並調整訓練計畫。接著，在訓練五個月後，訓練的強度和節奏都會升高；再過三個月，則轉為針對年度賽事制訂的重點訓練。就這樣直至賽前一週，訓練量和強度才緩和下來，改為每天一次

一小時左右的騎乘訓練，或甚至休息一天。這套備賽過程從頭到尾都經過縝密策劃，不僅專為每一年環法路線特別設計，也針對每一位車手的角色、任務及能力量身打造，目的就是為了在關鍵時刻激發整體車隊的最佳表現。[49]

在企業界要躋身頂尖行列，同樣需要做好年度規劃，才能確保讓對的人在對的時刻做好該做的工作。有些人或許會說，營運流程規劃事宜，可以交由最高管理層以下的其他人負責，但頂尖執行長仍會積極形塑高層團隊的營運節奏，以利推動公司的戰略執行。一旦確立步驟順序與協作節奏，即使執行過程面臨險阻，頂尖執行長仍會嚴守紀律地貫徹到底。

一旦執行長建立清楚有效的營運節奏，最高團隊每個成員就能將各自部門的工作步調，與整體公司的營運節奏互相協調。高德美執行長厄斯寇夫解釋：「大家意識到組織運行有其韻律後，就能提高工作效率，因為他們知道要請組織中哪個單位負責下決定，以及哪些團隊負責制定哪些決策。」**有條理的營運節奏也讓執行長能同時兼顧不同要務，**厄斯寇夫說：「先為高層團隊建立正確的營運架構，規劃高強度的工作負荷與清晰的目標，我就能充分發揮優秀人才的能力，同時確保自己在不開會的時候，還有充裕的時間思考、會見客戶或其他利害關係人，或是安排休假、出門運動……」他接著總結道：「這樣就不用花時間開那些無關緊要的會。」

從前在希爾製藥，厄斯寇夫在短短五年內，就帶領高層團隊讓公司營收從 2013 年的 50 億美元，成長到 150 億美元，一躍成為生物製藥產業最具聲望的罕病藥廠。他讓公司的毛利率從 36% 成長到 44%，然後以 620 億美元的高價出售給武田藥品（Takeda），接著轉戰雀巢分拆出來的高德美，成為這家市值 100 億美元護膚公司的執行長。2019 年厄斯寇夫甫上任，就發現高德美的營運節奏「不協調，流程不清楚，看不出輕重緩急。」他說。因此，他上任初期的一項重要任務，就是根據

新戰略重新設計公司的營運模式。

　　為了讓高德美的新營運模式準備就緒，厄斯寇夫自問：「有哪些地方需要我參與？我需要成立哪些決策單位？」因為新戰略包含績效、平台、成長等要素，所以他為每一項要素都成立一個委員會，他說：「我稱為同步委員會（In-line Committee），每個月都會找一天，和所有掌管部門損益的高階主管討論績效表現。」他也成立一個每月召開會議的創新委員會，專門商議如何驅動未來成長，他說：「我稱為「動力管路」（Pipeline）。」此外，還有第三個單位，稱為「公司委員會」（Corporate Committee），也是每月開會一次「我會和公司幕僚聚在一起，討論資金配置與投資，也談談人事和營運問題，目標始終是打造一個精簡高效的公司平台。」厄斯寇夫說。

　　厄斯寇夫和這幾個委員會都開過會以後，就會對整個高層團隊召開會議，讓每個成員都同步掌握最新資訊，他說：「這樣我每月的事務規畫就非常清楚，總有三天專門處理這些事項，都處理好之後，另有半天召集高層委員會，把那三天討論的結果整理起來，做個總結，然後付諸實行。」至於這麼做的結果，據厄斯寇夫表示：「不論是績效、平台，或是成長，各種問題由什麼決策單位職掌，變得一清二楚。先為組織建立這樣的節奏與可預見性，事情做起來就快多了。」

　　不是每一位執行長都會像厄斯寇夫這麼做，但只要是頂尖執行長，都會專為組織打造明確有序的營運節奏，並實踐以下4項清楚的職責……

　　　……為組織營運設定模式與步調
　　　……串聯各個決策單位，拼湊全局
　　　……做一個交響樂團指揮家
　　　……要求有紀律地執行

設定模式與步調

卡普身兼丹納赫與奇異公司執行長，同時又是一個事業單位的執行長，堪稱「執行長中的執行長」，他深知自己的直屬下級都想要極大的自由。「我看過很多執行長，到最後都只管公司的投資組合，讓底下事業單位的執行長放手去做。」他說：「因為從前他們自己在那個位置上，就渴望有這麼大的自主空間。等到有人做了不妙的事，讓他們跌破眼鏡，他們才會重新看待這件事情。」就像其他一流的企業執行長，卡普也認為，**最重要的是建立有規律的節奏，來檢討組織、營運及策略層面的問題**。

雖然每個公司都有獨一無二的營運節奏，但頂尖執行長運用營運節奏的方式，仍然有不少共通點。舉例來說，**他們大多都會和高層團隊開小會議，通常每週一次**。摩根大通執行長戴蒙就談到，他每週一都會和管理團隊開晨會，自然發展出基本的營運節奏，他說：「那個晨會沒有議程，而是由我的團隊負責準備好要討論的議題。什麼問題都可以攤開來講，客戶問題也好，風險問題也行，或是有人需要獲准做某事、希望對應徵者團體面試⋯⋯替我工作的人可不能說：『你又沒提起這件事。』每週一開會，我都準備好我要談的問題，也期望團隊有問題要自己提出來。」

同樣地，溥瑞廷曾任泰科、通用儀器執行長，到現在擔任杜邦執行長，每週一早晨都花一小時開高層會議，確保團隊一致更新情報並達成共識。為了充分發揮會議的功用，他採用紅旗象徵「難關」、綠旗象徵「喜訊」的溝通機制，他說：「這麼一來，就能每個人輪流快速說明自己的難題（紅旗）與成果（綠旗）。通常我不至於聽得不耐煩，除非對方遲遲不說明遇到什麼難關，難關可能是事情進展不順利、結果不如預期、遭遇法律問題，或是擔心某家工廠⸺不論什麼問題，該讓大家知道就要說出來，通常團隊也有成員能幫上忙。」

頂尖執行長為了了解執行計畫是否有效，以「每個人輪流」更新近況的方式開週會，或許會有人覺得奇怪，但這種追蹤機制其實很重要，有時甚至攸關生死存亡。

　　舉例來說，通用汽車的點火開關曾因設計不良，涉及數起死亡車禍而緊急召回（後面章節會深入討論這個事件及其處理方式），後來執行長巴拉新上任的一項首要工作，就是調查這件召回案。她回顧這個危機，說「我從點火開關召回案學到一個重要教訓：如果最初一發現徵兆就掌握情況，問題也不會這麼嚴重，但等到木已成舟，就成了要耗費數十億美元的大問題，還對一些客戶造成慘痛的後果。」因此，巴拉也說：「我問團隊：『什麼時候最適合解決問題？』而我的答案永遠是『一發現有問題的時候』，問題不會自己慢慢消失啊！」

　　多數優秀的執行長不只開週會，也會進行比較正式的高階團隊月會。像是在法雷奧，亞琛布洛區每月都會召開4至5小時的高層會議，議程上除了評估公司策略、營運及組織議題的進展，也會討論外在大環境的最新趨勢。在洛克希德馬丁，這樣的月會要開一整天。「我把所有人集合起來，通常會一起吃個晚餐，所以也會納入團隊建立時間。」執行長休森說：「開會的重點是釐清經營戰略，但具體主題則視需要處理的問題而定，可能是併購標的、跨部門提案、多元共融、降低成本或提升利潤率……都是關於組織高層決策的問題。」

　　休森的月會舉行一整天外加共進晚餐，這樣的做法，許多其他執行長只保留給季度會議。照摩根大通執行長戴蒙的說法，季會通常專門討論「不至於每個月都有變化的重大議題，像是資通安全。」進行這種高強度會議之前，相關單位往往要針對特定議題做足準備，這樣開會時在眾人面前報告才會更有效率。

　　關於年度營運節奏，最後還有一種做法，就是帶高層團隊進行為期數日的異地會議。舉例來說，戴蒙每年7月都專為摩根大通高層團隊，舉行一場為期四天的異地策略會議。在會議上，他會問大家：「現

在公司面臨最重大的問題是什麼？」從業務拓展計畫、技術策略，到人事政策、領導能力訓練……包羅多元主題。再者，大家也會討論目前的營運節奏是否適合公司，戴蒙說：「我們一起思考，哪些事是在浪費時間，哪些事不是，真的什麼都攤開來討論。」最後他指出：「我們很重視這樣的會議，許多執行計畫都出自季會，然後在那一年裡，我們會透過其他會議追蹤執行進度與成果。」

在高績效企業，執行長與高階團隊舉辦的異地會議規模更大，往往有多達數百名高階主管，進行 2 到 3 天的高層領導會議。譬如美國運通（American Express）前執行長肯・謝諾（Ken Chenault），每年就會舉行一次這樣的會議，召集兩 200 名高階主管，並在會議上針對公司各項跨時數年的目標，說明這十二個月以來的進展情形，他稱為「重點標題」。他說：「這麼做在某種程度上，是要維持短期目標與長期目標間的積極張力，並說明必要的妥協情況。」此外，謝諾一向會在這樣的年會上請來外部講者，談談市場形勢、世界要聞、顧客觀點……拓展與會主管的視野。他說：「我希望納入各式各樣的觀點，大家才能衡量公司現階段的表現、占據的競爭地位，以及做得好與不好的地方。」

營運節奏的建立，通常也包含執行長與個別事業單位或部門的會議，至少一季一次，目的是評估績效表現是否按照計畫提升。班加談到他在萬事達卡如何進行這樣的會議，他說：「我會和每一個事業單位進行季度業務回顧，一旦發現績效不如預期，業務回顧就會花比較多時間，深入了解癥結所在。相對地，如果他們的市占率成長了，說好要優先改善的關鍵績效指標也進步了，業務回顧很快就能完成。這就是我的營運節奏。大家通常不會想花太長時間跟我進行業務回顧。」

奇異執行長卡普談起例行營運回顧的經驗，則分享他如何察覺自己營造了合宜的談話氣氛，他說：「後來，我和那個事業單位的負責人一起去機場，他告訴我：『我確實感受到你在為我們的成功投資，你願意協助我們，而我們的職責就是盡可能借助你的經驗與眼界。』」隨著

時間過去，卡普持續實質參與營運回顧，而非高高在上挑毛病，終於帶給營運主管這樣的感受。

執行長不只在季度業務回顧和高層團隊成員開會，也會將定期安排的一對一會議融入營運節奏，有些執行長會每週進行，也有的執行長選擇隔週進行，或是每月開一次會。至於和每一位團隊成員開會的時間，則取決於他們各自的工作表現，以及執行長能提供多少協助。美國教師退休基金會執行長佛格森說：「執行長有點像是球員兼教練。一方面，依照我的背景、人脈或技能組合，我有責任在能發揮自身相對優勢的球賽中上場。但另一方面，不該我出場的球賽，我就不會求表現。我會像教練從旁指導，要求當責，但我自己傾向置身事外，並且信賴我請來的人才足堪重任。」

西太平洋銀行前執行長凱利，談到她在設定營運節奏這方面的整體心得，她說：「執行長一上任，就要積極凝聚組織各派人馬的共識與認同感，這一點在任內初期非常重要，不能撒手不管。」聽起來很合理，但是執行長真的應該事必躬親，親自跟每個人、每個決策小組，整個團隊，還有動輒上百人的高階主管層，一一商定週會、月會、季會及年會的時間日期嗎？

凱利表示強烈贊同的觀點，她說：「必須掌握細節到這個程度，不能漫無章法，事情不會憑空發生。要確保每一場討論都有適當的章程規範，並說明要做什麼決策。澄清這些細節並達成共識，才能讓策略有效發揮作用。」

伊大屋銀行前執行長賽杜柏更強調，執行長任內不是只做這麼一次而已。「隨著公司成長，我也不斷改良決策程序，好讓實際行動能更自然展開。」他說：「重要的是，決策流程必須與時俱進。」換句話說，**韻律感需要刻意營造，才不會陷入糊里糊塗的刻板模式。**

拼湊全局

　　執行長設定好步調以後，就要盡全力讓營運節奏能順利運作，還要確保管理程序有效實施，而首要任務，就是做好拼湊全貌的工作。藝康前執行長貝克說：「在執行長的位子上，能最全面看到公司運作的樣貌，所以執行長也要確保領導團隊有一樣寬廣的視野。就好像在烏鴉的巢裡，從越高處眺望，就能看得越遠。要確保大家都能掌握這個有利位置，綜觀全局，這一點非常重要。」

　　那麼，公司其他人看不到哪些事？最基本的像是公司財務狀況，會促使主管在編列績效預算時，願意在訂立「基本」目標之餘，外加「彈性」目標，但到了年底，因為人資會以達標程度來決定薪酬，所以主管又會在這時壓低目標期望值，以確保不會高出預期成果太多。

　　另一個常見的矛盾，則是產品開發經理為了把握稍縱即逝的市場機會，好不容易讓公司快速挹注所需資金，儘管立意良善，到了技術團隊手上卻沒被視為優先事項，而風險管理師要求提交相關文件，更拖慢了專案推進的速度。此外，升遷制度拔擢員工的標準，若偏向酬賞短期成果，不重視長期永續策略的執行成效，也會造成問題。

　　要是執行長無法讓功能各異的不同部門協作順暢，組織失靈很快就會演變成常態。Majid Al Futtaim 執行長貝賈尼說：「我們一直以來關注的一件事，就是人事管理流程是否與財務管理流程互相協調，包括資源分配、預算編列、人才與價值配對，諸如此類。譬如在討論接班人計畫時，是否也考量這會如何影響預算與資源分配？在評估商業提案時，是否同時評估人力資本這一塊？在恰當的時機展開正確的跨團隊合作，才能達到高績效，但是單憑機緣巧合並無法維持穩定的優異表現。」

　　薛德在 1993 年共同創辦了捷邦安全軟體科技（Check Point Software Technologies），並於 1996 年將這家資訊科技安全管理公司公開上市。到了 2020 年，捷邦的產品已經遍及全球 88 個國家，市值高達 188 億

美元,而其中一項核心產品,讓無數員工能安全地由遠端存取公司伺服器,已有超過 25 年之久。近來捷邦收購另一家公司,同樣為員工提供公司系統遠端存取的產品服務,但用的是新開發的雲端科技,而薛德也談到在這樣的形勢下,自己必須扮演好負責拼湊全貌的角色。

「起初我們內部討論到新公司,談的只是行銷。」他說:「像是該如何銷售產品?要取什麼名字?網站要做成什麼樣子?」開過幾次會,集中討論過這一類問題後,薛德便切換到「拼湊全貌」模式。他告訴我們接下來發生的事:「我告訴負責整合產品服務的團隊:『從價格到禁得起競爭的驗證,你們報告的內容都沒錯,但新產品要怎麼結合我們既有的產品呢?不能只是告訴客戶,A 產品的用途是遠端存取,B 產品的用途也是遠端存取。只能二選一。』」

在場的高階主管從沒想過這個關鍵問題,於是退一步思考,重新想想該如何統整要傳遞的訊息、產品與技術。薛德參與這件事的方式,反映出他在公司成長過程中重視的課題,他說:「**在規模龐大的公司,每個人都會優先考慮自己的立場。我的職責就是想辦法整合每一片拼圖,用這一切拼湊出宏觀的圖景。**」

但還是要提醒一句,拼湊全貌的任務可沒那麼神氣。微軟執行長納德拉沉思說:「**人家說執行長的工作很孤獨,後來我才明白,這其實是資訊不對稱的問題。為你工作的人看不見你看到的,你為之工作的人也看不見你看到的,這就是做為執行長最根本的難題——你擁有完整的視野,但身邊的人無法共享,所以你會感到很挫敗。**」

儘管如此,保持冷靜及敏銳觀察力,依然非常重要,辛辛那堤兒童醫院前執行長費雪一語中的:「執行長的角色,占據著少數幾個統籌各種流程,來為整個組織求取利益的位置。雖然我缺乏各個專業領域的深入知識,沒辦法掌握複雜的細節,但做為執行長,我會努力確實了解關鍵假設,找來合適的人選參與,並且考量過下游效應才做出決策。重要的是不能獨斷獨行,貿然做出決策。」

指揮交響樂團

　　頂尖執行長不只要拼湊大局全貌，也要伴隨公司日復一日進行的營運節奏，扮演好交響樂團指揮家的角色，美國合眾銀行前執行長戴維斯解釋這個比喻：「如果你去聽一場古典音樂會，提早到場了，會看到交響樂隊在熱身，因為每個人都各自奏響樂器，嘈雜的聲音聽了很不舒服。但突然間，一切靜止，然後舞台右側出現一個人影，手裡除了一支細長的棒子別無其他。那個人站到舞台前，欠身鞠躬，儘管樂隊還沒開始表演。隨著棒子伸向空中，美妙的音樂也跟著迴旋繚繞。演奏結束時，第一波掌聲獻給這位指揮家，指揮家接著向身後的演奏者致意。從頭到尾，指揮家未曾實際演奏任何樂器，卻因為能掌握各種樂器進出場與強弱音的時機，贏得了整個樂團的敬重。」

　　「優秀的執行長，」戴維斯接著說：「會靜觀其變並扮演好指揮家的角色。他們徜徉在音樂中，不會過度在意自己的表現或演奏是否順利，只是完全樂在其中。就像一位指揮家，我整天隨時都在設法騰出空間，好讓自己能退一步思考，為會議決策感到自豪，或是為自己打造的一切感到敬畏。而且我的發言越少，越是覺得自己正在做對的事。有時候，我意識到我們錯得離譜，而我會把這種情況當作機會教育。」

　　Alphabet 執行長皮查伊所見略同，他談到良好的領導方式，是要經常「**在事情進展順利時，別去當絆腳石，並感謝大家傑出的工作成果，千萬不要插手攪局。**」

　　Netflix 前執行長哈斯汀，則談到他如何看待執行長宛如指揮家的協調角色，他說：「要為整個組織全方位鍛鍊決策肌肉，這樣執行長就能少做決策。我以前說過，我認為最棒的季度，就是我不必做任何決策的季度，只可惜目前為止還沒有過，每一季我總要做某些決定。不過，這依然是我的目標，而我的方法向來是傳授決策原則，培養各部門的決策肌肉。這麼一來，我就能減少決策，倒不是我不喜歡做決定，而是因

為由他們做決定的效力更持久。」

有時要等到執行長任期將屆，才能看出哈斯汀說的決策肌肉建立有多麼重要，譬如樂高前執行長納斯托普，就有這樣的體悟。「我剛卸任的時候，公司一時變得有點像一盤散沙。」他坦言：「幸虧我找到一位外部人士，還算迅速地跳進來，不是直接擔任我的接班人，而是做為二號人物主持大局。後來，大家告訴我，我太過積極參與各種大小事務，所以我一走，他們才發現我做了許多事情來維繫公司運作。公司原本處於平衡狀態，少了我就開始瓦解，這樣其實不好啊！」

最重要的是，**執行長指揮大局的方式，要隨著企業發展階段不間斷**。百思買前執行長喬利說：「在企業再造階段，執行長要厲行統籌協調的職責，但這並不說執行長事事都要親力親為，像是我那時的任務就是策劃流程，制定了許多決策。等到邁入下一個階段，我們依然嚴守紀律，但我開始下放決策權力，讓組織承擔多一點風險，同時也激發團隊的潛能。為了鼓勵大膽決策，我們還發給百思買主管免死金牌，表示只要失敗是出於正當嘗試，就沒關係，儘管出示你的免死金牌。」

要求嚴守執行紀律

最傑出的指揮家，會仔細聆聽每一種樂器鳴響的每一顆音符，一旦有某個音錯拍或走調，就會立即採取相應行動。同樣的道理，執行長也要以有條不紊的方式，來進行那些左右著營運節奏的會議，就像奇異執行長卡普說的：「即使是總經理或事業單位執行長這樣的高層主管，所受的訓練往往仍是談論財務數字，而非真正了解該如何實地呈現那些數字，以及可以利用什麼組織資源做到這一點。這才是營運回顧的主要內容，不是教他們做報告，而是要傳授如何管理與領導。」

至於如何做到有條不紊，頂尖執行長不只呈現主要財務數據，首

先還會掌握正確資訊。摩根大通執行長戴蒙解釋：「優秀領導人有一些共通點，首先是具備最基本的商業分析能力。我看過一些人連最基本的都做不到，對於定價、產品、配銷、變動成本、固定成本等專業知識一知半解，就好像要開飛機，裝備卻帶不齊全。首要工作是釐清事實，然後呈現一組數據，而且那並不只是財務數字，我必須提醒大家：『這不只是財務回顧，更是營運回顧。』」

戴蒙接著說：「『不論是哪方面的問題，我都希望你們已經參考產業同儕的做法。高盛（Goldman Sachs）怎麼做？摩根士丹利（Morgan Stanley）怎麼做？美國銀行（Bank of America）又是怎麼做？我應該不必問你們是否研究過產業同儕，知不知道最佳實踐典範，或其他諸如此類的事。』許多公司都不會這麼做，也很不了解競爭對手在做什麼。他們只會臆測，但我們會深入研究。」

阿霍德德爾海茲集團前執行長波爾也支持這個觀點：「我上任後很快就了解到，我們對於決策相關資訊無法掌握必要細節，公司營運伴隨大量資訊，但我們只看到彙總的財務數字。」於是，波爾和他的團隊做出結論：「如果缺乏準確的數據，就永遠沒機會處理績效問題的癥結。」

頂尖執行長會確保整個組織的各個單位，都掌握了差不多的顆粒化資料*，開拓重工前執行長歐文斯說：「工廠那邊的管理階級作風散漫，每個廠區的做事方式都不太一樣，製造業自有一套根深柢固的企業文化。所以我們挑戰傳統思維，全面採用一套豐田式生產系統，包含通用的計量方式、製程設備及管理機制。我們按照自身需求修改這套系統，命名為『開拓重工生產系統』。按照這套新程序，每個人都要依循特定方式去完成、評估並回報工作。」

頂尖執行長不只力求掌握正確資訊，也會要求開會要有章法，摩根大通執行長戴蒙解釋：「我很少讓大家用投影片報告，所有內容都要先

---

* granular data，指將資料依照不同屬性進行切割、分類。

看過並提出建議。開會前做好準備,就能利用會議時間直接做決策。」

另一個關於開會紀律的關鍵方法,則是嚴格要求出席,杜邦執行長溥瑞廷說得一針見血:「你要不是人在醫院,就是在這裡。」西太平洋銀行前執行長凱利**不只要求人在現場,更要求心思專注、情緒投入。**「那樣的會議不容臨時取消,也不能派代表出席,你不但人要出現,還要有備而來。」凱利說:「開會時,我不讓大家看手機,也不許隨意進進出出。我們要逼自己討論棘手的議題,也就是說,每個人都必須積極參與。會議室的邊桌上還擺了一隻玩具象,名副其實是『房間裡的大象』。」* 只要開會過程出現緊張氣氛,我們就把玩具象拿到會議桌上,然後說:『好,現在房間裡有大象,我們來談談這隻大象吧。』」

不只如此,**會議紀律也適用於執行長本人**,戴蒙說:「我一定會閱讀那些報告,可說是全心投入。我會趁著週末大量閱讀,並列出問題清單:『為什麼公司在某方面虧損?為什麼說好要增聘 500 名行員,最後只招了 100 個?為什麼員工流失率是 15%,不能降到 8%?』我常常越想越沮喪,總覺得應該有人比我更早提出這些問題啊!」但為防自己的問題害大家會後忙著作一堆沒用的分析,戴蒙也說:「我告訴大家,不能只是因為我說了才設法改善,應該為了把自己的工作做好進行分析,而且如果覺得我提的問題是在浪費時間,也必須坦白告訴我。」

雖然在理想情況下,執行長可以把時間花在指揮交響樂團,而不是演奏單一樂器,但現實世界裡總有些時候,執行長不得不捲起袖子,更深入參與其中。 前文提到班加在萬事達卡進行季度業務回顧,以及佛格森在美國教師退休基金會提倡的「**球員兼教練**」思維,其實都是這個道理。通用汽車執行長巴拉說明了她如何判斷何時該深入參與,她說:「如果他們績效良好,帶頭主管又了解公司的願景,就能有比較大的自主空間。但如果某些方面正經歷轉型,我就會加強參與那些方面,好讓

---

* 房間裡的大象(elephant in the room)暗喻眾人心照不宣卻避而不談的禁忌議題。

整個組織都能夠跟進並協助排除障礙。」

adidas 前執行長羅斯德也採用類似的方法。「事情進展順利時，我不會想插手干涉。在這樣的情況下，大家討論的是共同目標、成就大事、戰略意義……」他說：「但如果事情不太順利，我就會找來有關人士，針對營運相關事務進行檢討，一起深入找出問題在哪裡，並制訂改善計畫，而我也會要求他們負起責任，確實按計畫執行。」

針對出問題的地方深入分析，也是頂尖執行長嚴守紀律的表現，高德美執行長厄斯寇夫 公司的營運節奏。他說：「我會確實為會議作足準備，確保議程不拖沓、有重點。我會預習會議大綱，並花點時間思考，然後準時開會和散會。會議開始和結束時，都會總結一下行動項目與後續追蹤，而我認為這就是在樹立一種紀律。我奉行的另一條紀律，則是股東沒花錢請我去做的事，我通常都會拒絕。不論內部或外部會議，只要不相干，我就不去湊熱鬧。我從來不以擔任業界聚會專題講者的次數多寡，來定義成不成功。」

大約 2500 年前，中國兵法家孫武寫出一本《孫子兵法》，說道：「策無略無以為恃，計無策無以為施。」[50] 設計良好的營運節奏會將戰略與戰術同步結合，讓執行長隨時掌握最新情況，參與事關重大的項目，進而大幅提升公司的執行效率。

但要正確做到這一點，並不容易，摩根大通的戴蒙也說：「大多數公司執行成效不彰。這就像運動，需要確實執行，嚴守紀律。要能了解具體細節、掌握正確數據，然後做出適當決定。」頂尖執行長正如戴蒙觀察到的，**會設計好組織運行的模式與步調，並整合不同決策單位的計畫，一邊扮演指揮家的協調角色，一邊要求有紀律地執行策略，讓公司隨著韻律運行**。

◆ Part 3 重點摘要 ◆

做好團隊的心理建設

我們已經看到，頂尖執行長非常重視團隊心理建設，以及採取相應的協調與執行方式。這麼做能帶給高層領導團隊行動的力量，可總結為團隊組成、團隊效能、營運節奏三大面向，如下表所示。正如 Part 3 一開頭提過的，具備「動員主管階層的心態」並實踐相關行動，會帶來實質的好處，公司財務表現成長至超過中位數的機率會翻倍。

動員主管階層：頂尖執行長出類拔萃的關鍵

心態：做好團隊的心理建設

團隊組成實踐	創造一個生態系
	● 選才首重能力與態度
	● 迅速處理，公平對待
	● 維繫關係，保持距離
	● 營造超越直屬團隊的廣泛領導聯盟
團隊合作實踐	把光環獻給團隊
	● 讓團隊做只有團隊能做的事
	● 訂立「第一團隊」守則
	● 結合數據、對話與速度
	● 投資團隊建立活動
營運節奏實踐	讓公司隨著韻律運行
	● 設定模式與步調
	● 拼湊全貌
	● 指揮交響樂團
	● 要求嚴守執行紀律

即使不是擔任執行長，照樣能藉由為團隊做好心理建設，實現優異的團隊績效。問問自己：

- 我領導的團隊，是否每一位成員都有適配的能力與態度？如果不是，我能否鼓起勇氣迅速而公平地處置，來挽救頹勢？
- 如果一位外部人士接手，他維持得住團隊現狀嗎？如果不行，是否表示你和成員間的關係過度緊密？
- 團隊開會時，是否只做團隊才能做的事？還是團隊時間沒放在優先要務，反而在處理會外時間能做的事？
- 這個團隊對每一位成員而言，都是「第一團隊」嗎？（如果不是，是為什麼呢？）
- 討論是否注重數據與對話，以及是否能及時作出決策？我是否有條理地投資團隊建立活動？
- 是否成功為一年裡各種會議，規劃高效率的營運節奏？
- 我能否為大家拼湊全局，引導他們正確互動，並在必要時親自深入參與，以確保優先項目都有實質進展？

　　目前為止談到與制定方向、凝聚組織，以及動員主管階層有關的執行長心態，許多擔任領導職的人即使不是執行長，也都相當熟悉，而接著我們就要更進一步，談談執行長該如何管理與董事會，以及諸多外部利害關係人的關係。套句奇異執行長卡普的話，那是「執行長角色特有的人際關係，既能成就你，也能摧毀你」。

Part 4

跟董事會打交道：輔佐董事為公司帶來貢獻

要堅強到能獨立自足，聰明到懂得何時需要幫助，
而且要夠勇敢，才能開口求助。
——齊亞德・K・阿德努爾（Ziad K. Abdelnour），美國企業家

跟董事會打交道，是執行長要面臨的一大嚴峻挑戰。為什麼呢？因為**董事位居公司治理的頂點，也就是執行長的老闆。**話雖如此，董事會可不比一般高階主管會遇到的老闆，藝康前執行長貝克解釋：「我們的神經突觸彷彿設計成只和一位老闆對接，此前職涯一路上都只有一個老闆，但現在突然間一個老闆有 13 個不同版本。」

奇異執行長卡普則補充：「對了，董事不會每天都來工作，這一點倒是跟一般老闆沒兩樣。」

而且董事會的人選和運作方式，都不是由執行長來決定，這讓事情又變得更複雜了。財捷前執行長史密斯曾請教他的職涯導師，也是寶鹼公司（Procter & Gamble）前執行長 A・G・雷富禮（A. G. Lafley），該如何管理好董事會，而雷富禮斬釘截鐵回他：「年輕人，先搞清楚，不是你管理董事會，是董事會管理你。」即使是像將近半數標普 500 公司的做法那樣，由執行長掛名董事長，往往還是會指派一位首席獨立董事，執掌大部分董事會事務。簡單說，董事長（或者首席獨立董事）的工作是經營董事會，而執行長的工作是經營組織。

然而，具有自決權的董事會，卻很少為影響所及的組織創造顯著價值，僅 30％董事會成員表示，他們服務的董事會有高效流程，[51] 而且有將近半數的高階主管認為，公司董事會的績效有待加強。[52] **頂尖執行長不會輕易接受這種結果，他們會拋開傳統心態，不再認為**「我的職責是協助董事會實踐信託責任」，而是「我的職責是輔佐董事們為公司帶來貢獻」。

話雖如此，這並不代表前一句話就不重要，重點是優秀的執行長會積極行動，協助董事會建立有益的技能，以確保董事會成員的時間能發揮最大效用，而且董事會議以開放、透明、有效的方式進行。簡言之，頂尖執行長會輔佐董事長經營董事會，而董事們反過來也就能好好協助執行長經營公司。藝康前執行長貝克說：「董事會是幫助公司成功的大好工具，關鍵是要知道如何讓董事們參與進來。」

雖然基於各家公司不同的股權結構，以及世界各地相異的實務慣例，

董事會治理模式也不盡相同,但頂尖執行長實踐「輔佐董事為公司帶來貢獻」心態的方式,在董事會參與的三大關鍵面向仍大致相通,包括關係、能力和會議效能。

第 10 章
董事會關係實踐：建立信任基礎

> 金錢是交易的貨幣，信任是互動的貨幣。
> ——瑞秋‧波茲蔓（Rachel Botsman），
> 牛津大學薩伊德商學院訪問學者

　　1933 年 3 月 4 日，美國經濟從各方面說來，都是徹底停擺了。經歷數度恐慌後，國內數千家銀行紛紛關門大吉，造成約四分之一勞動人口失業。

　　就在同一天，富蘭克林‧羅斯福（Franklin D. Roosevelt）發表首任總統就職演說，堅定地對美國人民說出那句名言：「我們唯一要恐懼的，就是恐懼本身。」但光是一場演講，並不足以說服大眾對他或他的計畫懷抱信心，於是羅斯福開創「爐邊談話」電台廣播。同年 3 月 12 日，他在節目上開場說道：「各位聽眾朋友，我想花幾分鐘跟美國人民談談銀行業……」他對自己的觀點誠實得近乎無情，坦言不諱說：「只有太過樂天的傻瓜，才會拒絕看見這一刻的黑暗現實。」

　　羅斯福在一次次爐邊談話中坦率的態度，發揮了重要作用，在受國家治理的人民與治理人民的國家之間，搭建起穩固的信任關係，因而也讓他在處理經濟大蕭條的過程中，即使明知多數方法可能不管用，依然有足夠彈性能嘗試各種挽救措施。這一點，由米爾蕊‧高斯登（Mildred Goldstein）從伊利諾州喬利埃特（Joliet）寄給羅斯福的一封

信，就可見一斑。信中寫道：「你是第一位宛如親臨我們家中的總統，讓我們感到你是為人民在工作，讓我們知道你在做些什麼。昨夜之前，美國總統對我而言只是一個傳說，一篇新聞報導，一張看得到摸不著的照片。但你是真實的，我認得你的聲音，知道你努力的方向。廣播節目值得讚許，而你值得更大的讚賞，因為你有勇氣如此善用這項工具。」[53]

頂尖執行長就像羅斯福總統，會想**辦法在自己與董事會（也就是公司股東的代言人）之間創造信任感**。據班加回憶，他在萬事達卡說希望更重視現金支付，而非電子支付業務時，「全場一片死寂」（其實就是第 1 章說過的「消滅現金」）。然而，班加冒這個險是經過計算的，他早在會前就和董事會成員接觸過，所以開會時對於每個人的態度都是心裡有譜。「其中兩位相當可靠的成員強烈支持公司的走向，而且認為我是積極肯做的夥伴。」班加說：「他們登高一呼，說：『這是我們長期以來聽過最棒的點子！』就這樣扭轉了會議討論的風向。」

但也不是說從此以後就順風順水了。班加接著說：「接下來幾年，我們不停爭論現金路線的最佳做法是什麼。我鼓勵開放溝通，有時討論激烈到董事真的站起來敲桌子。但沒關係，那就是他們的工作。同一天晚上，那位敲桌子的董事會成員會邊喝小酒，邊對著我說：『起碼你願意聽。』」這一路上，班加偶爾也會犯錯：「我在電子商務方面的收購案，結果只是浪費錢。」但這未曾摧毀董事會對他的信心，反而加強了信任關係。「發生那件事情後，」班加憶述：「我向董事會坦承自己做的事和哪裡出了差錯，以及我學到的教訓。於是，他們仍然力挺我，還說：『他犯錯時，願意開誠布公。』」

幾年過去，班加做對的事顯然比錯的多，他說：「我上任那一年，萬事達卡的營收成長率是 3%，維薩卡則是 8%。但到了我卸任前那五年裡，萬事達卡大部分季度的成長都比維薩卡更快，我也因而在董事會樹立了無庸置疑的信譽。」如今班加談到董事會，會說他們「和樂融融，每個人都處得很好，運作透明，處事公正」。

就如同班加，頂尖執行長都會營造這種良性循環：及早與董事會建立信任默契，讓自己保有更大的彈性，能夠藉由大膽革新來提升公司績效表現，而這反過來又能深化信任關係。頂尖執行長不只會可靠地實踐承諾，還會積極培養並維繫與董事會的信任感，方法是……

……**盡可能透明溝通**
……**跟董事長建立堅實的關係**
……**主動和每一位董事建立關係**
……**讓董事會接觸公司管理層**

盡可能透明溝通

畢竟董事會定期隔一陣子開會，若是執行長遇到棘手的問題，難免會想要避免董事會介入，或盡可能「暗地行事」。譬如執行長可能聽到風聲，說某個位居要津的主管有違反工作倫理的行為，但短期間恐怕很難換掉這個主管，況且在理想情況下，公司傾向設法補救局面並留任此人。事情真相或許並不明朗，可以有各種解讀，那又何必告知董事會呢？可以想見，類似情況還有處理客訴、併購案、法規遵循問題……不勝枚舉。

「**有疑慮，就說出來。**」奇異執行長卡普這麼建議。**頂尖執行長知道，在這種情況下將董事會蒙在鼓裡，之後肯定得不償失**。試想在前述的例子裡，如果執行長選擇對董事會隱匿不報，道德上要怎麼說得過去？等到大家發現規範蕩然無存，執行長自己也會被認為道德有瑕疵。

來看看證券集團（Equity Group）執行長詹姆斯·穆旺吉（James Mwangi）如何搶先一步處理敏感議題。[54] 有一天，穆旺吉收到一封有6位女性署名的信函，表示她們認為組織中確實有性騷擾行為。他知道要

讓她們有信心站出來發聲，唯一的辦法就是公之於世。於是，他將這件事告知董事會，隨後發布新聞稿，聲明他已經收到這封控訴信，並承諾會在60天內公開調查結果，讓社會大眾知情。同時，他也成立一個由6名女性中階主管組成的團隊，負責了解相關投訴案件。接下來，兩週裡，有16名女性出面作證，而且不到四週就啟動懲處流程，解僱了6人。「我們果斷解僱6個行為不當的員工，所以公司再也沒出現這種問題。」穆旺吉說：「我們失去一位人緣很好的經理人。他是優秀的職涯教練兼導師，但他的行為與證券集團的價值背道而馳。」

在其他有關倫理道德的例子也會看到，**對頂尖執行長而言，像這樣開誠布公不但能減少不利因素，也能為公司創造有利條件**。美國教師退休基金會執行長佛格森認為，這麼做也有好處：「我稱為『徹底透明』，最糟的情況，不過是董事會做出我不認同的判斷，而當他們說明為何那樣決策，我們就能好好對話。」

百思買前執行長喬利則指出，只要能提出建設性的意見，就連壞消息也能獲得接納：「不論好消息或壞消息，我對董事會都是完全透明。我的原則是壞消息也要盡快告知，或甚至比好消息更快傳達。只要保持透明溝通，董事會就安心得多，我也能順利請求他們協助。」

辛辛那堤兒童醫院前執行長費雪說，**開放溝通的態度不只對事發當下有利，也會帶來長期效益**：「我有話都會趁早說，可能是關於某個投資主題，或是涉及某位管理團隊成員的麻煩情況。當處理問題的時機成熟，我又必須做出決定時，我去找董事會絕不是突如其來，而是早已在事前鋪路，並提供了必要的資訊。」

帝亞吉歐執行長孟軼凡每年進行董事會異地會議，一開始都會先提出七、八件進展順利的事項，接著再談一樣數量而進展不順的情況。「我重視董事會擁有誠信與勇氣的特質，畢竟做決策並不容易。」孟軼凡說：「我對他們總是實話實說，開會時也著重討論進展不順利的項目。這麼做能建立信任，幫助董事會了解情況，並在我需要時給予支

持，尤其是在一些艱難時刻。」

溢達集團執行長楊敏德證實，她任職於其他公司的董事會時，**執行長開放透明的態度的確有助於建立信任**。她說：「那時我在董事會，真的很慶幸執行長願意說出疑慮。做為董事會成員，只要知道不會被蒙在鼓裡，就會願意投資更多。」

對董事會實踐「徹底透明」的溝通方式，對頂尖執行長來說不會是負擔，而是順理成章的向善力量。益華執行長陳立武解釋：「董事會對我很放心，因為我總是會照顧好股東的需求。我對自己有信心，也會做我認為對公司有益的事。」他接著說：「營造這種透明溝通的文化，也方便我做事情，一旦公司管理層要推行某項決策，董事會也不會措手不及，因為董事會和我密切合作，早就對公司的計畫瞭若指掌。」

強化執行長與董事長的關係

不過，**開放溝通並不表示要用大量資訊轟炸董事會，只要分享他們必須知道的資訊就行了，不論好消息或壞消息，而一開始最好的切入點，則是董事長或首席董事**。前文說過，董事長或首席董事執掌整個董事會，也就是說只要他們和執行長達成共識，就能確保董事會議排除枝微末節，適度聚焦在真正重要的議題。再者，董事長或首席董事，不僅有能力也應該在各種議題上，為執行長提供指引或建議。摩根大通執行長戴蒙的經驗分享，讓我們得以一窺究竟，他說：「首席董事每次開完會，都會下來遞給我一張手寫紙條，上面寫著幾條回饋，像是董事會希望這麼做、我們有點擔心那個，或者其他任何意見。」

西太平洋銀行前執行長凱利表示，她對待和董事長的關係一向步步為營。「執行長的任務是減輕董事會成員的工作負擔，不是扯後腿，而首先就要從打好跟董事長的關係開始。」她說：「這一點非常重要，

我把建立良好關係當作我的工作,不是董事長的工作。」凱利在西太平洋銀行任職期間,經歷過兩位董事長,而她也靈活調整互動策略,和每一位董事長都建立起堅實的合作關係。

凱利遇到的第一位董事長指派她擔任執行長,平常花很多時間待在辦公室,也沒有太多要處理的公司事務,因此有不少機會跟她進行非正式談話。「我們談論金融危機、政府消息或其他時事。」凱利說:「他是一位深明事理的領袖,擁有廣博的經驗。我覺得和他聊聊受益匪淺,有助於提升我的思維模式,同時也加強了我們彼此間的信賴關係。」凱利也會在談話過程中,向這位董事長簡單報告公司近況,並協助他整理出簡明扼要的董事會議程與資料,以利後續開會討論。

後來,凱利遇到第二位董事長,因人制宜調整了互動方式。對方是一位老練的董事長,同時屬於多個不同董事會,平常行程排滿滿,常常不在公司。「我非常珍視他的寶貴時間。」凱利說:「我們漸漸固定在每週五開會,不論他或我人在哪裡,我都會聯絡上他。但不同於和前一位董事長隨意的非正式討論,我會依序列出必須和他一起處理的問題,像是如果我去拜會總理,就會仔細向他請教相關問題。偶爾我們也會有這樣的對話:『我只是有點擔心某某事,恐怕不會太順利。』」就像跟第一位董事長那樣,凱利跟第二位董事長也建立起深厚的關係。她說:「雖然後來我們都離開了那家銀行,但到現在我偶爾仍會在週五下午打給他,然後他會接起來說:『蓋爾啊,星期五的午後會議,是吧?』實在很窩心。」

許多頂尖執行長還會將董事長或首席董事當成諮詢對象,進一步釐清自己的思路。道達爾執行長潘彥磊,會定期和來自石油產業圈外的首席董事定期開會。「她扮演的角色對我很有幫助,就像來自外部的一面鏡子。」他說:「她不是公司內部人士,但能快速掌握新資訊,也擅長聆聽與解決問題。」潘彥磊會和她談談他是基於什麼思考邏輯,去推動某項收購提案或投資決策,藉此測試旁人對自己的論點能否接受。他

說：「這麼做能幫我釐清思緒，深入檢視分析過程，然後找出最有效的表達方式。連這一點都做不到，就表示這項決策不夠可靠，需要進一步澄清問題。這會迫使我誠實面對自己。」

亞薩合萊（Assa Abloy）前執行長約翰・莫林（Johan Molin），後來成為瑞典工程公司山特維克（Sandvik）的董事長，而他親口證實，董事長樂意展開這樣的對話。「除了確保我們找來的執行長足堪重任，我的職責別無其他，就是負責鬥嘴。」他說：「我和現任執行長隔週會碰面一次，花幾小時對話討論，但我不會喧賓奪主。」

頂尖執行長為了跟董事長建立有益的合作關係，會清楚表達自己對這段關係的期望。希貝斯瑪在帝斯曼任內初期，曾和董事長討論過他們之前關係的本質，並清楚表示：「不只要支持我，更要挑戰我的想法，拜託你了。」他告訴我們：「為了做到這一點，我們意識到彼此要建立開放互信的關係。你不可能支持自己不信任的人，也會因為懷疑對方批評自己的動機不單純，而聽不進他們的建議。」

希貝斯瑪為了創造互信關係而採取的一項行動，就是花時間和監事長一起評估開過的會議，尤其是那些過程不甚順利的會議。他回憶說：「起初我們還需要適應一下。有時，剛結束一場窒礙難行的董事會議，我們可能會說：『暫時不要再拿出來討論吧，我們已經試圖處理過這個問題了。』但接著又會堅持：『不行，還是好好研究一下剛才是怎麼回事。』這非常有助於加深我們彼此的敬意與信任感。雖然聽起來很簡單，但如此坦誠開放的態度，在一般董事長與執行長的關係中並不多見。」

執行長與董事長之間穩固的關係極具價值。2014 年，大衛・托德（David Thodey）接任澳洲電信公司（Telstra）執行長，隨即面臨一個問題。這家前國營電信公司，當時是澳洲國內規模最大的電信業者，但客服做得出名糟糕。於是，托德上任後做的第一件事，就是呈報董事會，說明他會如何讓這家公司，成為全澳乃至全世界最受顧客信賴的公司。

然而，一些董事對托德以客戶為中心的策略並不買單，認為太虛無縹緲，而且有那麼一陣子，那些反對派董事的意見似乎有道理。托德到任後前六個月，澳洲電信就發出兩次盈利預警，股價也急遽下跌。一位董事會成員告訴他：「大衛，要是你解決不了這個問題，我們就要考慮其他人選了。」

為了爭取時間實施自己的策略，托德主動去和首席董事建立關係，並努力贏得她的信任。他每週和首席董事開一次會，讓她隨時掌握這項改革措施的進展。「她清楚表明對我有什麼期待。」托德回憶說：「她的態度很堅決，但同時也是一位能力極強又關懷他人的高層人士。她替我和董事會之間搭起橋梁，在他們面前支持我做的事，但也會把董事會的顧慮對我坦誠以告。我們的討論方式非常坦率開放。」

托德和首席董事之所以能建立起信任關係，其中一個原因，是他們事先商議好要呈報哪些進步指標給她及董事會。「**光靠魅力或友誼無法建立信任，信任的基礎是據實以報。**」托德說：「我的責任是向她回報，現階段有什麼成果，不論好壞，還有我會採取什麼後續行動。」最後，托德成功將行動客戶流失率從 18％ 降為 9％，同時將公司必須派員協助客戶安裝寬頻的次數，從 15 次降為 8 次。憑著這些傑出表現，托德終於贏得董事會其他成員的支持。

主動和每一位董事建立關係

頂尖執行長會花很多時間在董事長或首席董事身上，但也會投入與其他每一位董事會成員的關係建立。奇異執行長卡普解釋：「董事會不是一言堂，至少同時有 10 到 12 位成員，個個都有自己的看法，要將他們視為獨立個體來處理，而不是一個集體。」

在這方面做得好的執行長，會將和董事會成員建立個人關係視為

己任——他們會設法了解每一位董事特有的世界觀、優先考量、溝通風格偏好，以及做為董事會團隊成員的強項，還會藉由和他們討論來精進自己的想法。阿霍德德爾海茲執行長波爾解釋：「我花很多時間和每一位董事溝通，讓他們感到被傾聽，並有機會表達自己的意見。我也會說明我的願景，並開始讓他們參與我制訂策略架構的過程。像這樣敞開心胸交流，有助於我日後將他們的建議派上用場。」

跟每一位董事建立關係，在執行長任內初期尤其重要，就像怡安執行長凱斯說的：「做為新任執行長，最好及早多花點時間——大量時間——跟董事們建立關係。務必要讓董事會多多了解你，你也要好好了解每一位董事，這麼做能建立起信任感與透明度。但願我當時了解這一點，趁早開始。」

開拓重工前執行長歐文斯分享他的深層思維：「我意識到董事會不會理所當然支持我。我接掌公司時，董事會就一直在，畢竟是他們請我來的。只不過，董事會由兩位前任執行長組成。」他接著說：「所以在前六到九個月裡，我分別到他們各自工作的地方單獨會面，花時間吃頓晚餐，更了解他們一點，然後深入談談公司情況。」

如果倒楣一點，前任執行長不但成為董事長，還想要保有對公司的控制權，那麼現任執行長與每一位董事建立關係的行動，就會是不成功，便成仁。藝康前執行長貝克就有過慘痛教訓，他說：「我花了好一陣子才想通怎麼回事。當時前任執行長在董事會已經待很久了，而我覺得某些事情是他在暗中搞鬼。」

貝克之前未曾任職於董事會，至於跟董事會打交道的經驗，僅限於做為一般高階主管出席過幾次董事會議。「我終於了解到問題出在我身上。」他說：「我必須主動跟其他董事會成員建立關係，不能一味試圖跟董事長溝通，畢竟他是我的前手。」貝克的看法說明了事實：「**駕馭好董事會權力運作，是執行長上任初期的一大挑戰。權力可分為正式與非正式兩種，而執行長必須了解的，是董事會中非正式權力運作的機**

制。」貝克所謂的「非正式權力」，指的是各個董事會成員擁有的不同程度的影響力、成員之間的派系關係，以及其他不會明說的政治意圖。

通常頂尖執行長在一年間，會跟所有董事會成員個別接觸一到兩次。杜邦執行長溥瑞廷建議：「在下次董事會議開始前那段日子裡，安排跟每一位董事分別進行電訊會議，那麼半年後再次開會時，你就和他們都進行過至少半小時的一對一談話了。讓他們有問題儘管問你，有些人比較害羞，要設法讓他們暢所欲言並協助你，而解決之道就是你要先對他們開誠布公。」在通用汽車，執行長巴拉每年都會去每一位董事的「地盤」拜會至少一次。她說：「我們會進行至少 1 小時的談話，通常 2 小時左右。我會問幾個關於公司和董事會的問題，並談談能做些什麼來改善。」

一般認為，執行長拜會董事會成員若超過一年 1 至 2 次，就未免太多了。財捷前執行長史密斯說：「董事不會喜歡流於形式的定期報告，他們很忙的。」不過，的確應該更常去向某些董事請益，史密斯接著說：「每一位董事各有不同的技能與專攻，所以有需要就去求教。要知道，你私底下聯絡請求協助，會讓董事感到無比榮幸。」阿特拉斯科普柯前執行長雷頓也支持這個觀點：「假設董事會成員有 10 個，你也不可能跟每位成員都是一樣的關係。他們列席董事會的原因各有不同，有些本身是專業金融顧問，有些是精通某個市場區隔，諸如此類。所以要針對你的想法找特定成員交流，全視你的需求而定。」

頂尖執行長跟董事會成員單獨互動時，隨時會對這段關係的本質保有清醒的認知。高德美執行長厄斯寇夫說：「董事並不是你的朋友，他們在董事會代表股東或母公司，負責確保你在方方面面都是適任人選，而且盡心盡力。」他接著說：「要是哪個執行長以為對董事會可以態度隨便，就是搞不清楚狀況。我會建議跟他們開會一定要作好準備，不能拋出一堆漫不經心的想法。」美國合眾銀行前執行長戴維斯的建議一針見血：「董事會是你老闆，你不會跟老闆稱兄道弟，不會啊！」

讓董事會接觸公司管理層

　　賦予董事會直接接觸公司管理層的管道，也是建立信任感的一種方法，頂尖執行長肯定會同意藝康前執行長貝克的說法：「我希望董事會與管理層建立起良好關係。」因此，高階團隊一般會在董事會議中有積極表現，美國教師退休基金會執行長佛格森說：「我幾乎不上台做簡報，大多是由其他高階主管出馬。」雖然如此，這麼做也不是毫無隱憂，畢竟面對董事會質詢時，一般高階主管往往不像執行長禁得起打擊。「董事會經常掀起反對聲浪，」佛格森說：「所以我的角色就是協助同事了解，那並不表示董事會不支持我們的工作，他們也只是在做他們的工作。」

　　另一個風險，則是其他高階主管上台報告時，無法像執行長那樣把該說的都說清楚。**為了避免最糟的結果，頂尖執行長會下工夫訓練團隊夥伴，讓他們在董事會面前能有好表現**。亞薩合萊前執行長莫林說：「我會像這樣建議他們：『這樣報告太細了，不如整合手上資料，歸納出幾個主題或大重點。』這麼一來，他們的報告內容就會恰到好處。」

　　但既然有這些風險，為什麼頂尖執行長不乾脆跳下去，為每一場董事會議主持大局呢？原因在於，這種行為看在董事會眼裡是危險訊號。「每隔兩個月或每一季的會議，都是董事會好好觀察你的日子。」高德美的厄斯寇夫說：「他們會觀察你的行為舉止，包括你如何跟同事互動。你今天帶誰來參加董事會議？你是否在團隊實現多元共融的理念？別人發言時，你是專注聆聽，還是不斷插嘴？都是你在發言嗎？你是否讓團隊也有發言機會？如果發現哪裡有待加強，你是用積極的心態面對，還是只會歸咎於團隊？諸如此類的行為表現，都不容忽視。」

　　執行長建立起管理層與董事會的關係，還有另一個好處，就是能省下大量時間與力氣。「這樣我就能把一些董事會相關事務，交給管理團隊去處理。」以色列貼現銀行前執行長亞胥－托普斯奇說：「公司董

事會治下有幾個不同委員會,像是風險委員會、戰略委員會、技術委員會⋯⋯所以我會請相關高層主管,包括風險長、財務長、資訊長⋯⋯花點時間和對應的董事委員會主席交流,並出席該委員會的會議。我希望他們如同我和董事會一樣,建立起跟這些委員會的良好關係。幾個月後,我就不必再出席這些委員會會議,他們有任何確切問題需要我處理,會再通知我,但通常他們自己就能解決了。」

頂尖執行長不只讓高階團隊在董事會議做簡報,也會創造其他機會,讓董事會進一步與公司的經理人接觸。美國合眾銀行的戴維斯分享他的方法:「我們有個戲稱為『逛展覽』的方法,先將高層主管及他們的幾個下屬,安排在某個室內空間,附上雞尾酒,接著董事會成員就像換桌約會那樣,輪流經過 3 到 4 人為一組的各個單位。在每個小組,高階主管會進行幾分鐘開場白,力捧自己優秀的下屬。這麼一來,今天我做為董事會成員,就不只認識法規遵循部門主管,也有機會見見她手下最優秀的三個部下。而且,因為不是上台報告,沒人會緊張兮兮,也不怕浪費會議時間,大家就只是喝杯雞尾酒,聊聊自己的事。」

另一個方法,則是**讓管理層跟董事會一起去實地視察**。通用磨坊前執行長包威爾就經常這麼做,他解釋:「這樣就有機會一起學習,董事會也可以在年會上辦個晚宴,讓每一位董事會成員和十位經理人同桌吃飯。我們不會事先商量他們該說什麼話,我也不會干涉董事會提出什麼問題。」

道達爾執行長潘彥磊則會接著來點新花樣,讓董事會成員分成三組,對四位高階主管及一至兩位將加入執行委員會的同仁,進行面談。他說:「大家都喜歡這個小活動。這當然是為了確保公司主管認同戰略方向,並深入認識高層人士,同時也能讓董事會成員更了解彼此,所以我才堅持面談要分成三組來進行。」

我們不斷注意到,**頂尖執行長通常會讓董事會直接與管理層交流**,就像星展銀行執行長高博德說的:「董事會對我來說是夥伴,可以

和管理團隊的任何人對話。我相信，暢行無阻的資訊交流有助於全面凝聚共識。」不過，像這樣的交流方式也有一些要注意的地方，譬如財捷前執行長史密斯會這麼提醒手下主管：「你們可以跟任何一位董事會成員互動，不需要經過我，但一定要先想清楚他們能幫什麼忙，也要對於他們儘管已經退休，卻還是全力投入董事會工作表示敬意。」

西太平洋前執行長凱利則要求高階主管，一旦他們和董事會成員互動過程中，出現任何值得注意的情況，都要向她或幕僚長回報。**有些執行長喜歡進一步掌握董事會成員的建議，但也一樣鼓勵董事會直接和管理層互動，讓高階主管在他們心中留下印象。**

「信任走路來，騎著馬離開」這句格言，對任何關係都適用，而頂尖執行長建立與董事會的關係時，會想辦法讓信任騎著快馬來，永遠不離開。為了做到這一點，他們會**向董事會全盤托出關於公司的好事、壞事，甚至醜惡的事，不只與每一位董事建立個人關係（但仍以董事長為主），也會讓董事會接觸管理層。**

我們討論過執行長如何與每一位董事建立並維持信任基礎，而隨著信任感建立起來，執行長也更有能力輔佐董事會，讓他們為公司創造更多價值。

第 11 章
董事會能力實踐：利用賢哲耆老的智慧

> 我做得到你做不到的事，你做得到我做不到的事；
> 我們聯手，可以成就大事。
> ——德蕾莎修女（Mother Teresa）

在中世紀的封建體制下，多達 75％的英格蘭人口做為農奴，生活條件與奴隸相去無幾。1200 年 5 月 25 日，因《羅賓漢》（*Robin Hood*）與《大憲章》（*Magna Carta*）而家喻戶曉的約翰王（King John），將英格蘭史上極古老的一份皇家「法人」特許狀（royal "corporation" charter），授予北海（North Sea）附近一小群居民，「解放」了他們。有了這份特許狀，這群剛獲得自由的伊普斯威奇鎮（Ipswich）居民，就可以選舉地方首長。同年 6 月 29 日，鎮民齊聚到聖瑪麗塔（St. Mary's Tower），依國王頒布的地方政府職位，選舉出 2 位相當於執行官的百戶長，以及 4 位代表國王利益的官員。

不過，後來發生的事已經超出特許狀授權的範圍，也沒有前例可循。大選結束後，鎮民做出一項決定。鎮書記留下的紀錄寫道：「從現在開始，該鎮區應設有 12 位宣誓駐港員……他們擁有完整的權力，為自己及整個小鎮管理，並維持該鎮區及其一切自由，也有權代表小鎮做出判決，以及為了小鎮的福祉與榮譽，在該鎮區繼續、命令或執行任何應當去做的事。」而這麼一來，伊普斯威奇鎮便創造出英格蘭史上第一

個留有文獻紀錄的董事會。[55]

關於伊普斯威奇鎮民這麼做的具體動機，並未留下文字記載，不過許多歷史學者推測，一方面或許是因為並非所有人的知識或判斷力，都足以管理一個小鎮，另一方面則是因為要求所有人出席鎮民大會，實際上並不可行——這些理由與現今公司治理架構的基本依據，倒是有幾分相似。的確，伊普斯威奇鎮及其他鎮區開創的先例，明顯影響了早期貿易公司制訂的治理模式，而這種治理模式又成為現代企業建立的基礎。就像伊普斯威奇小鎮居民，**頂尖執行長會積極想方設法，確保董事會集體具備充分的知識與判斷力，能幫助公司的事業開花結果。**

2000年春天，戴蒙接任芝加哥第一銀行（Bank One Corporation）執行長的經驗，就是一個很好的例子。根據當時的新聞媒體報導，讓戴蒙選上執行長的董事會議過程頗有爭議，當時的現任執行長仍受到一些董事會成員支持，而且堅決反對指派戴蒙為新任執行長。兩年前，原本的第一銀行（Bank One）和芝加哥第一國民銀行（First Chicago）合併後，成為芝加哥第一銀行，才找上戴蒙來接任執行長，而眾所周知，兩邊銀行的派系暗中鬥得十分厲害。

戴蒙回想當時身邊親友一致反對他接任，不斷勸退：「你不該去那家公司，簡直一片混亂。」同時，戴蒙桌上還擺著其他工作錄取通知，來自亞馬遜公司及其他位於矽谷的企業。當時，距離和前東家花旗集團（Citigroup）不歡而散，約莫一年多，其間戴蒙長久苦思，自己接下來的人生想要怎麼過。他明白金融服務業是心之所向，而第一銀行能帶給他種種挑戰，是闖出一番名堂的大好機會。

戴蒙判斷，由22名成員組成的第一銀行董事會過於龐大（半數來自芝加哥第一國民銀行，另外半數來自原本的第一銀行），導致決策缺乏效率。再加上成員彼此敵視、忙於內鬥，造成工作流程重複、多餘的軟體系統，以及辦公室政治惡化。因此，許多董事都不相信空降執行長能理解公司的顧慮或改變文化。[56]

第 11 章 董事會能力實踐：利用賢哲耆老的智慧

在第一次董事會議上，戴蒙對大家說：「只是想讓各位知道，我會為公司做對的事。每一次，我都會盡我所能告訴你們完整的真相，沒有絲毫欺瞞。我不會做一大堆承諾，因為我無法保證。我只能告訴你們我在想些什麼，為什麼要想，而要是我錯了，也會坦白承認。」他接著說明之後會如何經營銀行，然後稍事停頓，重新開口直言：「但我認為真正重要的事情是，我需要你們協助。我不管你們之前是效忠原本的第一銀行，還是芝加哥第一國民銀行，你們為這椿合併已經吵了好幾年，我再也不想聽到這兩個名字。我只要對的東西，要能幫助公司前進，符合客戶所需，這才是我們都應該好好想一想的。」

戴蒙很快就說服董事會，將成員數從 22 人減少到 14 人。他說：「我們透過公正的程序與標準篩選，確保整體經驗與能力組合豐富多元，留下那些能為公司進步貢獻最多價值的人選。我告訴董事會：『我不能要求你們做什麼，但我們都知道這是該做的事。』他們的反應則是：『戴蒙，你說的一點也沒錯。』」就這樣，戴蒙持續贏得董事會的信任，他們開始為他的建議提供指引與支持，尤其是在推行一些困難的決策時，像是增列備抵呆帳或大砍公司股利，這才終於成就了第一銀行後來「固若金湯」的資產負債表。

到了 2004 年，第一銀行的盈利能力已經大幅提高，股價與戴蒙接任時相比也大漲了 80%。第一銀行成功重建，為日後以 580 億美元高價出售給摩根大通的合併案打下基礎，更讓摩根大通成為當時規模第二大的金融服務機構，僅次於花旗銀行。

戴蒙的第一銀行經驗比較極端，不過隨著時間過去，任何董事會都一樣需要稍微調整。頂尖執行長很清楚需要多少改變，至於他們發揮影響力的方法則是……

……明確規範董事會與管理層的職責
……具體說明期望的董事成員背景

……教育董事會全體成員

……鼓勵董事會持續自我更新

劃分職責

　　一般對於上市公司董事會的職責，在認知上不會有什麼歧異，董事會做為獨立治理的機構，代表公司的所有人（也就是股東，多數都不會直接參與公司事務），因此對他們（而非執行長）負有責任。另一方面，管理團隊由執行長領導，對董事會負有責任，並負責經營公司。益華電腦執行長陳立武說：「董事會有三大職能：第一，處理執行長接班計畫（包含聘僱與開除）；第二，通過公司制定的戰略（例如公司未來5到10年的發展方向）；第三，透過審計委員會、薪酬委員會、公司治理委員會……監控並管理公司風險。」

　　這聽起來簡單明瞭，但實際執行總是難以取得共識。執行長和公司管理團隊，對於他們認定是董事會「過度干涉」的行為，往往很感冒。而擁有多年經驗的董事會舉足輕重，早已習慣作主，若是建議遭到忽視，常會感到受挫。因此，如果執行長與董事會的關係管理不當，就容易演變成信任盡失與效能低下的僵局。然而，**頂尖執行長會和董事會合作，從一開始就設法解除關係中的緊張壓力，採用的方法則包括明確定義董事會的職責，以及建立彼此都清楚的界限。**

　　美國合眾銀行前執行長戴維斯，解釋了建立界限的重要性。「務必要知道，董事會運作的範圍，取決於你的引導。」他說：「如果執行長引導他們去雜草堆，他們就會在雜草堆裡工作。」戴維斯也待過不少董事會，親身經歷過雙方看事情的不同觀點，他說：「我擔任外部董事會成員的那些年裡，看過執行長每次董事會議之前，總是打電話給每一位董事，問他們會擔心什麼。我覺得這麼做非常不妥。其實，應該要從身

為執行長的角度思考，如何善用董事會的力量來創造最大效益。」因此，戴維斯建議：「要清楚說明你希望董事會扮演的角色，可以從首席董事或董事長著手，畢竟董事會歸他們管，不是你。不過，要和董事會建立起什麼樣的關係，決定權完全操之在你。」

那麼，接下來的問題就是：頂尖執行長會建議董事會扮演什麼角色？美國運通前執行長謝諾談到，不應該讓董事會變成這種角色：「執行長可能釀成的大錯，就是讓董事會消極作為，僅僅對你想做的事表示同意，卻不積極參與。」謝諾跟戴維斯一樣，既當過執行長，也待過董事會，他接著說：「我在其他董事會看過，公司管理層明顯開始覺得董事會（或至少某些董事會成員），沒認真聽懂他們的訴求。明明充分掌握資訊，並進行完整報告，結果聽的人心不在焉，對組織來說非常令人洩氣。」

至於董事會應該成為什麼角色？資生堂執行長魚谷雅彥，引述一位曾任律師、現任大學教授的董事會成員，對他說過的一個絕妙譬喻：「他告訴我：『魚谷先生，你要明白，公司治理就像日本新幹線，也就是子彈列車。我們選任你為執行長，那麼身為執行長，就是由你來經營這家公司，你需要自主空間與充分權力。當然，你會想要放手去做你認為對的事，不可能每一回都為了無關緊要的決定，回頭來請董事會批准，否則你這輛列車會跑不快，也會失去做為執行長的樂趣。你必須以每小時 300 公里的高速行駛，要夠快才行。但話說回來，必要的時候，日本新幹線也能在一分鐘內停下來。所以，如果我們察覺你做的事錯得離譜，也會馬上讓你煞車。』」

儘管說法略有不同，**頂尖執行長不約而同都談到這種「新幹線」觀念**。Netflix 前執行長哈斯汀解釋：「我們不希望由董事會來制定策略，萬一他們犯錯，那就徹底完蛋了，因為這時他們就不能扮演好判斷是非的角色，對吧？」他接著說：「如果策略是董事會自己制定的，他們就無法做出完全客觀的判斷。我們希望董事會好好了解公司管理團隊做的

事,然後協助評估成效,並做出必要的改變來要求管理團隊當責。」

藝電公司(Electronic Arts)執行長安德魯·威爾森(Andrew Wilson)同樣談到,他和董事會之間的良性互動模式,源於彼此對董事會的職責已有共識。「**董事會的存在不是為了指引方向,而是要提供觀點。**」威爾森說:「董事會成員的背景豐富多元,能提供各式各樣的意見,光是他們的意見本身就會互相牴觸。我們的職責是接收他們的意見回饋,並根據可取得的資訊作出最佳決策,而董事會的職責,除了提供觀點,就是支持我們。」

微軟執行長納德拉對董事會也有類似的要求:「各位的工作是評判我所做出的判斷,這才是董事會的任務。所以你們對於公司做的事有不懂的地方,是很正常的。」財捷前執行長史密斯則認為:「關於公司策略,董事會的職責就是盯著公司確實制定策略,而且是好的策略。**董事會只關心,不動手。**要是董事會成員插手改變公司首頁按鈕的位置,那就是越俎代庖。」

百思買前執行長喬利協助新董事會成員就任時,會特別提醒他們這一點:「我非常希望你能給我建議,但要先說清楚,我的工作不是完全按照你的話去做。」像這樣約法三章,通常也會是董事會與管理層年度會議中,正式討論的一部分,有些執行長甚至會要求寫一份書面備忘錄,明確劃分雙方的職責範圍。

頂尖執行長除了定義董事會與執行長之間的關係,也會針對容易有爭議的地方,事先制定一些基本原則。舉例來說,戴蒙和摩根大通董事會之間,就針對併購訂有清楚的協議。「為防和董事會發生齟齬,我一開始就制定一套收購程序。」他解釋:「執行長未告知董事會就暗中談合併,可能會被革職。不過,出言不慎船也會沉,所以我同時對董事會表明,如果我只是與對方初步談話,還在了解彼此的階段,就不必告知他們。等到事情真有一點眉目了,我才會打電話給首席董事,讓他們知道目前進展。至於要不要召開董事會議,則由首席董事決定,重點

是,我不會讓他們措手不及。」

當然,某些領域肯定仍然要由董事會作主,戴蒙說:「在執行長未出席的會議上,董事會就能好好討論執行長接班人選、執行長薪酬,以及整個董事會的運作方式。而且,董事會也要制定妥善的危機管理流程,萬一公司出現危機,才能據此判斷執行長是否有失職之處。」

具體說明選任條件

在一些古希臘城邦,會由平民口頭表決來選出長老議會,而決定誰能勝選的方法,是請一群男性到另一座建築物,從那裡判斷哪些候選人獲得的呼聲最大,至於實際呼喊的是哪位候選人的名字,則不必知道。[57] 現代多數法規制度下的公司治理方式,雖然不必這樣吵吵鬧鬧,本質上卻沒有不同。董事會或其下的提名委員會,負責提名董事候選人,不過董事的選任與免職,最終是由股東投票表決。對執行長而言最重要的是,董事會通常會請管理層針對提名人選給點意見,但**頂尖執行長不會等董事會開口問——他們會主動出擊,說明候選人需要具備哪些技能與資歷,才能助公司一臂之力。**

美國教師退休基金會執行長佛格森說:「當時,需要強化數位技能、資產管理技能、零售客服技能和多元人才,所以我們推動改變。如今董事會的專業背景組成,幾乎全面涵蓋我們正在發展的領域,需要時可供諮詢,是公司的一大優勢。」

同樣地,威科集團執行長麥金斯翠,將原本清一色的荷籍董事大換血,轉型成由其他國籍成員占多數席次的董事會。此外,她也吸納科技人才,以及曾是公司法律、稅務或醫療領域客戶的人選。她說:「目標是讓董事會組成反映公司多元業務面向,而且某種程度上也反映客戶組成。」

百思買的喬利則針對具有戰略重要性的健康領域，推派相關專業人士為董事會成員。桑坦德銀行執行長柏廷增加董事會的國際成員代表，反映公司做為跨國銀行的核心本質。在證券集團，執行長穆旺確保董事會至少有 4 名女性，因為「她們是銀行其他女員工的表率，證明女性也能出頭天。」諸如此類的例子不勝枚舉。

選任董事人才的一個好方法，是利用董事會矩陣（board matrix）。財捷的史密斯解釋：「我們有系統地運用一些方法，來影響董事會的組成，同時又不至於干涉董事會工作，其中一個工具，就是能力矩陣。公司的目標是成為具備設計思維的雲端平台企業，於是，我們把實踐這項戰略最需要的董事技能與專業，一一列出來，底下再列出每一位董事的名字。」這項工具接著就發揮功用，史密斯說：「我們請董事自評，自己能否貢獻某一項技能或經驗，然後我們把需要的那些能力用筆圈起來。」

通用汽車執行長巴拉也說：「我們有一個董事會技能矩陣，每年都會用來評估，也會隨著公司不斷進步，調整矩陣使用方法，改以接下來五年所需要的技能為矩陣條件。」除了矩陣本身，這樣的評估方式也能確保董事會的組成條件，會將文化、性別、種族及地理因素納入考量。

伊頓前執行長柯仁傑於 2000 年代初期，在商業圓桌組織（Business Roundtable）擔任公司治理專案小組主席時，就已經大力推廣公司企業採用技能矩陣。當時，大多數的標普 500 公司，實際上都僅有少數獨立董事，而柯仁傑主張，在戰略計畫過程中同步採行矩陣分析的確有用，能迫使大家思考最重要的問題：「考慮到公司正面臨的挑戰與機會，董事會應該要具備哪些技能？與其回顧過去，不如前瞻思考。」

有些公司缺乏正式的董事會，那麼執行長比較明智的做法，常是利用前述各種方法，組織一個外部諮詢委員會。費雪接任辛辛那堤兒童醫院執行長之前，原本是供應商 Premier 公司的執行長*。他說：「我請

---

* 該公司專為全球汽車產業提供製造支援服務，後來出售給 ServiceMaster。

來已卸任的營運長、人資主管、一位成功創業家、一位傑出的業務行銷主管，以及一位勞動經濟學者，共同組成一個外部諮詢委員會。當時，公司還負擔不起正式聘僱他們的開銷，但仍需要藉助他們的專長與經驗，來開發公司的潛能。」

教育全體成員

讓正確的人才加入董事會非常重要，但還不足以讓董事會發揮影響力，就像 Netflix 前執行長哈斯汀說的：「董事會必須了解公司的事業，而執行長應該要負起責任，幫助董事會做到這一點──董事會要了解公司面臨的市場、機會、威脅、公司內部管理高層，以及外部利害關係人。」

研究顯示只有 10％ 的董事會成員，自認確實了解公司所處產業的動態與發展，而且，只有 21％ 自認徹底了解所屬的公司是如何創造價值。[58] 即使董事會成員對產業有所了解，也常是僅限於看後照鏡般的認知，以為過去 20 年的成功經驗，在接下來 20 年也能夠如法炮製，卻往往事與願違。因此，董事會要花時間增廣見聞，了解公司內部發展與外部產業活動，才能克服這項挑戰。**優秀的執行長會好好規劃相關培訓方式，協助董事會為公司帶來更多價值。**

2013 年，執行長高博德決定要帶領星展銀行，在當時商業圈興起的數位轉型風潮中領先一步。此前，他和阿里巴巴創辦人馬雲一席話，談到大數據、人工智慧及數據分析的威力，因而受到鼓舞，希望讓星展銀行成為銀行業的阿里巴巴，也就是成為「提供金融服務的科技公司」，而非相反。同年 8 月，他帶著董事會去韓國出差兩天，向一些已經在試行先進數位服務的銀行取經，並前往 SK 電訊（SK Telecom）設立的 T.um 科技博物館參觀──該博物館的展覽呈現未來人類社會使用

科技的樣貌。此外，他們也造訪三星及其他幾家科技大廠，了解他們當前的研發重心。

趁著這趟進修之旅的記憶猶新，高博德隨後向董事會報告他的新戰略計畫：「我認為，我們應該挹注更多資金發展技術能力，想辦法建構起公司自己的技術堆疊。這是我想做的事。」董事會認真聽他說完，接著表示：「如果你真的做到這一切你說明年要做的事，就能讓公司和阿里巴巴並駕齊驅嗎？」高博德一聽笑了，說：「恐怕不行，阿里巴巴超前我們十年，要花很長一段時間。」於是，董事會告訴他：「聽好了，這樣的話你永遠實現不了你的願景。我們建議你更有企圖心，大膽行動。」接下來，除了公司原有的近 10 億美元預算，董事會又撥款數億美元給高博德投資技術發展。高博德說：「董事會表示，他們支持我們認為公司應該發展的方向，願意賭一把大的。那張支票象徵極大的信任，讓公司為之振奮，相信我們可以放手一搏。」

執行長讓董事會增廣見聞的另一個方法，是去不同的地方舉行會議，並配合會議主題規劃教育活動。通用磨坊前執行長包威爾指出：「我們會帶董事會一起去上海、巴黎或其他地方，除了參觀工廠，也會了解當地的法規制度、消費偏好、經濟發展，以及其他會影響公司業務的議題。旅行不只能讓董事會更了解公司，也能鞏固雙方關係。」

不過，**董事會進修也不見得要旅行**，辛辛那堤兒童醫院前執行長費雪採取的方法，就不必跑太遠，他說：「我接任執行長後，我們開始**每一季邀請外部講者，到晚宴上為董事會進行專題演講**。這麼做非常值得，我們邀請到許多產業相關組織的執行長，包括其他健康照護機構、大型健康保險公司、關鍵產業夥伴和重要客戶。我們甚至找來投資銀行家，從更宏觀的角度分享他們對健康照護產業的看法。這麼做能促進董事會對公司業務的概念與知識，但不該期望他們像我們一樣對業務內容瞭若指掌。」

為新任董事會成員提供妥善的入職訓練計畫，也不失為一種有效

的教育工具，不僅能灌輸新任董事成員一些基本概念，像是不斷進步的技術、正在浮現的危機、正在崛起的競爭對手、逐漸轉變的總體經濟情境……也能藉由強化職務能力及強調公司期望，正式說明做為董事會成員能如何善盡職責。這聽起來很理所當然，但實際上只有33％的董事會成員表示，他們就任時曾接受「充分的入職訓練」，[59] 而頂尖執行長肯定不會讓這種事發生。

做為董事會成員入職培訓的一部分，殼牌集團（Shell）彼得·佛瑟（Peter Voser）會帶他們去參觀離岸鑽油平台、天然氣製合成油工廠和煉油廠。「事實就是，大部分人完全不知道石油公司實際上在做什麼。」佛瑟說：「我們請技術員來解釋，無人機是如何潛到海平面下2,500公尺深處修補破洞，讓董事會成員大吃一驚說：『真不知道公司在做這種事！』董事會必須要了解，像這樣的維修工程若不能順利進行，會有巨大的風險，就如同墨灣深水地平線（Deepwater Horizon）油井漏油事件。他們也要建立一個觀念，就是鑽油探勘作業在很大程度上是機率遊戲，只要有6成機率能成功，就夠令人振奮了。如果是零售業或工業背景的董事，可能就不容易接受，所以要花點時間讓他們適應。」

鼓勵自我更新

儘管良好的治理模式很重要，令人意外的是，只有32％的董事說他們會定期接受正式的績效評估，而且只有為數不多的23％表示董事長在開完會後，會請他們針對會議成效提供回饋。[60] 少了這樣的意見回饋，要管理董事會績效就不容易了。高達82％高階主管認為，公司董事會至少有一名成員應該被撤換，理由則包括年事已高導致績效下降、同時在太多董事會兼任、不願意挑戰管理層的想法……[61]

雖然任期與年齡限制多少有幫助，但即使有這些防範措施，董事

會還是容易變得虛胖而陳腐。萬事達卡前執行長班加一語道破：「不得不說，定期讓成員換血有其必要，否則他們會一直待下去。萬一就這樣待上 14 年、18 年、22 年，肯定行不通。」

頂尖執行長會鼓勵董事長定期評估董事會表現。財捷前執行長史密斯談到他們的評估流程，說：「董事會的年度評估流程，由一位外部律師負責統籌，每個人都要填寫同樣的表單，回答這樣的問題：『你認為各個委員會的表現如何？你覺得董事會整體的運作情況如何？哪些方面可以做得更好？』另外，也有匿名的 360 度績效回饋，幫助我們洞察一些問題，例如：『這位董事會成員有哪些貢獻切中公司需求，有助於發展我們的事業？要讓這位成員發揮更大的效能，最重要的關鍵是什麼？董事會中有誰是明星員工或拖油瓶嗎？』透過這個思考流程，確實能夠好好討論是否需要撤換董事。」

有時，請引導者來促進董事會團隊動力也有幫助，但每一位參與者都必須具備足夠成熟的胸襟。百思買的喬利解釋：「我們會請外部顧問來評估執行長與董事會的效能。第一次實行時，顧問提出一大堆建議，說董事會可以如何改進，而我為一個才剛重振公司、心高氣傲的領導者，我的直覺反應是：『憑什麼這麼說？公司的表現好極了，我們應該彼此道謝慶賀才對。』過了一兩個星期，我才學會平心靜氣接納建言，開始明白顧問給予的不是回饋（feedback），而是「前饋」（feedforward），是我們為了精益求精在未來能努力的部分。需要很大的勇氣才聽得進批評，並說：『沒錯，我們當然能做得更好。』雖然不容易，但這個過程非常激勵人心。」

董事會就像任何其他團隊一樣，成員最好都具備所需技能且有進取心。不過，與多數團隊不同的是，董事會成員共事的時間，通常只有一般團隊的不到 10%。[62] 因此，**頂尖執行長不只會和董事長或首席董事合作，為董事會招募適任的團隊成員，更會明確劃分董事會與管理層**

不同的職責、具體描述對公司事業有幫助的技能與資歷背景、積極實行培訓計畫，以及設法激勵董事會不斷自我更新，為董事會團隊成功運作營造有利條件。

除了與董事會建立信任基礎，並推動理想的董事會組成，要輔佐董事們為公司帶來貢獻，還有一項更重要的步驟，那就是極盡善用董事會議。

第 12 章
董事會議實踐：專注於未來

別讓昨天占領了今天。
——威爾・羅傑斯（Will Rogers），美國幽默作家

就像大部分努力追夢的喜劇演員，金凱瑞（Jim Carrey）出道早期也是一貧如洗，前途渺茫。1990 年某一天，他開了一張 1,000 萬美元支票給自己，兌現日期押在五年後。他把支票收進皮夾，隨時帶在身上，每天早上起來都會看著它，思索自己還要做些什麼，以及要有多麼努力工作，才能賺到這 1,000 萬美元。他為自己開出這張支票後，過了將近五年，有一天才意識到，因為自己演出電影《阿呆與阿瓜》（Dumb and Dumber）票房大賣，早已賺進了 1,000 萬美元。[63]

金凱瑞知道，擁有明確的志向並專注於個人的重要目標，能夠成就非凡的結果。從 Majid Al Futtaim 執行長貝賈尼的經驗分享可以看出，同樣的道理也適用於董事會，他說：「公司管理層扮演著非常重要的角色，能引導董事會發揮最大功用。要想想，怎麼做才能讓董事會積極表現，而不是只用來監督公司？」貝賈尼提出這個問題，意味著他觀察到公司治理的本質，是基於預防風險與名譽損失的立場。「如果董事會的心態是防範你失敗，討論的焦點就會放在失敗上。」他說：「但**重要的是專注於未來，才有助於把握機會、驅動成長、帶領公司進步，不**

能只是管理風險。」

　　因此，頂尖執行長會採取這種正面態度，套句星展銀行執行長高博德的話，確保董事會議的時間不只是耗在「讓董事會扮警察抓公司毛病」，並將董事會議視為大好機會，能讓擁有相似利益的一群聰明人貢獻他們的智慧，一如萬事達卡前執行長班加的看法：「他們是你能找到最優秀的專業顧問，而且亟欲為你發揮他們的本領。」

　　美國運通前執行長謝諾巧妙借助董事會的力量，為公司形塑未來，想到董事會當時如何協助他調整策略，將公司的卡片及支付產品重新定位成服務平台，他說：「我們彼此交流想法的效果很好。」舉例來說，有一次，公司試圖透過大規模的企業流程再造來節省成本，董事會便敦促他同時對未來成長進行重大投資。

　　2011年，美國發生911恐怖攻擊事件後，包括前美國國務卿亨利‧季辛吉（Henry Kissinger）在內的幾位董事，分享了他們對後續國際情勢的看法，更證明他們是寶貴的人才資產。謝諾回憶道：「季辛吉擅長以全球觀點剖析時勢，對於我們在當時設法度過變局很有幫助。」

　　通常公司每年舉行4到10次董事會議，為了讓會議以高效、前瞻的方式進行，頂尖執行長會……

……先進行閉門會議
……推動前瞻議程
……站在董事會成員的角度思考
……讓董事會自治

先進行閉門會議

　　2007年，希貝斯瑪接任帝斯曼執行長後，發現公司每一場董事會

議的議程最後，都會保留一個時段寫著「其他待議事項」，於是他問董事長，能否把這一項議程移到會議一開始討論。有些人聽了很困惑，說：「你想先討論『其他』事項，也就是還沒討論到的事情，但我們什麼都還沒開始討論？」希貝斯瑪給出肯定的答覆，並進一步請求董事長：「我希望每一次會議開始時，你都能這麼問我：『費柯，除了議程列出的事項，以及需要董事會核准的提案，你現在還掛心些什麼事情？你最期待或最擔心什麼？』」他最後還提出一項請求：「除此之外，**會議討論不應有其他制式結構，也不必準備簡報資料，內容就分為兩類：亮點與缺失。**」

希貝斯瑪提出這樣的請求，背後有兩層理由：第一，可以為董事會議的議程走向定調，讓董事會預先做好心理準備，才能在討論過程中適時提供有力協助。第二，某些議題還不到決策時機，因而不在議程上，但可以先提出來，讓董事會心裡有個底。希貝斯瑪說：「我們試行這個方法的效果很好，什麼問題都談，就這樣過了一個多小時。這後來成為每一次董事會議的慣例，也讓董事會與管理層更坦誠交流，加深了信任。」

當時，希貝斯瑪的要求在董事長看來很新鮮，但其實他只是在要求做頂尖執行長都會做的事。杜邦執行長溥瑞廷說：「我跟所有來找我聊過的新任執行長說，把董事會議上行政會議場次的第一個小時，留給你自己和董事會就好，別讓其他公司內部人員加入。就在最近，其中一位執行長告訴我，這個建議好極了，因為董事會能更深入了解執行長面臨的狀況，進而給出更有效的指引。」

就像之前說的，盡可能透明溝通也是閉門會議成功的不二法門。賽默飛世爾科技執行長卡斯珀上任後，首先做的其中一件事，就是在每次董事會議一開始，都先進行一場行政會議。「主要會談談我擔心的事，以及公司當前面臨的考驗。」他說：「我這麼做只有一個理由，就是營造透明溝通的文化，這樣董事們就不必花太多時間找問題在哪裡。

順帶一提，我們當然希望董事會協助找出問題，只是也希望他們了解，主動提出問題與董事會商量，才是管理團隊真正的意圖。這麼做會創造一種截然不同的文化：**你贏得董事會的信任，而董事會也以高標準要求你，既能促進對話，又能提升影響力。」**

　　摩根大通執行長戴蒙在必要的時候，甚至以極端的手段來進行這樣的閉門會議。譬如在金融危機期間他出席一場董事會議，一進門就覺得不管討論什麼，都無法聚焦在他此刻真正該做的事情上。他擔心「就像電影《鐵達尼號》(Titanic)，大家還在談論樂團的演奏，船都已經快沉了」。因此，在會議的頭一個小時裡，戴蒙不談他擔心的事情，而是對董事會說：「我必須去工作，有些問題確實需要我們緊急處理，不如你們跟我來吧。」於是，董事會跟著戴蒙，到能清楚看到交易檯的前線位置，直接指示曝險額度，同時針對哪些該賣出或避險給予建議。

　　除了閉門會議，有些執行長還會以其他方法直接與董事會溝通。 通常，杜克能源執行長古德每隔兩週寄一封信給董事會，討論那些必須及早處理的問題，她說：「這樣他們就能更頻繁和我討論比較複雜的問題。」資生堂執行長魚谷雅彥也說：「我很常寄電郵給董事會成員，談談公司近況。我不希望他們是透過報紙或新聞推播，才得知公司已經宣布某些他們尚未聽說的消息。我總會想辦法預先告知他們重要消息。」不只如此，魚谷雅彥到各地出席幾場法說會後，也會在搭機飛返日本途中，興匆匆地寫下長達七八頁的備忘錄給董事會。

推動前瞻議程

　　除了一開始的閉門會議，頂尖執行長也會確保後續的董事會議程，不只包含受託事務，也納入前瞻項目，而董事會大致上都會樂見其成。超過半數的董事表示，他們願意投入更多的時間，討論那些能夠促

進公司績效的議題，像是總體戰略、組織健康及人才管理。[64] 然而，要付諸有效實行並不如想像中容易。阿霍德德爾海茲前執行長波爾解釋：「董事會成員經常會忘記，你在最近一次開過的會議上，可能是八週之前，曾說過的話，但在這段期間，你不斷構築對於公司營運的想法，每天都和團隊一起發展戰略。」財捷前執行長史密斯更談到一個麻煩的情況：「如果不清楚說明你在哪些方面需要協助，他們會在你不需要干預的地方出各種主意。」

為了克服這些困難，**頂尖執行長會和董事會共同商議，擬訂一個雙方都同意且貫串所有會議的策略架構**。舉例來說，在阿霍德德爾海茲，波爾的架構設計為六大支柱，目的是改造零售模式並驅動成長。首先是以培養忠實顧客、推動創新、進軍新市場為主的三項對外策略，其次是聚焦於簡化業務、促進企業責任、培養人才的三項對內策略。波爾興高采烈說：「確立架構以後，要向董事會匯報就容易多了，而且我收到的反饋也更有幫助。」

執行長各有各的策略架構，但只要能將戰略、文化和人才納入其中，董事會議程自然就包含了最重要的前瞻主題。這些主題不見得每一次開會都要提到，但也不能輕忽到一年只談論一次的地步，通常會和管理層的營運節奏相協調，**每隔 3 至 4 次會議就提出來討論**。奇異執行長卡普說：「如果董事會的步調能呼應公司的營運節奏，要為董事會議做準備就沒什麼困難。」

以「戰略」為例，在第一次會議上，應針對整體策略架構的任何變動，提請董事會通過，而第二次會議針對大略的建議進行簽核，第三次會議進一步選出並通過確切的戰略方向。在後續幾次會議上，則會根據大環境的市場變動與競爭格局，評估戰略發展成效——不只看財務成果，也要看關鍵績效指標。

再譬如「人才」的主題，董事會第一次開會時，可以討論公司的整體人才目標。第二次開會時，則會檢視公司最高階的 30 至 50 位主管的

績效評估報告，並於下一次開會時，仔細審核公司厚植儲備主管後備軍的整體計畫。這些主題會和受託事項、董事會進修，以及董事會績效評估（第11章討論過後面兩個主題）並列於議程中。

要注意，有一個與人才相關的主題，執行長常會忽略要提請董事會決議（尤其是任內初期），就是執行長自己的接班人計畫。雖然到了指派下一任執行長的時候，他們已經置身事外，但若是**頂尖執行長，仍會在擬訂潛力候選人名單的過程扮演領導角色。**因為現任執行長對於公司的戰略計畫，有特別宏觀而深入的認識，所以更清楚公司最適合什麼樣的接班人。實際上，執行長、人資主管和現任董事會成員，應該定期討論公司內部執行長人選的舉薦標準，並反覆評估受到提名的候選人，給予回饋意見，然後根據他們的需求來建立，並執行一套培育計畫。

萬事達卡前執行長班加上任後第一年，就開始和董事會討論接班人問題，而且他認為這樣的對話過程對雙方都有幫助。「我給執行長最重要的建議，就是盡早和董事會談談，你認為接班人要有什麼特質，才能在你離開後勝任執行長的工作。」他說：「不必擔心和董事會討論這個問題。聽聽他們的看法，其實也能幫你了解自己目前的表現如何。」

在董事會議涵蓋的所有前瞻主題中，一開始就表明管理層希望董事會如何協助，顯然是實務上最好的做法。史密斯分享一個他在財捷管用的方法：「每一次向董事會報告，我們都會在報告中加上一張封面頁，左邊寫著執行摘要，右邊則有一個方格，條列出需要董事會給建議的兩三件事。這麼一來，就能把董事會9成的力氣都導向真正幫助我們。」

為了達到期望的效果，像這樣請求建議時務必要誠懇，不然無法以最有幫助的方式展開對話。百思買前執行長喬利回想任內早期，自己的態度是如何妨礙溝通，他說：「我剛上任的時候，恃才傲物，覺得什麼都能自己來，跟董事會報告只是表面功夫，所以刻意做樣子博取賞識。正因如此，他們對於我說的話，也不會想要改變或增加什麼。聽起

來好像是我贏了,是嗎?但是年歲讓我學會謙虛,經驗讓我變得明智,我終於改變了做法。」

站在董事會成員的角度思考

執行長要了解身為董事會成員的處境,最好的方法就是在另一家公司擔任董事,在董事會議上坐到辦公桌的另一邊,能從強烈的學習體驗中借鏡,了解到哪些方式行得通,哪些不管用。

怡安執行長凱斯說:「我加入另一個董事會,因為我想要了解董事會的運作原理,深入掌握運作模式。做為執行長參與董事會議,就只是坐在會議室裡,進行一場愉快的談話,雖然這樣也很好,但離席之後,就只能等董事會轉達他們後續討論的內容。換作擔任董事的立場,就完全不一樣了,執行長離開以後,你能親自參與後續討論過程,那是無從複製的寶貴學習經驗。」

有些執行長則像美國運通的謝諾一樣,先有任職於其他公司董事會的經驗,才接著成為執行長。「我第一個加入的是國際商業機器公司（IBM）的董事會,後來才當上執行長。」謝諾說:「任職於董事會是一種非常個人的體驗,幫助我更了解後來擔任執行長面臨的一些問題,以及該如何應對。而且我成為執行長後累積的領導經驗,反過來也能在履行董事職責時作出更多貢獻。」

頂尖執行長一般會建議其他執行長,只在一個董事會兼任職務就好,尤其是剛成為執行長的前幾年裡。通用磨坊前執行長包威爾解釋原因:「我的前手同時兼任三個董事會,以當時的執行長而言算是常態,尚能應付自如。但如今的執行長不得不花大量時間在本職上,而且說實在的,董事職務也比以往更花時間,所以我認為執行長不該同時兼任多個董事會。不過,兼任一個董事會仍然極具意義,站在另一個立場看事

情的經驗是無可取代的。」

在另一間公司兼任董事職務，不但能體會另一種觀點，還能一窺其他公司的經營方式。杜克能源執行長古德解釋：「觀察內部運作模式很有意思，除了治理方式，也能了解如何實踐策略、如何運用人才，以及如何制訂重大資金決策。這一切都與我自己的公司相關，只要加入董事會，就能看得一清二楚。」

讓董事會自治

我們在這一章談了許多方法，都是關於頂尖執行長如何接觸並了解董事會，很容易讓人以為執行長要花大量時間與董事會周旋，但事實上，頂尖執行長並不這麼做，就像摩根大通執行長戴蒙說的：「曾有一位執行長告訴我，他花在董事會的時間大約 30％，我一聽非常驚訝，因為我花在董事會身上的時間比他少很多。當然啦，我現在已經很了解我們公司的董事會，但即使是上任初期，我也覺得自己不會花那麼多時間，況且我認為，不會有哪個董事會希望我花那麼多時間應付他們。」

怡安執行長凱斯則強調：「我非常幸運，公司的董事會高度自律，會好好讀過所有資料。我們討論時總會聚焦於特定議題，也從不會草草翻過投影片，而且只召開必要的董事會議。我跟其他執行長聊過，有些人真的會花 20％ 的時間處理董事會，但這樣不對，與其開十次會卻效果不佳，不如只開 4 到 5 場高品質董事會議，而且要聚焦在最重要的問題上，細節就交由各個委員會去討論。執行長也不必參加每一場委員會議，只要交給夠厲害的高階主管負責就行了。」

頂尖執行長不但將實際的細部工作交給委員會，在董事會治理方面，也不會參與前面章節未曾提及的事務。美國合眾銀行前執行長戴維斯斷然強調：「絕對不要插手董事會工作流程，我要強調，永遠不要介

入其中。如果董事會問你，覺得該讓誰加入某個委員會，你只要回答：『這個交給你們決定。』蹚這渾水完全沒好處。我跟他們說：『其實，每個人都符合條件，你們最了解董事會，應該由你們作主。』執行長若出手干涉，絕不是明智之舉，之後董事會可能會認為你帶有個人偏見或好惡。我看過有的執行長出於好意老實回答，後來卻事與願違。」

摩根大通的戴蒙則從新的角度切入，讓我們看到與董事會治理保持距離的重要性：「倫敦鯨事件*，就是個例子，當時我直接跟董事會說：『你們最好已經有一套標準程序，專門處理這個問題，因為我也必須接受調查。我會以執行長身分進行調查，但你們也要有一套獨立的流程，來確認我沒有不當行為，以及董事會沒有不當行為。我的工作則是解決問題並加以分析，然後告訴你們其他地方是否也有這個問題。』」

即使是執行長接班人計畫，也會建議執行長除了如前所述，從旁協助建立內部人選名單之外，仍要盡可能避免干預董事會決策流程。像是藝康前執行長貝克，就會讓董事會成員與接任人選面談，並請外部組織來進行個人評估。「我會等到董事會已經掌握所有資料，才提出我的意見。」貝克回憶說：「我希望他們先取得外部評估報告，以及其他董事面談候選人的評估結果。我告訴他們，在那之後才輪到我提出意見，因為我不想造成先入為主的看法。無論最終決定如何，我都能夠接受，而且那終究是董事會的選擇，我也會支持到底。至少在理智上我是這麼認為，無論如何也會這麼做，至於情感上，我當然還是忠於自己的選擇——再怎麼說，我們畢竟是人。」

如果太過輕忽，董事會議就可能花太多時間關注儀表板與後照鏡，但頂尖執行長會確保將董事會的目光，引導到遠方的地平線上，好讓他們發揮所長，為公司指引未來道路的方向。具體而言，**頂尖執行長**

---

* London Whale，一個導致超過 60 億美元損失的交易問題。

會在董事會議一開始進行閉門會議，預先揭示重要主題，也會確保議程上有戰略、文化、人才等前瞻主題，不只有董事會受託事項。而且，頂尖執行長會在其他公司兼任董事，體驗身為董事會一員的感受，不但能「站在董事的立場」了解董事會運作方式，也能實際深入認識其他公司的運作方式。除此之外，頂尖執行長也會出於務實（時間投入）與理念（確保獨立性），與董事會事務保持一定距離。

◆ Part 4 重點摘要 ◆

輔佐董事為公司帶來貢獻

前文討論過百思買前執行長喬利所說的，新任執行長面臨的最大的改變與考驗，就是跟董事會打交道。關於讓頂尖執行長脫穎而出的心態，星展銀行執行長高博德總結說：「他們大多數人——其實是大多數董事會——將自己視為治理單位，但我的看法很不一樣。我從上任第一天開始，就將董事會視為公司的夥伴。」

跟董事會打交道：頂尖執行長出類拔萃的關鍵

心態：輔佐董事為公司帶來貢獻

關係實踐	建立信任基礎
	◆ 盡可能透明溝通
	◆ 加強執行長與董事長之間的關係
	◆ 主動和每一位董事建立關係
	◆ 讓董事會認識管理層
能力實踐	利用賢哲耆老的智慧
	◆ 明確劃分職責範圍
	◆ 說明期望的董事成員背景
	◆ 教育董事會全體成員
	◆ 鼓勵董事會自我更新
會議實踐	專注於未來
	◆ 先進行閉門會議
	◆ 推動前瞻議程
	◆ 站在董事會成員的立場思考
	◆ 讓董事會自治

上頁表格針對「輔佐董事會為公司帶來貢獻」的心態，總結出執行長在接觸董事會的同時，也應該發揮影響力的三大面向：**能力、關係、會議**。努力提升董事會效能極具價值，研究顯示董事會效能與較佳的績效表現、較高的市場估值皆強烈相關，也能趕走討人厭的激進投資人。

即使你不是大型上市公司執行長，也能汲取他們的經驗善加利用。問問自己：

- 誰是我的獨立諮詢委員會（非正式也無妨），不只給我建議，也對我的承諾問責？
- 他們具備哪些對我來說是很重要的技能，以及欠缺哪些技能？
- 他們與我的處境是否切身相關並有足夠認識，能給我真正有幫助的指引？
- 我對自己的工作近況及所需幫助，能對他們坦白到什麼程度？
- 我們能否深入討論如何管理風險與把握機會？
- 我兼任哪個諮詢委員會，以及學到了什麼東西？

Part
5

連結利害關係人：
先找出他們的「為什麼」

每個人都很重要，問題在於弄清楚為什麼。
——艾茉莉・芙蕾伊（Emory R. Frie），美國作家

經營企業和管理董事會已經很不容易了，但現今的執行長們發現，他們還必須跟一群利害關係人打交道，而且頻率之高超乎他們的想像。微軟的執行長薩蒂亞・納德拉便表示：「我們的工作跟客戶、合作夥伴、員工、投資人、政府息息相關，而且時時刻刻如此。」

事實上，企業業績的好壞與執行長處理此類互動的能力有關，研究顯示，企業與外部利害關係人的關係，對公司收益的影響居然高達3成。[65]而且利害關係人議合（stakeholder engagement）對公司財運的影響既重大且出乎人們的意料。當危機來襲時，企業的情況可能發生巨大變化，這不僅跟領導者的應對方式有關，也跟他們在危機發生之前，與不同利害關係人群體之間的關係好壞有關（信任、不信任；可靠、不可靠）。

大多數執行長都了解此一現實，所以他們會要求公關部門幫忙跟利害關係人搞好關係。雖然重點在於跟誰談、談些什麼，以及何時談，但是**頂尖執行長會先從一連串的「為什麼」著手：為什麼我們公司值得在社會上經營？為什麼我們與每個利害關係人息息相關？為什麼每個利害關係人都與我們相關？**（不論他們做什麼）他們為何選擇那麼做？

頂尖執行長會深入**了解各個利害關係人的動機、希望和恐懼**，從而與外部世界建立起牢固的聯繫，來幫助企業實現長期繁榮。

在接下來的章節中，我們將討論如何把「為什麼」的心態，實踐在以下三方面：擁護社會使命、與利害關係人建立牢固的關係，以及在見真章的關鍵時刻發揮領導作用。

第 13 章
社會使命實踐：影響大局

目標明確是一切成就的起點。
—— W・克萊門特・史東（W. Clement Stone），
美國企業家暨勵志作家

意義治療大師維克多・法蘭克（Viktor Frankl）在 1946 年出版《活出意義來》（Man's Search of Meaning）一書，詳實記錄了他在納粹集中營裡的經歷。他想知道為什麼同樣處在無望和絕望的氣氛中，有些人能活下來、有些卻不行，他得出的結論是，活下來的人更有目標感。他記得有些人在囚禁眾人的小屋裡走來走去安慰別人，並把他們僅有的最後一小塊麵包分給別人，法蘭克寫道：「這樣的人為數不多，但他們充分證明了人可以被奪走一切，唯獨一樣東西不行：人類的終極自由——不論處在任何環境中，人都可以選擇自己的態度，選擇自己要走的路。」[66]

七十多年後，法蘭克的這本書被翻譯成 24 種語言且售出超過 1,000 萬本，並被美國國會圖書館評為「史上最具影響力的十本書」之一。它之所以廣受歡迎並產生影響，是因為它揭示了一個深刻的人類真理：**擁有意義感，是在世上生存和發展的必要條件。**

但人要從哪裡找到工作的意義呢？研究顯示：**員工至少會從 5 個來源找到工作的目的和動力。**[67] 第一個來源是員工自己——他們的前途、經濟和非經濟的回報，以及按照自己的意願去做事的自由。第二個來源

是同事——產生歸屬感、互相關心,為群體做正確的事。第三個來源是公司——創造最佳做法以擊敗競爭對手,成為行業龍頭。第四個來源是對客戶的影響——提供卓越的服務或產品,使客戶的生活更輕鬆更美好。第五個來源是對社會的影響——讓世界變得更美好。

大多數人皆會從前述五個來源中汲取工作的意義,但會從其中一種來源獲得較多的動力。研究還顯示,在任何一群人中,從前述五種來源汲取動力的人數大致相同——五分之一的人從自身的發展獲得最大動力,五分之一的人則是從同事獲得最大動力,餘此類推。因此,執行長應確保其組織在前述五個層面的所做所為具備充分的理由,這是因為只談公司要如何擊敗競爭對手的演講,只能打動五分之一的聽眾,**執行長必須清楚闡明前述這五個層面的為什麼,才能激發出公司每個人的主要動機**。

社會使命與其他四個意義來源之間的界限越來越模糊,現今有87%的美國消費者表示,如果某公司支持他們關心的議題,那他們會到該公司購物。[68] 94%的在職人士表示,他們想運用自己的才能,去為一群人強力支持的目標或原則盡一分力。[69] 就像我們之前提過的,社群媒體的興起,提高了企業之商業行為的透明度,讓公眾得以追究領導者對社會和環境影響的責任,這種情況在 21 世紀之前是辦不到的。

無怪乎由美國 181 位主要執行長組成的遊說團體「企業圓桌會議」*,要在 2019 年改變「企業存在的目的」之定義,從延續了數十年的資本主義目的——不惜一切代價追求獲利的最大化,轉變為更全面的目的——關注企業行為所影響到的每件事和每個人的福祉。[70]

此一決定立刻成為全球頭條新聞,幾乎所有大企業的執行長都被公司的利害關係人要求澄清他們的社會使命。所幸頂尖執行長們早就有

---

* Business Roundtable,其董事會成員個個大有來頭,包括摩根大通的傑米‧戴蒙、通用汽車的瑪麗‧巴拉、杜克能源的林恩‧古德、洛克希德馬丁的瑪麗蓮‧休森。

了一個明確的社會使命,根據研究顯示,在過去二十年裡,**具有明確社會使命的公司,表現明顯優於標普 500 指數企業**。[71] 而其優異的財務表現,要歸功於利害關係人資本主義的多重效益。這些企業獲得的好處包括客戶忠誠度提高了、效率提高了(拜減少資源使用之賜)、員工更加積極進取、資金成本變低了;而且因為他們更貼近利害關係人,所以能比其他公司更早發現風險並減輕風險。華爾街看到了這種做法的好處:自 1995 年以來,這些企業的可持續投資成長了 18 倍。

雖然已有諸多證據顯示,懷抱社會使命是有利可圖的,但大多數公司並未付諸實踐。儘管有 82% 的公司肯定目的的重要性,但只有 42% 的公司表示,該公司宣稱的「目的」效果卓著。[72] 與此同時,過半數的消費者認為,品牌並不像他們自己聲稱的那樣關愛社會,且只有三分之一的消費者信任他們購買的品牌。[73]

總部設在奈洛比的證券集團控股公司,是東非和中非最大的金融服務公司,資產負債表上的資產近 10 億美元,客戶數多達 1,500 萬,正是一家言出必行說到做到的好公司。該公司懷抱的社會使命是改變生活、給予尊嚴,以及創造致富的機會。為此該公司做了許多努力,包括創建「展翅高飛」計畫,為 36,000 名孤兒提供了四年制中學的全額獎學金。

自 2005 年起擔任執行長的詹姆斯・穆旺吉(James Mwangi)表示:「這意味著成千上萬的村莊有了他們可以認同的人,他們可以說:『如果沒有證券集團控股公司,這個孩子恐怕要受苦了。』自從我們幫社區承擔起教育孤兒的責任後,社區便透過支援我們、消費我們的產品和服務來回報我們。因此我們分享得越多,我們就越能實現我們的目的,並提高我們的利潤。這是一種共生關係,我不會稱它為企業的社會責任,而會稱之為共享繁榮。」

頂尖執行長會透過以下做法,創造穆旺吉所說的「共享繁榮」……

……明確企業的社會使命
……將公司的社會使命融入業務核心
……發揮特長有所作為
……在必要時表明立場

明確企業的社會使命

組織具有社會使命並非新的概念，惠普公司的創辦人之一、後來出任執行長的戴夫・帕卡德（Dave Packard）曾於 1960 年 3 月 8 日對該公司的培訓小組說：「我想先討論一下我們公司存在的原因，換句話說，我們為什麼在這裡？我認為許多人都搞錯了，認為公司的存在只是為了賺錢。雖然這是公司存在的一個重要結果，但我們必須更深入地找到我們存在的理由。」

帕卡德接著分享了他的觀點，他認為公司的存在是為了「對社會做出貢獻」。他還提到惠普公司有責任為科學進步做出重大貢獻：「我們不應把公司存在的目的，與特定的目標或商業策略混為一談，你可以達成一個目標或完成一項策略，但你無法完全實現一個目的；它就像地平線上的一顆指路明燈——一直被追著跑，但永遠無法達到。儘管目的本身不會改變，但它能激發變革，所以目的永遠無法完全實現一事便意味著，一個組織永遠不能停止鼓勵變革和進步。」[74]

像帕卡德這樣的**頂尖執行長，都會在自己的組織中灌輸明確的社會使命感**。洛克希德馬丁公司的執行長瑪麗蓮・休森指出，如果你問該公司的員工，他們的工作是什麼：「他們會告訴你，他們不只是在製造飛機、雷達和導彈防禦系統，而是在幫美國和盟軍加強全球安全；他們不僅在編寫軟體，而是在幫政府為數百萬公民提供基本服務；他們不僅在設計衛星和火箭，而是在拓展科學發現的疆界。」

通用磨坊的前執行長肯‧包威爾則說，該公司的員工「製造消費者喜愛的產品為世界服務。」高德美的執行長弗萊明‧厄斯寇夫表示，該公司的員工們「全力研發皮膚健康的科學解決方案，以提高人們的生活品質。」**我們採訪過的所有頂尖執行長，全都能清楚闡明他們的公司為何存在，以及如何為社會創造價值。**

像 Patagonia、TOMS、時尚眼鏡品牌 Warby Parker、天然清潔用品 Seventh Generation、Ben & Jerry's 冰淇淋……這些公司，則是基於一個非常明確的社會使命而成立的。**至於那些社會身分不明顯的公司，頂尖執行長會透過多種視角來重構公司的願景，這也解釋了為什麼許多頂尖執行長認為願景、使命和企業宗旨這三個概念是可以互換的。**有些人則是從公司的起源故事中，找到他們可以提升的社會意圖，就像我們在第 1 章中介紹過的，布拉德‧史密斯與財捷「支持弱者」的創始精神重新建立連結，薩蒂亞‧納德拉則是重拾微軟早期的理想：「藉由發展科技幫助他人發展科技。」

亨利‧保森於 2012 年接管沃旭能源（前身為丹麥石油天然氣公司）後，出乎眾人的意料，完成了近期最戲劇性的一次企業轉型——以目的為導向。當時，這家丹麥最大的公用事業公司成長停滯，保森決心想辦法為公司注入新的活力，在尋找新方向的過程中，保森和他的團隊苦思：「世界需要什麼？我們公司的優勢在哪裡？」

他們相信自家產業必須大規模轉型：從化石燃料轉向清潔能源，保森說：「我們必須表明立場，亦即我們是否真心相信科學是正確的，且世界最終必須正視全球暖化問題。」因為他相信情況是這樣，所以他決定：「我們最好盡早站在正確的一邊。」保森看好該公司的海上風電專案，雖然這種技術在當時比化石燃料發電貴多了，卻是實現長期成長的最佳機會。這是個不賺錢的利基市場，需求也不確定，但保森相信從整體大趨勢來看，他站在了正確的一邊。

在轉型初期，保森採取了一系列大膽措施，逐漸出脫沃旭能源的

化石燃料資產，包括在 2014 年將公司 18％的股份，出售給高盛集團的私募股權投資部門以募集資金。當時，丹麥政府擁有沃旭能源的大部分股份，需要資金來實現其轉型大計的保森，曾試圖從政府那裡籌集資金但失敗了。當他宣布與高盛的交易時，引起了極大的反彈，許多丹麥人認為他在賤賣資產，多達 68％的丹麥人反對這筆交易，多位重要政治人物辭職，包括 6 名內閣成員。但保森堅持自己的路線，並利用從高盛籌集的資金，陸續贏得英國、德國和其他國家的一連串專案後，沃旭能源成為海上風電領域的全球領導者。

沃旭能源在 2016 年以 160 億美元的估值成功上市，並在第二年淘汰了煤炭的使用，還將石油和天然氣業務以 10 億美元的價格出售給英力士（Ineos）。且為了反映公司已轉型為可再生能源企業，將公司名稱從丹麥石油天然氣改為沃旭能源＊。如今該公司 9 成的能源來自可再生資源，而且為了氣候變遷這個強大的社會使命而轉型的做法也獲得了回報。到 2021 年保森退休時，沃旭能源已被評為全球最永續發展的公司，且市值超過 800 億美元，比他接手時成長了 9 倍，他在任期內還讓該公司的海上風力發電量成長了 5 倍多。

保森回憶道：「回顧過去這八年，將社會使命深深扎根於組織中，對我們來說絕對是至關重要的。這讓人們從根本上相信我們的所做所為，而這一切全都轉化為生產力，也轉化為執行能力，最終並提升了我們的競爭力。隨著我們自己的信念不斷增強，周遭的人也越來越相信我們是對的。如果你有一個符合市場基本需求的使命，而且那是人們真正關心的東西，這就是你所能擁有的最大資產。」

但並不是每家公司的社會使命都像沃旭能源那樣明顯，那**執行長怎樣才能知道自家公司的使命是正確的呢？檢驗的方法是看它是否具有情感影響力**（能否激發員工質疑：「我們真的能做到嗎？」），以及是

＊ 新名稱取自發現電磁場的丹麥科學家漢斯・克里斯欽・沃斯特（Hans Christian Ørsted）。

否合理（是否與公司的願景、策略、能力、文化及品牌共生？）高德美公司的弗萊明・厄斯寇夫分享了一個小故事，那讓他知道自己在前一家公司做了正確的領導：「我遇到了一個曾在希爾製藥工作的部屬，她對我說：『我的新公司裡少了一樣東西，以前我在希爾製藥上班時，我總是很清楚我們在做什麼，以及我們為什麼要這麼做。我們的使命非常明確，所以我下班回家後可以和家人聊罕見疾病，告訴他們解決這些問題有多麼重要，還有我和我們公司做了哪些貢獻。』」

將社會使命融入公司的業務核心

一些評論家會對大談社會使命的執行長大翻白眼，質疑他們是否真正關心公司的營運方式。評論家並非無的放矢，許多執行長確實會囿於公眾要求企業表明其社會使命的壓力，而大搞「覺醒洗白」（woke-washing）的宣傳伎倆，指的是一家公司嘴巴上說它支持弱勢族群，但實際的作為卻是傷害弱勢。相反地，微軟的薩蒂亞・納德拉則說出了頂尖執行長的心聲：「有人曾經說過，**你只能信任那些言行一致的人，同樣地，你只能相信那些言行一致的公司。**」

以藝康公司的道格・貝克為例，他的目標是使永續發展成為業務成長的結果：「如果你的做法是：『我的成長會造成更多的汙染，那我就買些具有排減作用的東西來抵消它吧。』那你肯定會處於衝突中。我們公司的做法則是用更少的資源來達成世界級的成果，以期能消除前述的業務摩擦，這樣當我們成長得越多，消耗的水和能源就越少，從而產生正面的影響。」貝克讓永續發展不再是一場公關活動，而是藝康公司不可或缺的營運方式。

貝克在就任執行長之初，就能認清該公司的社會使命，得要歸功於當時他正在翻閱美敦力公司的年報，貝克說：「當我讀到他們的使命

宣言時，我被震撼了，這是一家製造心律調節器的公司，所以它的產品能夠延長和挽救生命。該公司甚至會邀請病人來與員工交談，講述美敦力的產品如何挽救了他們的生命，這真的非常激勵人心，也讓我意識到我們公司有能力做得更多。我喜歡商業遊戲，它讓我們不斷得分，我認為這很有趣。但人生不只是賺錢而已，執行長需要抓住團隊的心。」

貝克持續讓他的高層團隊更深入地思考公司的影響和目標，當時這家擁有八十年歷史的公司，正透過促進節省努力和降低成本，來銷售工業清潔劑和食品安全產品與服務。經過再三斟酌後，貝克和團隊決定藝康公司的使命為永續發展：讓世界更清潔、更安全、更健康，保護人類與重要資源。他說：「所以我們更加注重節水和節能，在經濟和環境創造了雙重效益。」藝康開始設計更節水和更節能的產品，為了壯大實力，他們還收購了多家公司，包括納爾科水務公司（Nalco）、Champion能源服務公司。

貝克說：「我的建議是千萬不要困在這種生活裡——白天做壞事，晚上六點到七點做點好事來抵消它；這是一種不成功的模式，你遲早會被發現的，從長遠來看也是行不通的。當我們把業務跟社會使命結合後，我們賣得越多，就能節約更多的水和能源，讓工作更符合你的價值觀。」貝克的建議很值得一聽：他將藝康公司的市值從2004年的大約70億美元，2020年大幅成長超過600億美元，並躋身全美最有價值百大企業之列，貝克本人也獲得《哈佛商業評論》選為百大執行長。同樣重要的是，藝康公司最重視的主要指標之一——目前客戶每年省下的水量為2,060億加侖，2030年的目標則是3,000億加侖。

像貝克這樣的**頂尖執行長，會把公司的社會使命融入其業務核心中，並盡量減少兩者之間的矛盾。他們還會測試自己的策略、產品和服務、供應鏈、績效指標與激勵措施，以確保它們與公司的使命是一致的**。他們還經常問自己：「我們最重要的利害關係人會認為我們在哪些方面是虛偽的？」以及「有哪些事情是目前尚未被評量或報告，但未來

社會將會要求我們負起責任的？」

百思買的修伯特・喬利則發現，用「技術豐富生活」此一使命來檢驗公司的策略，能開闢新的發展商機，他指出：「它大幅拓展了我們能為客戶做些什麼的想法。」像是該公司之所以進軍醫療保健領域，就是掌握了全球人口老齡化，還有老年人想待在家裡更長時間的趨勢，喬利說：「所以我們進行了一系列收購行動，現在我們能夠在老人家中安裝感測器，並利用 AI 監控他們的日常起居，他們的飲食和睡眠都 OK 嗎？只要一出現異狀，我們就會向管控中心發出警報。這項服務係透過保險公司銷售，而且是一個高成長的商機，如果我們只以傳統的方式來看待我們的業務，我們永遠不會想到這一點。」

發揮優勢、有所作為

但即使有了一個明確並令人信服，而且融入核心事業的社會使命，也很少有公司會竭盡全力做他們該做的事，以滿足利害關係人對企業應擔負起社會責任（CSR）*的要求。而受到最嚴格審查的多半是環境、社會和治理因素（ESG）†，環境因素主要包括能源效率、汙染、森林砍伐和廢棄物管理。社會因素則與人們受到的對待有關，例如打造多元與包容的企業文化、工作條件、人權保護、合理薪資及良好的社群關係。治理因素則包括風險管理、高管薪酬、捐款、政治遊說、稅收策略、透明度等。**頂尖執行長不僅關注前述所有要素，還會在過程中尋找他們能在哪些領域發揮公司的優勢，以取得超出預期的成果。**

---

* 企業社會責任（Corporate Social Responsibility, CSR）是指企業在追求獲利的同時，也要對社會和環境負責，為社會帶來正面影響。

† ESG 是環境保護（E，Environmental）、社會責任（S，Social）、公司治理（G，Governance）的縮寫，用於評估企業是否符合永續發展目標。

在美國爆發一連串要求種族正義的示威活動之後，摩根大通決定在五年內投資300億美元，為得不到充分服務的黑人社區和拉丁裔社區提供經濟機會。其形式包括房貸、二胎貸款、經濟適用房*的股權投資、小企業貸款，以上皆是該公司可以靈活運用的有力手段。傑米‧戴蒙在宣布此項投資時指出：「制度性種族主義是美國歷史上的悲劇，我們可以多盡點心力，來打破那些助長種族主義和造成廣泛經濟不平等的制度，特別是針對黑人和拉丁美洲人。我們的社會早就應該以更具體、更有意義且更可持續的方式，解決種族不平等問題。」[75]

當新冠疫情肆虐時，頂尖執行長們紛紛伸出援手，發揮公司的力量提供幫助。通用汽車清理了位於印第安那州科科莫（Kokomo）的一家工廠，並將原本用於生產汽車電氣零組件的機器，改成生產呼吸器。此舉並非為了盈利（因為美國政府是以成本價購買這些呼吸器），而是為了讓全美的國家戰略儲備增加4倍。

Netflix則為失業的電影和電視製作專業人員（例如電工、木工和司機），設立了1億美元的救濟基金，因為他們大多是靠接案領取時薪的非正職員工。

辛辛那提兒童醫院的邁可‧費雪則在董事會上表示：「如果社區需要我們改造醫院的一些設施，來為感染新冠肺炎的成人重症病患服務，我願意這樣做。」

企業並不是只有在危機來襲時，才需要發揮其優勢，在環境、社會和公司治理問題上有所作為，通用磨坊的肯‧包威爾分享了他的做法：「因為我們是幹這一行的，所以我們公司一向非常關注全球糧食安全和可持續農業，而且也在這些方面於全球各地做了一些很棒的事；譬如通用磨坊的員工，如果自願花時間去幫助非洲的一家小型食品初創企業，

---

* affordable housing，是一個廣義的總稱，包括國宅、補貼住宅、租金管制公寓、低收入房屋稅抵免房。

這將是一件非常有意義的事情，不但可以培養忠誠度和奉獻精神，而且是我們獨有的商機。」

同樣地，諾和諾德的拉斯・賀賓・索倫森剛就任執行長時也意識到，製藥業尚未找到一個兩全齊美的方法，來解決取得藥品的問題：一方面製藥公司需要保護其智慧財產權，但另一方面發展中國家需要一種合乎成本效益的方式，來為其弱勢族群生產藥品。索倫森表示：「我們最終決定以成本價向最貧窮的國家出售胰島素，但更重要的是，我們創建了世界糖尿病基金會（World Diabetes Foundation），我們每售出一小瓶胰島素，就會捐出一部分所得給該基金會，並將資金用於建設發展中國家的能力。」如今該基金會已成為全球最大的慢性病資助機關。

如前所述，有許多人質疑企業的社會使命宣言根本是「說一套做一套」，同樣也有許多人對企業的 CSR、ESG 報告抱持懷疑態度。**頂尖執行長非常歡迎各界的這種審查，因為他們知道，公司的使命是體現在靈魂中**，帝斯曼的費柯・希貝斯瑪解釋說：「我們不做 CSR 報告，而是將我們所有的活動和角度全都納入年報中。我們的業務核心必須透過為更美好的世界做出貢獻來賺錢。我希望我們的目的，也就是所謂的企業社會責任，存在於我們的核心競爭力和業務中，這能幫助永續性成為我們的目的和業務模式，而且永續性落實為永續發展。」

希貝斯瑪的理念使帝斯曼公司連續三年因其在永續性方面的領先地位而榮登《財星》雜誌「改變世界」榜單，而希貝斯瑪本人則在擔任執行長期間，榮獲聯合國年度人道主義獎。

在必要時表示立場

無論執行長們喜歡與否，他們都可能被推到當今社會問題的聚光燈下，即使這些問題根本與該公司的社會使命毫不相干。頂尖執行長對

此都做好了準備,而且許多人選擇主動出擊,Majid Al Futtaim 的阿蘭‧貝賈尼指出:「其實很多員工都希望看到他們的執行長站出來,對當天的主要話題發表看法。社會問題和全球挑戰太過龐大,政府其實無法獨力應付,所以有商界和民間參與的公民社會是非常重要的。執行長們可以推動其論述,並參加論壇提供一些有建設性的看法。變革始於言辭和想法,然後才轉化為行動。」

擔任藝康公司執行長超過十五年的道格‧貝克,回顧了此一角色的演變過程:「我認為企業現在終於明白了,過去我們會選擇對一些問題不予置評,但如今我們必須更勇於發表意見。像警察執法之類與社會正義有關的問題,我以前絕不會表示不滿,我雖然會有自己的觀點,但我只會向朋友表達。身為執行長我會告誡自己:『這真的不是我該做的,人們並不想聽我說這些。』至少當時我是這麼想的,但現在當我說出自己的想法時,即使是你希望別人認為我們反對的負面事情,也會有很多人對我說:『我們很高興你表明了立場。』這實在太不可思議了,時代真的不一樣了。」

貝克的情況並非特例,話說 2021 年初,推特當時的執行長傑克‧多西和臉書的執行長馬克‧祖克伯都做了一項艱難的決定:關閉美國總統川普的推特帳戶與臉書頁面,以遏制他在社群媒體上散布一些關於敗選的假訊息。其他許多人也採取了行動:美國運通、百思買和萬事達卡等公司都表示,他們將不再向 147 名國會議員捐款,因為這些人在批准美國 50 州選舉人票的聯席會議上,投票同意質疑選舉結果。摩根大通、微軟和怡安等公司則宣布,他們暫停了所有政治捐款,因為試圖推翻選舉結果的行為與他們的價值觀不符。

頂尖執行長不會將個人激情與公司的大原則混為一談,而且執行長必須了解公司的高管團隊、董事會和普通員工的意見,以確認什麼時候該以個人名義發言,什麼時候應該代表公司全體成員和利害關係人發言。財捷的布拉德‧史密斯表示:「2016 年總統大選之後,我受到很多

人的壓力,他們要求我給員工寫一封信,承認川普當選總統令一些人感到很難受。我拒絕了,並告訴對方:『請你幫我個忙,標出我們所有辦事處的位置圖,告訴我它們位在紅州(親共和黨)州,還是藍州(親民主黨),並畫出所有 TurboTax 和 QuickBooks 用戶的位置。』結果你猜怎麼著,紅州和藍州都有。我有我的選擇,你有你的選擇,但執行長不該把個人的原則公諸於眾。」

史密斯繼續說道:「我們必須表明的是我們的立場,所以我們寫下了一套原則,簡單地說:『我們堅持我們的價值觀,我們支持法律賦予的人權、公民自由與平等保護,我們會恪守業務所在之各州和各國的法律規定;若有違反,我們會以妥當的方式採取行動,而且我們要做的第一件事就是影響變革。』我認為許多執行長並未做到這一點,但這是非常重要的。」史密斯說,傳遞此一資訊是他在職最後三年中最困難的工作:「這會令許多公司陷入分裂,因為有些員工希望執行長支持某些事情,成為他們心目中的領導者,但另一些員工則不認同這些觀點,這真的很棘手,但你必須想辦法搞定它。」

有時候傾聽比表達更重要,史密斯指出:「你必須能夠自在地進行不舒服的對話,不妨以這樣的對話當做開場白:『我不知道該如何處理這件事;我們能提供什麼幫助?我們能做些什麼?你們需要什麼?』讓大家能集思廣益,一起提出解決辦法。」

當美國各地爆發抗議警察暴力執法與種族歧視的示威活動時,美國合眾銀行的李察·戴維斯就是這麼做的,他要求該行 25 個地區的領導人全都要舉辦傾聽活動,而且他本人也參加了其中一些活動,他表示:「這與銀行業務無關,股東們並不關心我們是否這樣做,但歸根究柢,心聲獲得傾聽真的非常重要,光是這麼做就會有一股感激之情油然而生。」

百思買的修伯特·喬利進一步闡述了此一觀點:「**執行長不能只用頭腦領導,還需要用到心、靈魂、膽識、耳朵、眼睛,這些特質描繪出**

的執行長形象，與二十年前的標準截然不同。」

　　現今企業的社會使命比以往任何時候都更具有商業性質，但頂尖執行長一直都知道，企業的獲利與其使命是密不可分的。維克多・法蘭克早在 1946 年就曾指出，社會使命對企業的影響力，絕不只是帶來更高的利潤而已：那些認為自己在工作中「實現了人生使命」的人，其幸福感比一般人高出 5 倍，對公司的參與度則高出 4 倍。不僅職場如此，研究還顯示，充滿使命感的人更長壽且更健康。[76]

　　頂尖執行長會透過以下方法，充分發揮社會使命的影響力：首先他們會洞悉公司的存在對社會有什麼好處；然後他們會把此一使命融入企業的業務核心裡；接著他們會發揮公司的優勢，解決當代的環境、社會或治理（ESG）問題；最後頂尖執行長會在必要時利用他們的平台，大聲疾呼並表明立場。

　　明確的社會使命提供了一個堅實的基礎，讓企業得以與利害關係人建立良好的關係，不過想要與利害關係人建立正確的連結，**執行長必須把利害關係人的「為什麼」當成自己的利益一樣關注。**

第 14 章
與利害關係人互動實踐：了解本質

你永遠不可能真正了解一個人，除非你站在他的角度思考問題。
——哈波・李（Harper Lee），美國知名作家

有一幅廣為流傳的漫畫，畫中有兩個人分別指著地上的一個數字，站在數字一側的那個人說數字是 6，站在另一側的人則說是 9，漫畫下方寫道：「你是對的，並不意味我是錯的。」這幅插圖不單顯示了人們會因為視角的不同而對同一情況做出不同的解釋，同時也為與眾多利害關係人打交道的錯縱複雜，提供了很貼切的比喻。

與眾多利害關係人打交道乃是執行長的工作，而非其他人的職責，而且風險可能極高。Majid Al Futtaim 前執行長阿蘭・貝賈尼指出：「當你思考是什麼給了你經商的許可時，其實就是你所影響的那些人——包括個人、社區和社會。你可以擁有最好的策略、技術和資產負債表，但是當這些人的情況發生變化時——無論你是否有能力控制——都會對你的組織產生巨大的（直接或間接）影響。一些原本看似平淡無奇的小事，後來卻演變成一個需要處理的問題，這種例子還蠻多的。這些關係處理不當，會造成無法彌補的聲譽損失，輕則斷送你的職業生涯，重則葬送企業，或迫使企業改變策略。」

對於貝賈尼提出的原因，管理大師彼得・杜拉克的觀察是：「在任

何組織中，無論其使命為何，執行長皆是內部（亦即「該組織」）與外部之間的紐帶……內部只有成本，成果只能從外部取得。」[77]杜拉克所說的「外部」包括股東、債權人、投資人、分析師、政府監管機關、政府立法機關、客戶、供應商、經銷商、在地和全國的社群、一般大眾（全球社群）、媒體、工會、同業公會、專業協會、倡議團體、競爭對手……不一而足。這些利害關係人中有許多本身就相互連結在一個複雜的網路中，有時相互競爭、有時相互依存。

頂尖執行長會隨時出發前往任何地方，並且竭盡全力支持公司的業務，以充分利用他們與利害關係人的關係。石油巨擘殼牌集團的前執行長彼得・佛瑟面對的是這樣的世界：像他們這樣的國際石油公司正逐漸喪失主導地位，而國營石油公司則日益強大。為了維持殼牌的增長，佛瑟明白他必須與國營石油公司、以及控制他們的政治人物建立更好的關係。殼牌創造了汶萊大約8成的國內生產總值（GDP），也占阿曼國內生產總值的65%，佛瑟指出：「你認為這兩個國家的蘇丹會跟執行長以外的人交談嗎？不會的！我們對他們負有重大責任，我們必須完成任務。」

佛瑟表示：「我堅信我不僅是執行長，也是殼牌的形象大使，我代表殼牌的10萬名員工，我們在零售店的35萬員工，以及為我們建造專案的50萬名工人，總計近100萬人。」他估計自己有一半的時間都花在了外部，與利害關係人「搏感情」，而且這還沒算上與股東打交道的時間。這些時間主要用於旅行，訪問一個又一個國家，向對方解釋殼牌如何與這些國家的繁榮有著長期的共同利益，佛瑟指出：「如果俄羅斯總統或中國國家主席或阿曼的蘇丹想見你，你可不能說：『我三週後會來』，而是明天就得去。」

就跟所有頂尖執行長一樣，佛瑟認為與利害關係人打交道雖然辛苦但收穫滿滿，他說：「最大的樂趣在於，我能打開別人無法打開的大門。」然而並非每位執行長都能像頂尖執行長那樣順利管理外部世界，

總體而言，認為自己能與外部利害關係人有效打交道的執行長不到 3 成，而那些做對了的人有以下的共同點⋯⋯

　　⋯⋯妥善控制花在「外部」的時間
　　⋯⋯了解利害關係人的「為什麼」
　　⋯⋯盡可能從雙方的互動中蒐集到好點子
　　⋯⋯對所有利害關係人維持統一的說法

妥善控制花在「外部」的時間

　　彼得・杜拉克把執行長定義為連接組織內部和外部的紐帶時，還強調了決定優先順序的重要性。他曾於 2004 年在《華爾街日報》的一篇社論中寫道：「定義有意義的組織外部是執行長的首要任務，但定義並不容易，更非顯而易見。」他接著描述了沒有一家公司能在外部的每個領域都成為領導者，並總結說：「決定關注哪些利害關係人是一個風險很高的決定，而且很難改變或逆轉，此事不僅只有執行長才能辦到，而且也是執行長必須做到的。」[78]

　　那麼，執行長該如何確定優先順序呢？**大多數執行長只是用一些標準來排定利害關係人的優先順序，但是頂尖執行長首先會對花在外部的時間設下明確且絕對的界線**，財捷公司的布拉德・史密斯解釋說：「首先要控制時間，我有兩成的時間花在外部，任何想從中分一杯羹的人，都必須證明為什麼我更該把時間花在他們身上。我的助理會用顏色標注我做的每件事，並在月底衡量我是否用對了時間；例如我必須提出合理的解釋，為什麼我該從公司的頭號大股東那裡抽出時間，去接受《財星》雜誌的採訪，他們必須給我個充分的理由，說明這項權衡是合理的，超過兩成則是不可能的選項。」

我們在與所有頂尖執行長的交談中發現，**他們平均會花 3 成的時間與外部利害關係人打交道**，不過其間的標準差很高。例如阿霍德德爾海茲集團的迪克・波爾將他花在外部的時間控制在 1 成以內，而 Netflix 的里德・海斯汀則把他三分之一的時間分配給了政府、公共關係和股東。

此外，他還會花時間在客戶身上，試圖了解焦點小組的意見，或觀眾正在收看哪些節目以及收看的原因，他對外部利害關係人投入的時間總計達到了行程表的 5 成。這是個很大的數字，雖然還比不上殼牌集團的彼得・佛瑟，但也不少了。值得注意的是，這種時間分配通常會隨著執行長本身的情況而改變，美國合眾銀行的李察・戴維斯分享道：「在我上任之初，我會花更多時間關注我的同事和內部的措施，等我建立了能夠信賴的團隊後，我與外部利害關係人接觸的時間就會增加。」

確定了與外部利害關係人會面的時間後，頂尖執行長就會根據以下因素來確定會面的優先順序：哪些互動能幫助公司實現其目的、執行其策略，以及管理短期和長期風險。威科集團的南西・麥金斯翠將絕大部分的對外工作時間投入到客戶服務中。但對於杜克能源的林恩・古德來說，與監管機關和政界人士打交道非常重要。美國合眾銀行的戴維斯選擇花大量時間「處理社區事務」。洛克希德馬丁公司的瑪麗蓮・休森則強調建立國際關係。美洲開發銀行的萊菈・亞胥－托普斯奇，則是在與工會建立關係方面投入了大量精力。證券集團的詹姆斯・穆旺吉選擇加入眾多聯合國以及其他諮詢委員會。

對於任何一家上市公司的執行長來說，無論其公司的目的和策略如何，投資界都是一個相當重要的利害關係人。頂尖執行長通常會花時間與公司 15 到 25 個最重要的投資人（那些最了解公司且參與度最高的投資人），其餘的則交給財務長和投資人關係部門應對。他們還會限制自己每年參加 1 到 2 次大會，但不會更多了。

帝斯曼的費柯・希貝斯瑪剛就任執行長時，是與他的投資人關係團隊一起拜訪股東，他回憶道：「有幾個人會特別問我問題，因為他們

想知道短期內會發生什麼，甚至是下一季的情況，他們並沒那麼關心公司的未來。」如果這是他們的目標，希貝斯瑪建議他們出售股份，他的投資人關係團隊質疑，這是否是與股東打交道的頂尖策略，他說：「當然是，因為我們要讓公司轉型。」

希貝斯瑪知道自己在做什麼：「我們列出了一份適合我們的股東名單，而且其中有很多尚未持有我們的股份。人們常說：『你無法決定誰擁有你；他們會決定他們要擁有誰。』我說：『沒錯，這是他們的錢，我不能替他們決定，但是讓我們誘惑那些與我們有志一同的投資人吧。』我們在這方面花了很多時間，股東並不會從天上掉下來，而是要努力爭取，並與他們進行更多的溝通，這樣你就能帶著他們一起前行並建立信任。」

怡安的葛雷格・凱斯也是這麼做的：「大約十年前，我們對公司的投資人並不是特別滿意，因為他們非常偏愛短期投資，所以我們開始改變他們。我們做了分析：『根據我們的發展策略，哪些人該擁有我們？』我們與現有的投資人談過，又篩選出我們缺少的那類投資人，然後我們就去找他們。」

一旦確定該花多少時間與外部人員接觸以及該與誰接觸後，頂尖執行長就會優化他們的行程表，讓一分鐘都不白費。西太平洋銀行的蓋爾・凱利便是以分秒必爭而名揚澳洲，她每一季訪問各個地區時，都會盡可能拜會社區、員工、客戶、當地政府和媒體等所有利害關係人，她說：「我嚴格要求自己要做到，絲毫不敢鬆懈。」

洛克希德馬丁公司的瑪麗蓮・休森則補充說道，雖然制定嚴格的行程表很重要，但也要有靈活性：「每年九月我們都會展望未來一年，並安排好這些工作計畫和時間：投資人會議、拜訪客戶、參加航展和大型會議。如果出現新的事情，我要麼做不了，要麼就得放棄其他事情。當然啦，行程表也不是嚴格到不能調整，但你必須知道你在這一年裡的優先事項是什麼。」

了解利害關係人的「為什麼」

在上一章中，我們說明了將利害關係人的參與建立在清楚了解公司的「為什麼」上是很重要的。同理，頂尖執行長除了知道自己要「做什麼」，還會不遺餘力地了解利害關係人的「為什麼」，這樣做可以讓雙方建立更深刻的連結以及解決衝突，**最起碼能讓利害關係人感受到執行長對他們的基本尊重：願意傾聽和理解他們的想法。**

里德‧海斯汀分享了他是如何看待 Netflix 的利害關係人：「以新聞界為例，我對新聞界的總體看法是，他們想成為真相的講述者，卻被迫成為娛樂者。如果你能理解這種衝突，你就能幫助他們在提供娛樂的同時，順帶傳達一些真相。政治人物則想獲得社會中大多數人的支持，這是一項艱巨的挑戰，一旦你理解了這一點，當他們做出在你的小世界裡看起來不合理的事情時，你便可以原諒他們，因為你非常尊重他們在引導公眾情緒方面的獨特技能，這些都是試圖真正了解對方的例子。」

洛克希德馬丁的瑪麗蓮‧休森與美國前總統川普之間高度公開且高風險的交手經驗，則更凸顯出這一點。話說 2016 年，她為了交付首批兩架 F-35 戰鬥機隱形戰鬥機給以色列空軍，特地前往以色列南部的內瓦提姆空軍基地。途中她的手機突然蹦出一則推文，那是當選美國總統的川普向一千六百多萬粉絲發送的：「F-35 戰鬥機專案和成本已經失控，1 月 20 日（川普的就職日）之後，軍事（和其他）採購方面將可省下數十億美元。」此文一出，洛克希德馬丁公司的股價開始暴跌，最終讓市值在一天之內縮水近 40 億美元。休森抵達目的地後，以色列總理納坦雅胡立刻問她，如果新任美國總統能跟她們公司談妥更優惠的價格，她們能否把這兩架 F-35 戰鬥機飛機的價差還給以色列政府。這種情況既無先例可循，也沒有路線圖可參考。

休森保持一貫的冷靜和沉著，召集團隊的主要成員討論如何向前邁進。他們很快便對於該向總統當選人及其團隊提供的資訊擬定了大概

的對策,還指派 F-35 戰鬥機的專案經理讓媒體提問,讓各界了解情況並提供最新資訊。一週後,休森應川普之邀前往他在佛羅里達州的海濱莊園,當她走進會議室時,迎接她的是許多政府官員及行業領袖。休森有備而來,她要幫助總統更了解該計畫,她還承諾會親自確保積極降低 F-35 專案的成本。會議結束後,她認為他們進行了「非常愉快的對話。」然而,當天晚些時候,總統當選人又發了一條推文:「由於洛克希德馬丁公司的 F-35 戰鬥機成本高昂且超支,我已經要求波音公司對性能差不多的 F-18 超級大黃蜂提出報價!」洛克希德馬丁公司的股價隨即應聲下跌,堪稱是一波未平一波又起。

休森講述了接下來發生的事情:「我和幾位我信任的高層領導花了一些時間,認真思考到底發生了什麼,然後我們恍然大悟,雖然我們是談話的主題,但川普的目的是要讓美國人民知道:『我會全力捍衛國家,我會談出一份好交易,我絕不會濫用納稅人的錢。』搞清楚這一點後,我們想:『我們得另闢蹊徑,讓他知道我們明白他的需求,我們也讓新聞界知道,我們認同川普主張國防開支很重要、而且應該明智花用的觀點。』」之後,休森不論是在她的公開演講還是公司新聞稿,以及與客戶的一對一會談中,都一再強調這種盡職治理的理念。

幾個月後,雙方達成了一項節約成本的協定,媒體紛紛以頭條新聞報導:「洛克希德馬丁公司的休森與川普化敵為友。」已就任總統的川普還在一場白宮會議上大力讚美休森:「她很難纏!」休森回顧這段經歷後指出:「你不能光是聽對方說了什麼,如果你花時間了解他們為什麼要說那些話,你就能幫助他們形成更長遠的思考。」

了解利害關係人的「為什麼」不一定要用猜的,在大多數情況下,你其實可以直接問對方,而且你也應該這麼做。當納斯特的前執行長馬帝・李耶沃能決定讓這家芬蘭煉油公司邁向永續發展時,這並不是一段輕鬆的旅程。雖然該公司的目標是使用更多可再生的原料——例如都市

產生的廢棄物＊、回收的木材和塑膠來製造燃料，但進展緩慢。2011年十月的某一天，李耶沃能開車去辦公室參加公司的法說會，迎面看見綠色和平組織的橫幅懸掛在總部周圍的外牆上，許多抗議者試圖堵住主入口以及爬到牆上，公司的公關主管非常緊張，員工們也都驚呆了。綠色和平組織抗議納斯特用棕櫚油做為提煉原料，李耶沃能表示：「我們其實已經費了好一番工夫且做了一些開創性的工作，只為了確保跟棕櫚油有關的永續發展，但我知道我們必須傾聽並解決他們的擔憂，因為這些擔憂會對我們的營運和聲譽造成影響。」

李耶沃能邀請他們進入大樓進行討論，當時大禮堂裡湧入了約500人。李耶沃能表示，只要對方給予相同的尊重，他願意全力回答他們的問題，並解決他們的擔憂，他說：「透明度是雙向的，在第一次會議上，我們並沒能為他們準備好所有的答案，但它開啟了一場對話，使納斯特成為一家更好的公司。即使雙方的意見並不完全一致，但聽取嚴厲的批評是很重要的。」**管理團隊的透明度也改變了公司內部的氛圍**，納斯特改進了研究和永續發展工作，也研究了新的原材料。在李耶沃能任期結束時，納斯特已大幅擴展其回收原材料組合，並成為世界上最大的利用廢料和殘渣提煉可再生柴油和航空燃料的生產商。

李耶沃能表示：「我認為，執行長必須把批評視為變革的契機，將心比心地為其他利害關係人著想非常重要。這不僅是為了贏得他們的信任，也是為了完善我們自己，如今我們因此而變得更好。」

盡力收穫新想法

大多數執行長在與利害關係人接觸時，都有一個明確的目標，多

＊ municipal waste，由家戶或其他非事業所產生之垃圾、糞尿、動物屍體等。

半是為了做出決定、達成協議或是取得諒解。但頂尖執行長會有更進一步的目標，而且這個目標貫穿他們與所有利害關係人的互動：**收穫能讓企業變得更好的新想法**。不論是在希爾製藥還是高德美，弗萊明・厄斯寇夫往往都是因為與客戶交談而走上各種併購之路：「希爾製藥至少有兩三件併購案的靈感，是得自於我認識的醫生，他們對我說：『你真的應該好好考慮一下這件事』、『我參與了這個產品的開發』或『我在這項臨床試驗中幫病人看過病。』」

怡安的葛雷格・凱斯也經常從與客戶的談話中汲取新產品的開發點子——網路資安和智慧財產權盜竊的風險產品，就是其中兩個例子。他解釋了他的理念：「你與客戶互動當然是想為他們提供實際的服務，但同時也要了解自己想如何改變。」

靈感也可以來自客戶以外的利害關係人，供應商、合作夥伴甚至是政治人物，都能激發強而有力的新思維。令人驚訝的是，頂尖執行長甚至會反過來請教想從他們那裡獲得資訊的投資人和分析師，通用磨坊的肯・包威爾回憶道：「我花很多時間和公司的大股東在一起，其中當然不乏三言兩語就結束談話的人，但也有些人能夠提供非常有建設性的見解，因為他們長期以來一直非常了解這個行業。我從這些對話中獲得很多能量，這有助於完善我們的思維，或是強化我們已經在思考的問題。」

杜邦公司的溥瑞廷也是用這樣的態度面對激進投資人，溥瑞廷指出：「我會傾聽激進投資人的想法，他們往往會有好主意。我同意他們提出的白皮書中 80% 的內容，我不同意的是如何去解決他們擔心的問題。他們的觀點是：『如果溥瑞廷有更好的辦法，那就讓他去做吧。』他們只想解決問題，用這種做法與他們相處，我發現他們往往會成為你的盟友。」

對道達爾公司的潘彥磊來說，特殊利益集團往往是靈感的來源。例如在某次聯合國氣候問題會議上，他聽到一百多位企業領導人談論碳中和問題，他回憶說：「現場沒有石油或天然氣公司的老闆，當我走

出那場會議,我意識到氣候變遷並非空穴來風。」這種互動影響了潘彥磊,他決定斥資數十億美元,更加積極地發展可再生能源,以實現道達爾的使命:成為一家負責任的能源企業。

與外部合作有時也能帶來好點子,當雀巢和迪士尼締結夥伴關係以改善其公關策略時,前執行長包必達(Peter Brabeck-Letmathe)在洛杉磯的迪士尼工作室待了一段時間。在那裡他了解到,迪士尼在開始構思每部動畫電影時,就已經考慮了如何在接下來的十年裡,讓這部影片發揮最大的效用:首先要定義角色,並思考日後如何將它們商品化;電影在戲院上映後,就會推出 DVD 等。在整個過程中,他們會把電影中的元素,乘上十年間的價值,換句話說,迪士尼考慮的不僅是創作一部電影,而是整個特許經銷權。

包必達回到雀巢後,便想把這一招應用在雀巢的產品上,他要求研究人員創造出可以打上自己品牌的營養成分。第一個是 LC1,這是一種細菌,將被加入不同的產品中,包必達說:「我們不再只為一種產品創造一種原料,因為這樣它的價值有限,我現在會思考如何將一種營養成分轉化為品牌,以及如何在未來十年內,讓它的價值發揮得淋漓盡致。無論你去到何處,或扮演何種角色──人們做事的方法都不一樣,你總能學到一些東西,並將之應用到自己的組織中。」

對外部維持單一的說法

頂尖執行長都知道,要跟這麼多利害關係人打交道,試圖對每個利害關係人傳遞不同的資訊根本是白費工夫。他們發現在**與外部互動時,不論是表達公司的社會使命,還是跟公司有關的各個方面,採用單一說法,既有效率又不必傷腦筋**。賈奎斯・亞琛布洛就是抱持此一理念,來管理法雷奧公司的利害關係人:「我提交給董事會的內容,與我

提交給股東、領導人和工會的內容完全相同，我不希望在交流時有任何區別──它們必須是一樣的。」

以色列貼現銀行的萊菈・亞胥－托普斯奇則強調公開、誠實和一致是很重要的，面對股市尤應如此：「你提出自己的願景，然後展示你將如何延續此一願景。不論內部或外部發生一些事情，你要繼續以同樣的方式與他們溝通，並對他們說：『這是我們告訴你的情況，這個則是實際發生的狀況，之所以會這樣，是因為……』不要做出無法履行的承諾，坦誠說出公司的問題，而不光是指出商機，這樣你就不會遇到市場表示：『你說的話跳票了，降價吧。』」

唯有這樣坦誠面對公司的問題，即使當下會不舒服，才是建立信任和信譽的唯一途徑。美國合眾銀行的李察・戴維斯說明了他在遇到一些負面消息時，是如何跟投資人打交道的：「我經常對他們說：『聽著，我們把真相如實告訴各位，目前我們正在處理這些問題，各位理應了解真相，而我們理應獲得各位的信任。這麼一來，當我們告訴各位事情進展得出奇順利時，你們會記得我們曾經老實告訴過各位事情進展得不順利，因為我們會始終如一地對各位坦承相告。』」

怡安的葛雷格・凱斯在上任之初就意識到，為外部打造一個清楚且一致的故事是很重要的。當他在 2005 年剛就任怡安的執行長時，便被告知他必須在一個月後的投資人日上發表演講。其實，公司已經很多年沒有這樣做了，凱斯回憶道：「如果當年我夠老練，我就會說：『我們必須取消它。』但我當時根本搞不清楚狀況，所以我說：『好的，我們準備一下。』一個月後，我們能對怡安的未來說出有意義且有說服力的策略嗎？怎麼可能。如果當時我們有策略，我們也不該跟投資人談論此事，而是應該跟我們的同事討論，等我們打好基礎並做出一番成績時，才向投資人報告成果。但我當時完全不知道，所以我們在一個月後如期出現，結果面臨了地獄般的拷問。」凱斯顯然學到了教訓：「你必須有個計畫，然後確保每個人明白你要做什麼。」

對所有利害關係人都提出同一套說辭，能創造一個良性循環，不僅讓執行長建立信譽，而且還能減少與利害關係人打交道的時間。百思買的修伯特‧喬利解釋說：「與任何利害關係人打交道的關鍵在於『言出必行』，我們說要做的事就該切實做到，這樣才能獲得信譽。如果你能說到做到，他們其實沒那麼想見到你，他們希望你把時間用於工作，並兌現你的承諾。」

　　外部管理是企業管理的重要組成部分，通用汽車的瑪麗‧巴拉指出：「跟我們的利害關係人，包括政府、經銷商、供應商、工會和社群……打好關係並非易事，但卻是好好經營公司的一部分。」如前所示，跟利害關係人打交道頗費工夫，可能會消耗執行長大量的時間。這是一項艱巨的工作，執行長對員工擁有直接權力，卻對眾多能影響公司命運的利害關係人沒有任何權力。此外，現今利害關係人對公司的審查空前嚴格，而且激進投資人正開發出越來越複雜的工具來攻擊管理階層。

　　儘管如此，就像溢達集團的楊敏德所說，頂尖執行長：「都會避開常見的陷阱──花太多時間跟外部團體打交道，與自家同事相處的時間卻不足。」他們會設定界限，優化與利害關係人相處的時間，並認真了解與連結對方的「為什麼」，讓每次互動發揮最大成效。此外，頂尖執行長會把與公司外部人士的每一次互動，都當成是收穫新想法的機會，以便帶回公司使自家的業務更上一層樓。最後，頂尖執行長會對所有利害關係人一視同仁──維持一貫的說法，不但能提高自己的公信力，還能簡化管理外部環境的工作。

　　與利害關係人建立穩固的關係是很有價值的，不過當危機來臨時，與利害關係人的關係也可能成為左右成敗的關鍵。

第 15 章
見真章時刻實踐：保持高昂的士氣

希望最好的結果沒啥壞處，只要你已做好最壞的打算即可。
——史蒂芬・金（Stephen King），美國暢銷小說家

2015 年，富國銀行的執行長約翰・史登普夫（John Stumpf）榮獲晨星年度執行長的稱號，但在獲獎十個月後，他就因為該公司的銷售手法醜聞而辭職下台。而波音公司的執行長丹尼斯・米倫伯格（Dennis Muilenburg），曾在 2018 年被《航空週刊》評為年度風雲人物，但十一個月後就因為 737 MAX 型客機接連發生空難，而遭到董事會要求下台。

英國石油公司的前執行長東尼・海沃德（Tony Hayward），則是因為該公司位於墨西哥灣的一座深海鑽油平台漏油事件處理不當而辭職。優步的創辦人兼執行長特拉維斯・卡拉尼克（Travis Kalanick）因個人行事風格危及公司形象，而遭到幾位董事要求辭職。遺憾的是，執行長「風光上台，卻黯然下台」的情況堪稱屢見不鮮。

管理危機的頂尖方法，當然是一開始就預防危機的發生。而且**無論公司經營得多好，頂尖執行長要思考的問題也不是他「是否」需要領導公司渡過危機，而是「何時」需要領導公司渡過危機**。在過去十年裡，《富比士》全球兩千大企業中排名前百大的企業，跟「危機」一詞扯上關係的頻率，比之前的十年高出了 8 成。[79] 這並不奇怪，因為在技

術和全球供應鏈的推動下，產品和服務的複雜性日益增加。而讓事態更雪上加霜的因素則包括：第一，利害關係人的期望值越來越高；第二，推特（現已改為 X）和臉書等社群媒體平台迅速增強人們的擔憂；第三，許多地區的政府表現出更強烈的意願代表其選民出面干預。

危機可能來自任何地方。曾擔任美國聯合航空的執行長、後來成為執行董事長的奧斯卡・穆諾茲（Oscar Munoz）就曾經歷過，一名乘客被拖出一架超額售票的飛機時受傷、被媒體爭相報導的危機。或是像美國第三大消費者信用報告業者 Equifax 的前執行長理查・史密斯（Richard Smith），遇到了公司資料庫被駭、導致大量消費者個資外洩的危機。企業可能遇到的危機真的是五花八門，包括代價高昂的安全問題、道德操守問題或惡意收購的企圖。並非所有危機都是公司本身造成的，有時總體經濟事件、疫情、國際衝突、自然災害、社會動亂、恐怖攻擊，以及其他各式各樣的外部因素，都可能給執行長帶來危機。

2014 年 1 月，瑪麗・巴拉接任通用汽車執行長僅數週後，該公司就因為點火開關故障造成多起致命車禍，而不得不開始召回數百萬輛汽車，她回憶當時的情況：「當你遇到危機時，你不會立刻就意識到它的嚴重程度。剛得知壞消息時，你不會認為：『哦，天哪，這將是一場巨大的危機。』但隨著點火開關事件的發展，我們很快就意識到事態的嚴重性。」她向身為通用汽車股東之一的股神巴菲特尋求建議，他告訴巴拉當年他接管陷入困境的所羅門兄弟公司（Salomon Brothers）時，他的心法是：『**處理危機要快狠準，並且要結束它。**』」

巴拉從她的 15 人領導團隊中指派了 5 個人負責此事，他們每天碰頭，一起應付危機。在危機爆發的初期，管理團隊通常是問題比答案多，因此巴拉不斷派他們去找出答案。他們有時會面談 2 小時、有時 20 分鐘，但巴拉一直與他們保持密切連結。與此同時，她告訴領導團隊的其他成員，專心經營業務——每天努力銷售以確保車輛計畫正常運作。

有趣的是，這場危機竟讓她看到了加速改變企業文化的契機，巴

拉說：「當我們陷入危機時，我們會說：『這些是我們的價值觀，它們不光是我們貼在牆上的標語，我們要靠它們度過難關。』由於「以客為主」是我們的價值觀之一，所以我們說：『我們要做到公開透明，我們將盡一切可能為客戶提供支援，並盡可能確保類似事件不再發生。』」

同年春天，巴拉前往國會接受「拷問」，在嚴厲的盤問下，她有時不得不承認，她目前還沒有答案，必須等到調查結束後才會有答案，巴拉回憶說：「我因此受到了嚴厲的批評，但我很高興我沒有妄加猜測問題的根源到底是什麼，因為我有可能會猜錯，那樣情況會更糟糕。我就會聽到：『之前你說是那樣，現在你又說是這樣。』」

隨著巴拉團隊了解到越來越多的資訊後，他們會立即與公眾分享這些資訊，並竭盡所能幫助客戶。通用汽車最終召回了兩百六十多萬輛汽車，並解決了數千起人身傷害索賠案。通用汽車公司在一項集體訴訟和解中支付了 1.2 億美元，以彌補那些使用了被召回的點火開關之車主或租車者所蒙受的經濟損失。

巴拉的危機處理讓她在 2014 年被《財星》雜誌評為「年度頂尖危機管理者」。巴拉除了再度對此次的人身事故深表遺憾，還從本次危機中學到一個教訓：「我對這件事的最大感悟是，身為一名領導者，有時候你以為自己可以做選擇，但實則不然，因為只有一個正確的做法。是的，你必須仔細考慮做某件事可能帶來的結果，但其實你別無選擇。很多時候人們會說：『我們遇到了這個問題，它會對我們的財務狀況產生這樣的影響。』我回答說：『什麼才是正確的做法？如果會對財務狀況造成影響，那就不好了，但怎麼做才是對的？』」

危機有可能終結一位頂尖執行長的任期，但你也可以巧妙地利用危機，把公司在危機後的業績提升到更高的水準。公司會走向哪一側，端看執行長能否做好以下這幾件事⋯⋯

⋯⋯定期對公司進行壓力測試

……當危機來臨時，成立一個指揮中心
……把眼光放遠
……展現個人的應變能力

定期對公司進行壓力測試

頂尖執行長都會牢記一句古老的諺語：「一盎司的預防，勝過一磅的治療。」藝康公司的道格‧貝克指出：「你不是在危機發生的當天，才為危機做好準備，而是在危機發生之前就要早早建立起應變能力。」溢達集團的楊敏德提供了一個神比喻：「遇到危機就像一艘帆船駛入暴風雨中，你必須在進入風暴前做好準備，一旦啟航後，你就不能指望人們知道在最危急時刻該做什麼。」

幾乎每家公司都會使用某種形式的預測方法去預測未來，**比較厲害的公司會把情況分成「最好、還好和最糟」，透過對比兩種極端情況，便可以制定應急計畫，以減輕不利因素與極大化有利因素。最厲害的公司甚至連所謂的「黑天鵝事件」*都預做防範**，因為這類事件往往在事後讓人覺得其實是可預測的。

例如里德‧海斯汀曾在 Netflix 提出這樣的問題讓大家練習：「十年後，Netflix 倒閉了，請算出各種可能原因的機率。」假設 Netflix 的總部被失事的飛機撞毀，發生這種情況的機率是 0.00001，然後海斯汀和他的團隊會逐一評估發生清單中的其他狀況之機率，他說：「想不到評估這些狀況還挺有挑戰性的，有時候討論會轉向我們能為其中某些風險做些什麼。不過很多時候，**只要界定我們會面臨哪些風險，就能促使大家明智地調整行為，從而提高我們的適應力**。」

---

* Black Swans，看似不可能發生卻真的發生了，並造成重大衝擊的危機。

針對多個方面進行壓力測試，能夠看出不同狀況的模式，讓執行長及其團隊可以擬定危機管理的教戰手冊，就像財捷的執行長布拉德·史密斯所說：「雖然每場危機都是獨一無二的，但如果你退後一步看，它們約有七八成的相同特徵，所以同樣的教戰手冊可以派上用處，只不過你必須根據具體情況做調整。」

　　一本好的危機處理教戰手冊應列出領導準則、戰情室配置、行動計畫，以及危機發生時的溝通方式，同時還須定義和衡量威脅升級的先行指標。通用磨坊的肯·包威爾指出：「危機管理的祕訣之一就是意識到有危機了，危機未必像新冠疫情那麼顯而易見，因為它不是那麼明顯，有時你真的需要大聲疾呼。危機可能來自一家努力不懈的新創公司，未來即將打敗你們。你也必須提防那些擁有無數狂熱用戶的公司，你要留意它們，然後及早做出因應，千萬不要對危機不知不覺。」

　　開拓重工的吉姆·歐文斯則提到該公司因為回應早期預警而改變了發展軌跡：「在 2007 年至 2008 年，我團隊裡的每個人都堅信，我們需要將採礦設備的產能提高 1 倍。但因為當時我待在紐約和華府，所以我看到的是截然不同的前景：公司裡一片樂觀，但其實我們正向瀑布駛去。於是，我們選擇不提高產量，因為我們擔心全球經濟，可是採礦公司卻不斷向我們反映，我們的產量無法滿足他們的需求，然而翌年他們實際取走的貨量還不到訂單的一半！」

　　為了做出切實可行的危機教戰手冊，執行長應要求主管們定期模擬各種狀況，讓每個人都知道危機真的出現時該怎麼做。歐文斯描述了他如何在開拓重工推動領導者每年進行壓力測試：「我讓各個事業群告訴我，若遇到 25 年來最嚴重的週期性衰退時，他們將如何保持獲利？每個人每年都要進行一次這樣的練習，當時公司的成長和利潤連續五年刷新紀錄，他們都覺得這是個愚蠢的練習。但是到了第六年，事實證明這是個很好的練習，在 2008 年 11 月全球爆發金融危機期間，我們得以老神在在地說道：『拿出你因應深度衰退的計畫，並付諸實施吧。』」

壓力測試也幫丹格特集團順利度過新冠疫情危機，執行長阿里科‧丹格特表示：「在疫情爆發之前，我們就已加強並改進了我們的業務流程、公司治理和組織結構。透過壓力測試，我們建立了強大的風險管理功能，以確保為危機做好準備。」拜壓力測試之賜，讓丹格特得以在面臨疫情的重大挑戰時，仍能有效監控公司的關鍵業務，並減輕財務的負面影響。丹格特說：「擁有一個運作良好的持續營運框架，有助於確保整個集團的業務正常運行。」

即使危機沒有發生，定期的壓力測試也提供機會讓企業更具應變能力，讓企業順勢汰除表現不佳的業務、削減多餘的成本、在高成長地區加倍努力、加強併購計畫、提高高層團隊的效率，並對技術進行必要的投資。藝康公司的道格‧貝克解釋了這些行動的重要性：「企業中總會有問題，你必須解決你能立即看到的問題，這樣你才有能力管理你無法預見、但知道一定會出現的問題。應變能力主要就是確保你能繼續處理眼前出現的問題，千萬不要讓問題堆積起來。」

壓力測試除了能曝光企業可能面臨的挑戰，還彰顯出與利害關係人打交道的重要性，因為他們乃是彼得‧杜拉克所說的「有意義的外部」。道格‧貝克指出：「執行長必須在平時就跟利害關係人建立友好關係，請把它看成是一種長期累積的貨幣。我曾擔任美國合眾銀行的董事，在金融危機爆發之前，他們早已在監管機關中儲存了大量的信任和信譽貨幣。他們能做到這一點，是因為他們透明公開、沒有涉足次貸，而且奉公守法。這改變了人們對他們的看法，並影響了危機來臨時人們對他們的態度。如果你已經建立了良好的商譽，那麼在被證明有罪之前，你就是無辜的。」

俗話說：「不做計畫肯定會失敗」，那些在危機來臨前就養成應變能力的執行長，會發現遇事時比較容易應對。但未雨綢繆也未必就萬無一失，誠如前重量級拳擊王麥克‧泰森所說：「每個人都有個計畫，直到被人一拳打在嘴上。」所以現在我們要將目光轉向執行長在危機期間

的行動，如果他們能妥善處理危機，就能戲劇性地塑造他們自己和公司的命運。

成立一個危機指揮中心

執行長應留意危機來臨時可能會出現以下情況：危機可能對社群、客戶、生計、或環境造成嚴重損害；投資人會大發雷霆；董事會和相關監管機關會追究責任。對立者會趁人之危，像是激進投資人可能會動員、消費者可能會抵制、競爭對手可能會搶走客戶或員工、駭客可能會攻擊你的系統、媒體可能會挖出公司之前犯下的每一個錯誤。而且真實的訊息少之又少，謠言和假消息卻是滿天飛，包括危機的嚴重程度，以及高層團隊成員可能牽涉其中。其他成員要嘛經驗不足幫不上忙，要嘛抗壓性低無力面對緊張的環境。

在此混亂局面下，公司多半只能等待更多事實，並暫且向外界發表隱晦的聲明，希望事態不像表現上看起來那麼糟糕。不過，隨著危機的加劇，他們往往會發現自己陷入一個可怕的惡性循環：不停回應最新的負面新聞，瑪麗・巴拉以通用汽車點火開關召回事件為例說道：「我們領導團隊的某些成員認為，只要我們發布一份新聞稿，這件事就會過去。我只好告訴他們：『危機不會就此平息的，我們必須做得更多，我們不能保持沉默，也不能只透過新聞稿來溝通。』所以我們不顧某些人的勸阻，召開了記會。」

就像巴拉在通用汽車所做的那樣，**頂尖執行長會立即啟動一個跨部門的「指揮中心」團隊，並授權該團隊同時應對主要的挑戰（與法律、技術、營運和財務相互關聯的挑戰）和次要威脅（重要利害關係人的反應）。**這些團隊通常規模較小所以行動敏捷，有一名全職的高級領導，銀彈充足且有足夠的決策權，可以在數小時之內就做出決定並執

行。如果沒有這樣一個團隊，組織很快就會陷入善意的功能失調：管理者最終會在資訊不完整或不準確的情況下，以不協調的方式採取行動，且決策中心也因為需要數十人簽字核准而無法快速行動。最糟糕的情況是，組織出現相互指責與爭奪地盤大戰，導致陷入僵局。

危機指揮中心的關鍵角色之一，是協調和促成內外部的良好溝通。當新冠疫情襲來時，辛辛那提兒童醫院的邁可‧費雪大幅加強了與內部和外部利害關係人的溝通，他讓危機處理團隊推出一個線上「常見問題」頁面。他還與高階主管團隊錄製了一系列針對員工的宣導影片，每週一高管團隊會花一小時跟院裡的 800 名經理溝通，他說：「我們向經理說明：『我們都該知道的事情』，而他們則向我們說明：『邁可和你的領導團隊應該知道的事情。』」費雪認為他們應該趁此機會：「保有利害關係人的信任，而且還要加強這份信任。」

費雪的經驗顯示了，選派正確的團隊專門處理危機好處多多，包括確實掌握危機的範圍、嚴重程度及危機背後的真相，這些資訊將幫助領導者避免偏見，並對解決危機所需的時間做出清醒的評估，同時還能確保執行長在危機期間所做的承諾，不會進一步削弱公司和執行長的信譽。團隊將採取行動平息利害關係人的極端反應，爭取時間搞清楚威脅並加以解決。比方說，團隊可能會建議為業務合作夥伴提供緊急財務支援方案，向消費者支付慰問金，或是召回產品，以及在必要時對監管機關做出緊急回應。

成立指揮中心的最大好處，或許是避免執行長被危機搞得焦頭爛額，而能專心處理公司的營運，甚至是攸關公司生死存亡的工作。

把眼光放遠

如果你是一艘戰艦的艦長，而你的艦艇被魚雷擊中，你會怎麼

做？最好的辦法是派一部分船員去控制船體破損，而自己則留在艦橋上，讓艦艇全速前進，並部署其他船員繼續作戰。類似的精神也適用於企業危機，**許多危機會直接影響到企業的其中一兩個部門，執行長必須讓其他人專心推動業務發展。執行長必須保持冷靜與開闊的視野，以便所有員工都能繼續做出頂尖表現**。即使整個組織都受到了影響，美國運通的肯・謝諾指出：「人們在危機中需要的，不僅是持續的溝通，執行長還必須讓大家知道，你的短、中、長期期望是什麼？」

把眼光放遠讓帝亞吉歐得以安然度過新冠疫情，當時世界各地的酒吧和酒館紛紛關閉，孟軼凡和他的團隊決定斥資數千萬英鎊，無條件買回所有閒置和即將過期的啤酒桶，孟軼凡說：「那兩季，我們的盈利下降了，但我並不關心財務狀況會下降到什麼程度，消除短期壓力是我們所做的最好的事情，它向我們的團隊發出了這樣的訊息：支持品牌、支持客戶，做正確的事。經過那段時間的努力，我們在絕大多數市場的市占率都提升了。」

阿霍德德爾海茲集團的迪克・波爾則分享道：「當我回顧職業生涯中遇過的危機時，我想到了執行長應記取的三個經驗。**首先，不要主持或領導危機處理團隊，而是讓他們向你彙報，這樣你就有空間和時間監督業務的所有要素，而不只是危機。其次，在組織中展現信心──顯示你能掌控一切，你知道自己在做什麼，你會照顧好員工和客戶。第三，即使風暴還未退去，也要開始思考下一步該怎麼做，因為危機可能會帶來一些你沒有想到的商機，以及你必須處理的其他情況。**」

波爾的看法與已故的甘迺迪總統不謀而合，甘迺迪在擔任參議員時曾說過：「危機的中文由兩個字組成，一個代表危險，另一個代表機遇。」[80] 危機團隊努力將危險降到最低的同時，執行長則需要看到商機，通用汽車的瑪麗・巴拉便深明此理，把握危機時刻加速改變公司的企業文化，adidas 的卡斯珀・羅斯德則更進一步：「我常聽人們說不要浪費好的危機，因為這其實是公司進行徹底變革的最好時機，這時你可

以義正詞嚴地說：『我們不能再這麼做了。』無論是減少不必要的差旅、充分運用數位管道，還是其他任何事情——現在正是行動的時候了，否則又要拖上兩三年。」

頂尖執行長除了會趁危機時刻啟動組織變革，有時還會趁機追求企業的新方向，財捷的布拉德・史密斯進一步闡述：「執行長一定要認清危機會加速哪些社會趨勢的發展，例如在金融危機中，平台、全球化及行動設備的採用速度，全都超乎人們的預期。新冠疫情危機可能會加速虛擬協作和全通路商務的發展，以及必須具備更好的金融知識和資金管理。身為執行長，你需要問問自己，哪些事物的速度加快了，你必須趕緊跟上和採用。」

史密斯還發現到，在危機期間採取的一些做法，可能優於以前的做法，他建議說：「把這些更棒的新做法列成一份清單，經過仔細審查後，就可以決定把哪些做法加入新的營運模式中。例如，在新冠疫情期間，Zoom 成了很棒的等化器，讓每個人都有平等的發言權，也許我們都不必進辦公室工作。」

頂尖執行長會做長期思考，避免組織採取長遠來看會造成損害的短視近利解決方案。伊頓公司的柯仁傑在遭遇經濟衰退時，告訴他的管理團隊：「我們不想解雇員工，當我們再度成長時，我們會需要這些人的技能，所以我們必須找到更好的做法。」結果他們讓員工自行選擇是否要被資遣，並詢問員工是否願意減少一些工作時數，讓其他隊友能保有工作，高層領導團隊則全數減薪與放棄獎勵。

柯仁傑說：「大家的反應簡直令人難以置信，我們想告訴大家的重點是：『大夥兒現在共體時艱把腰帶勒緊些，但我們將來會有更好的業務。』做這些決定其實很不容易，因為我們受到了很多人的批評。華爾街希望我們裁員三四萬人，但我們說：『我們不會這麼做，我們認為這是舊思維，新思維是要保留資源、支出的運用要更加務實。』」柯仁傑清楚告訴那些批評其決定的投資人：「你們的選擇是不擁有我們，但你

們會犯下大錯，因為你們將會看到我們比那些裁員的公司更快恢復。」

董事會往往是執行長在危機中忽視的一個群體，這其實對他們很不利。杜克能源公司的林恩・古德指出：「當你們陷入危機時，媒體可能會審查和批評公司。你希望董事們了解媒體為什麼會做這樣的報導，以及你正在採取什麼措施來應對這種情況。」就像我們在前幾章中提到的，董事會可以助企業一臂之力，古德指出：「曾有董事會指定一個小組委員會專心應對某個特定問題，運用董事會的特定技能，進行更頻繁且更深入的討論。當公司遇到危機時，不必等到已經排定日程的下一次董事會，而是可以運用董事會的所有技能，靈活應對危機與溝通交流。」

頂尖執行長不會在危機初期的狂熱消退之後，就將危機拋之腦後，除非他們確信自己的團隊已經徹底解決了危機的根源。引發危機的根本問題鮮少是技術性的，多半牽涉到人（企業文化、決策權、能力）、流程（風險治理、績效管理、標準制定），以及系統和工具（維護程序），這些問題可能都需要數年才能解決。此外，公司的利害關係人會要求執行長，對參與製造危機的人追究責任，還得以持續的大動作向相關利害關係人表示補償，而且在未來幾年內，只要與此有關之事，執行長就得代表公司面對媒體和立法者。

執行長應展現個人韌性

危機不僅對組織而言是個見真章的關鍵時刻，對其領導人也是如此。**頂尖執行長都知道，當災難來臨時，利害關係人的憤怒很可能會集中在他們身上，甚至會牽連到他們的家人和朋友。**所以執行長必須做好準備，應對片面的報導、社群媒體帳戶上的人云亦云、抗議者出現在他們家門外，以及他們的家人成為網上的攻擊目標。聚光燈鮮少會在幾天、幾週甚至幾個月內消失，而是會持續數年。

體育用品製造商 adidas 在 2014 年遭遇了一系列事件，導致其業績下滑。首先是高爾夫業務垮了，當時 adidas 旗下有泰勒梅（TaylorMade）和 adidas 高爾夫（Adidas Golf）兩大品牌，是世界上最大的高爾夫公司（規模是卡拉威的 2 倍）。但後來該公司第三大市場俄羅斯的盧布貶值，隨後又因烏克蘭的政治局勢，導致歐盟對俄羅斯實施制裁，該行業應聲重挫，僅在一個月內 adidas 就損失了 3.5 億美元的利潤。adidas 發布盈利警告，股價隨之下跌，排山倒海的負面情緒全都衝著執行長赫伯特・海納而來，他坦承：「投資人盯上了我，他們說：『經濟正在蓬勃發展，這是怎麼回事？他太老了，已經江郎才盡了——執行長做 13 年太久了。』」

海納只得努力保持清醒：「那是我最難熬的時期之一，我只是普通人。午餐後，我不得不出去散步 1 小時，呼吸新鮮空氣。」走著走著，海納穩住了腳步：「首先，我心想：『這些傢伙在說什麼？難道他們不知道我過去 13 年在這裡所做的一切嗎？居然一點認可也沒有？為什麼他們都在抱怨？』接著，我說：『好吧，他們都瘋了，我受夠了，如果他們不喜歡我了，那就換別人做吧。』最後，我告訴自己：『好了，別鬧了，我要向全世界，尤其是這些批評者們證明，我可以再次做到的。』」

然後，海納便回去公司，他提醒員工們別忘了自己之前的表現有多麼出色，並向他們保證，公司會挺過考驗的。在 12 個月內，adidas 的股價從 55 美元翻了 1 倍，達到近 110 美元，讓公司重返榮耀並一直持續到現在。

海納在任期間不斷打造個人的抗壓能力，練就「金剛不壞之身」，當 adidas 贊助的某位運動員受到抨擊時，海納也會遭受池魚之殃，他回憶道：「以前經常有人問我：『你在幹什麼？你不懲罰這些運動員嗎？adidas 怎麼能允許這樣？』這是我上任之初最具挑戰的事情，我意識到自己站在前線，跟外部利害關係人打交道，包括投資人、媒體和出席各種場合。」海納從這個專屬於執行長的前線角色體認到：「**無論時代多**

麼艱難，危機過後總會有一片天地。即使形勢看起來很暗淡，也要相信自己和員工，保持積極的態度，不要讓自己或公司過分受到不可控因素的影響。」

藝電公司的執行長安德魯・威爾森從他練了 16 年的巴西柔術，學會了危機來臨時必須保持應變能力。他解釋說：「我從柔術學到一個重要經驗，一個跟我差不多重的小個子（68 公斤），若是跟一個 136 公斤的人打鬥，無論你的工夫有多好，最終都會落得個不好的下場。柔術教你在不舒服中尋找舒適，它告訴你，只要還能呼吸，你就能繼續。即使我處於最底層，被一個 136 公斤重的人壓在身下，我的工作也是找到一個迴旋空間，可以讓我喘口氣並計畫下一步行動。**與其打一場失敗的戰鬥，不如把戰鬥帶到我強大的地方。**」

在生意場上，威爾森曾多次發現自己像是被一個 136 公斤重的人壓在身上一樣苦苦掙扎。「當我們面臨招聘和留住頂尖人才的挑戰，並在競爭激烈的行業中推出高品質產品時，你會發現自己的處境很不舒服。但我們不能坐以待斃，而應找到舒適感、找到呼吸，並計畫下一步行動。我們總是想辦法，在自己強大的環境中競爭或工作。在與他人競爭的過程中，我們會努力讓他們離開自己的環境。我們找到自己的呼吸，讓自己感到舒適，然後我們努力讓自己處於更強的位置，從而採取積極和肯定的行動。」

耐斯特的馬帝・李耶沃能上任僅三個月，就被芬蘭一家知名經濟雜誌評為該國最差執行長之一，並建議解雇他，他說：「你不能受到低谷的負面影響，也不能讓高潮衝昏頭。執行長算是個公眾人物，你必須腳踏實地、全力以赴。我曾經被壓力打倒，搞到健康出問題，讓我不得不痛定思痛。幸好我的家人很支持我，他們為我提供了平衡，並充當我的測試人*。成功後我與團隊和組織一起慶祝，且持續關注更遠大的目

---

* sounding board，指測試新想法或建議是否可行的一群人。

標,我體認到人生不只是執行長這個角色。」多年後,耐斯特從原油成功轉型到生物燃料,執行長也因為創造價值而備受讚譽。

洛克希德馬丁公司的瑪麗蓮‧休森回想起自己在執行長任內的起起伏伏時表示:「有時候,我也會蒙受一些莫須有的批評。」為了應對這種情況,她將自己從角色中分離出來。「我從不把別人的批評放在心上,雖然它們是針對我而來,因為我是公司的化身,但它們與我個人無關。」

美國運通的肯‧謝諾指出,**不斷回到組織的「為什麼」,也是站穩立場的有效方法**,他說:「一切都應該以公司的理念為基礎,譬如在金融危機期間,我必須重申美國運通的核心是服務業務,我們需要聚焦這一點,真正理解為人們服務的含義。」

有足夠的韌性不把自己跟公司混為一談,能以深思熟慮、有分寸的方式回應個別批評,並堅守公司的價值觀,這並非易事。頂尖執行長都知道、睡眠、忙裡偷閒(像海納透過散步來保持清醒的思維)、營養、運動與親友共度美好時光,都會對這一過程大有裨益。桑坦德的安娜‧柏廷用她的座右銘「Estar bien para poder hacer más」表達此一理念,意思是:「心情好,就能做更多事情。」我們會在下一章討論時間和精力管理實踐時,進一步介紹頂尖執行長如何在危機來襲之前打造個人應變能力的其他妙招。

隆恩‧海菲茲(Ron Heifetz)和馬惕‧林斯基(Marty Linsky)在《火線領導》(*Leadership on the Line*)一書中,建議領導者定期離開舞池,去陽台(意思是領導者應著眼於大局,而不要一直糾結於細節)。[81] 顧名思義,**危機會把執行長引到舞池,讓他們面對現實、解決緊迫問題,並且推動營運變革。但是頂尖執行長還懂得站在陽台上,以取得開闊的視野,讓他們看出其中的模式,在地平線上發現希望,並尋找機會**。他們會定期對公司進行壓力測試,以便在危機發生時盡可能做好了

準備，並成立一支全職的指揮團隊，以確定事實、指揮交通和解決眼前的問題。在落實這一切的同時，**頂尖執行長會抱持長遠的眼光、有足夠的韌性扛住人身攻擊、深思熟慮地回應批評，並把公司的「為什麼」列為做決策的首要考量。**

◆ Part 5 重點摘要 ◆

先找出利害關係人的「為什麼」

現在，我們已經討論了頂尖執行長如何跟利害關係人打交道，這是個棘手有時甚至是凶險的角色。在這些見解和實例中，我們了解到殼牌石油公司的彼得・佛瑟，他盡心盡力地與公司最重要的利害關係人接觸，只要一接到通知，便立即前往世界各地，絲毫不敢怠慢。我們也看到了洛克希德馬丁公司的瑪麗蓮・休森，如何透過了解總統當選人川普其言論背後的

連結利害關係人：頂尖執行長與一般執行長的區別

心態：先找出他們的「為什麼」

社會使命實踐	影響大局 ● 明確公司的社會使命 ● 把使命嵌入業務核心 ● 利用優勢有所作為 ● 必要時展現立場
利害關係人互動實踐	了解本質 ● 控制花在「外部」的時間 ● 了解他們的「為什麼」 ● 收穫新想法 ● 保持單一的敘述方式
關鍵時刻實踐	保持高昂的士氣 ● 定期對公司進行壓力測試 ● 成立一個危機指揮中心 ● 把眼光放遠 ● 展現執行長的個人韌性

「為什麼」，成功應對他對於 F-35 戰鬥機專案所做的負面推文。還有瑪麗・巴拉如何透過對各方當事人開誠布公，巧妙地帶領通用汽車度過點火開關危機。

研究顯示，**只要執行長抱持與利害關係人的「為什麼」連結之心態，就能對企業收益的影響高達三分之一。**所謂的與利害關係人連結，主要是以下三個方面的利害關係人參與：**展示社會使命、建立牢固的關係，以及領導大家安然度過惶恐不安的關鍵時刻。**

各位讀者即使不是執行長，這些經驗對於悠遊在組織或專案的「外部」也很有價值。請各位問問自己：

- 我是否充分認識到我們正在做的事情，將如何對社會產生全面性的影響？
- 有哪些具體可見的事物，可以證明我們在這方面取得了進展？
- 我們如何利用自身優勢反饋社會？
- 我們是否對於跟我們息息相關的社會問題大聲疾呼？
- 與利害關係人接觸的時間，是否限制在適當的範圍內？
- 誰是我最重要的利害關係人，他們所做的事情背後的「為什麼」是什麼？
- 我從利害關係人的互動中收穫了哪些新想法？我向各方利害關係人講述的故事是否一致？
- 我們是否對不可避免的危機做了「壓力測試」？
- 我是否制定了個人韌性計畫，使我能夠在危機中保持正確的觀點和判斷力？

每個領導者都可以從對這些問題的正確回答中受益。

我們現在已經討論了五種執行長的心態和做法，正是這些心態和做法讓頂尖執行長變得卓越不凡。我們剛剛談到了在關鍵時刻保持個人的應變能力，這讓我們順利進入了領導自己的話題——擁有個人的營運模式，能讓執行長順利完成所有該做的事。

Part

6

精進個人效能：
做只有你能做的事

世上最無用之舉，就是很有效率地做那些根本不該做的事。
　　——彼得・杜拉克（Peter Drucker），現代管理學之父

本書中討論的各種執行長職責，往往需要一個讓人疲於奔命的行程表。頂尖執行長必須確保自己身心兩方面皆很健康，才能因應挑戰，但這可不是一件容易的事。就像 Majid Al Futtaim 的阿蘭‧貝賈尼所說：「領導自己是世上最困難且最艱巨的任務，需要極大的勇氣。」

用「艱巨」來形容此事並不為過，所以我們採訪過的執行長中，並不是每個人都認為自己可以就這個問題提出建議，某位執行長便表示：「我感覺自己每天都走在地雷區，我並沒有成長茁壯，只是還沒被炸死，這真的是一項繁重的工作。」

話雖如此，他們也體認到，跟其他方面相比，管好自己至少是他們本身能控制的。就像萬事達卡公司的彭安傑所說：「如果身為執行長的你，都不知道什麼對你來說是最重要的，如果你不願意花時間去搞清楚，那就是你的問題了，沒人能幫你。」

事實上，由於許多執行長都認為這個話題如此重要且困難，所以他們都建議應該將它列為第 1 章。我們之所以把它留到最後，純粹是因為我們認為，先深入了解執行長必須擔負哪些職責是很重要的，畢竟有近半數的執行長表示，這個角色「與我之前的預期不同」。[82]

雖然對於管理個人福祉和工作效率，頂尖執行長所做的選擇確實因人而異，不過也有一些共通性。誠如高德美的弗萊明‧厄斯寇夫所說：「人們成功的方式各不相同，但是我景仰且熟識的執行長，全都展現了紀律。」厄斯寇夫的觀察帶出了一個問題：什麼樣的紀律？許多執行長在回答這個問題時都會說：「我的工作就是做該做的事。」然而，頂尖執行長並不是這樣想的；相反地，他們的心態是：「我的工作就是做只有我能做的事。」開拓重工的吉姆‧歐文斯解釋說，個人效能的關鍵在於：「優先處理只有執行長才能解決的最關鍵問題，並將其餘任務下放。」

頂尖執行長秉持「做只有他們能做的事」之精神，來管理以下三個關鍵方面的個人效能：妥善利用時間和精力、選擇適當的領導模式，以及維持正確的觀點。

第 16 章
時間與精力實踐：管理一系列衝刺

> 我必須掌控時鐘，而不是被它掌控。
> ——梅爾夫人（Golda Meir），1969 至 1974 年擔任以色列總理

　　一杯 500 毫升的水有多重？其中一個答案就寫在問題中，如果你拿起水杯，也許就能猜到它的重量。但如果你把這杯水舉在半空中 1 小時呢？你的手臂可能會痠痛不已，而且會感覺比 500 毫升重得多。如果你把水杯舉在半空中一天呢？到那時，我們恐怕得叫救護車了。這件事給我們的啟示：儘管一杯水的重量不會改變，但它有多重取決於拿著它的時間長短。

　　這個比喻適用於大多數人類活動中的表現，例如健美運動的關鍵是在能量消耗和恢復之間來回擺盪。至於網球比賽，研究發現頂尖選手會利用精準的恢復「儀式」，在得分間讓心率大幅降低 15％至 20％。傑克・尼克勞斯（Jack Nicolaus）是史上最厲害的高爾夫球星之一，他曾在《高爾夫文摘》上寫道：「我有一套訓練方法，能讓我從高度專注進入徹底放鬆，並在必要時重返高度專注。」[83] 當有人敦促達文西花更長的時間來創作《最後的晚餐》時，他毫不謙虛地回答說：「最偉大的天才，工作得少但成就更大。」

　　頂尖執行長也有類似的體悟，財捷的布拉德・史密斯即表示：「我

的高階主管教練就常說：『沒人能贏過這份工作，它永遠比你強大，無論你認為自己有多努力才坐上這個位子，你都無法超越它。』」辛辛那提兒童醫院的邁可・費雪也說：「如果我沒有堅持不懈地照顧好自己，我不可能在這個崗位上做滿十年。」

adidas 的卡斯珀・羅斯德分享道：「我認為你花的時間越多，你的回報就越被稀釋。身為執行長，你很容易開始涉足與你無關的事務，但如果你設定適當的時間限制，你就會發現什麼事情更重要。」

羅斯德把自己的生活哲學轉化為清楚而嚴謹的作業模式，通常他會在晚上六點下班，並確保自己有時間跑步和運動以保持身材，他還是一名滑雪愛好者。他堅持把週末時間花在妻子和 4 個孩子身上，他說：「我並不是不喜歡我的同事，但我不想厚此薄彼，選擇跟 A 而非 B 去參加烤肉派對。」此舉不僅讓他能做一名客觀的老闆，而且他認為此事關乎公平：「我認為，如果我獨厚團隊中的某個人，那是不恰當的，這會形成一個兩級分化的社會。」除非有明確的商業原因，否則他會謝絕那些非必要的應酬，他說：「如果奧斯卡頒獎典禮邀請我，我不會去，因為我沒興趣。」

為了確保他的時間只用於優先要務，他至少提前 3 個月便計畫好他的行事曆，且有足夠的靈活性來應對不期而至的緊急事項。每天下班前他都會清空自己的電子郵件，以免問題堆積，他還會六親不認地排定自己參與之工作的優先順序。他認為如果領導者做得好，且有一個好的計畫，能把時間做更好的分配，執行長就沒必要事必躬親，他說：「要是大家都做好自己的工作，我並不打算干涉他們。」

羅斯德所遵循的模式對他來說非常有效，在他領導漢高化工（Henkel）的八年裡，公司股價翻了 3 倍。而他出任 adidas 執行長的頭三年裡，adidas 的股東回報就翻了 1 倍，他本人也榮登《財星》年度商業人物榜。

羅斯德的方法當然不適合每一個人，不過在我們訪談的頂尖執行

長中,對於如何控制時間和精力時,他們確實有一些共同點……

……「張弛有度」的行程表
……明確區隔公務時間和私人生活
……在日常工作中注入活力
……量身打造支援團隊

「張弛有度」的行程表

毫不意外地,**頂尖執行長對於時間的使用都非常有條理**,就像萬事達卡的彭安傑所說的:「時間是你最寶貴的資源,而且是有限的。老實說,頭兩年真的很艱難,我的時間管理並非一帆風順,一開始我做得很糟糕,因為我什麼都想做──溝通、了解別人、領導變革、尋找可以建立新關係的人脈,以及讓他們傳遞我的訊息。」可惜事與願違,他的生活變成了這樣:「當時我正在亞洲出差,所以睡得很不好。當我晚上十一點回到飯店房間時,有 100 封來自美國的電子郵件等著我回覆,而我已經答應我的團隊,會在 24 小時內回覆每封郵件和每通電話。」

彭安傑發現他必須控制好自己的行程表,才有辦法「雨露均霑地」關注各項優先業務,並得以在馬不停蹄的開會間隙中,特別是在出差時,勻出一些思考的時間。為此他在行事曆中用不同顏色標注出差、會晤客戶、拜會監管機關、管理內部的時間,彭安傑說:「要是我沒有把時間用在對的地方,只要看一眼行事曆,就會非常清楚。我的幕僚長的主要工作之一,就是確保我的開會時間是合理的。」

有些執行長採用老式的做法:列清單,來應付繁忙的公務和行程,藝康公司的道格・貝克說:「到現在我都還是親手為自己寫下季度目標,我需要做些什麼?有時候就是開始尋找一名領導者這麼簡單的事。

我的目標來自公司的年度目標,所以基本上就是落實公司策略需要做的事情,我就是這樣讓自己負責的。」貝克還會對他的目標清單做記號:一顆星表示他正在努力,圓圈表示快完成了,劃叉則表示已經完成。「這麼做顯然很簡陋,但是當很多目標還未啟動時,我就會告訴自己,我必須完成三件事才能出門。」

捷邦軟體公司的吉爾·薛德將他的待辦事項分為三類。首先是只需稍作調整或改進的小問題,其次是還需要花點工夫解決的中問題,最後則是為了讓企業朝著正確的方向發展,所必須採取的大行動,薛德解釋說:「如果你發現自己每天都在做第一類的瑣碎事務,要麼是這家公司一切都很好,要麼是這裡可能不需要你,或是你沒能為系統帶來足夠的價值。」

執行長不僅要求嚴格遵守行程表,但同時也要求高度靈活性,洛克希德馬丁公司的瑪麗蓮·休森說:「我每個月都會追蹤自己的時間,以確保自己在做實現目標所需的事情。但與此同時你必須意識到,執行長的工作每天都不一樣,事情往往說來就來,如果你沒有一個嚴謹的框架,你就會一直在處理眼前的危機,或是做一些非必要的事情,而且因為你沒有一個好的工作節奏,所以你無法授權。如果你收到一條訊息:『我們希望你下週來白宮一趟。』你必須有足夠的靈活度來調動一切。」

有些頂尖執行長會在他們的行程表中安排一些開放時間,Majid Al Futtaim 公司的阿蘭·貝賈尼就對未預訂的時間設定了一個擴展目標:「我其實希望有 7 成的時間是我能自由運用的,這樣我就能思考、反省,並有能力在遇到重大事情時及時處理。這是一場鬥爭,但我還未失去希望!如果我能成為多餘的人,也就是說,絕大多數事情都能按照我的預期完成,而且不需要我親自坐鎮在辦公室裡,那我就是個成功的執行長。這代表我們已經具備了讓組織蓬勃發展所需的力量、頭腦和肌肉。」

由於有這麼多事物想瓜分執行長的時間,任何系統必須學會如何

適時說「不」，才能發揮效用。高德美公司的弗萊明・厄斯寇夫解釋了他的生活哲學：「我並不認為一天當中的每個小時都必須屬於公司，這點對我來說非常重要，因為我不認為那樣算得上是個優秀的執行長。我很重視平衡的生活與保持身材，因為執行長這份工作勞心勞力且耗時。」他表示為了享有平衡的生活：「當有人打電話給我，說：『我想請你來當主講人。』『你想參加這場會議嗎？』或『我們一起吃個飯吧？』我必須學會說不。一開始說不會讓人覺得很為難，因為人們都是出於好意來邀約的，所以禮貌地拒絕是很重要的。委婉拒絕別人之後，重點便成了我如何讓我說『是』的那些時間發揮最大成效。」

西太平洋銀行的蓋爾・凱利就如何管理耗時的外部活動分享了最後一個建議，她說：「當我不得不舉辦一場公司晚宴時，我一定會走到每一桌或整個宴會廳，但是到了該走的時候，我就會離開。」她的團隊在這方面也發揮了作用，他們會把她帶到下一組以加快速度，或是幫她低調地離場，凱利說：「明天又是忙碌的一天，我知道我需要控制自己的精力，所以我會很有紀律地坐上車並且開車回家。」

時間管理至關重要，但也相對機械化。執行長要想有效利用時間，必須管理好自己的精神和情緒狀態，而這首先要公私分明。

明確區隔公務時間和私人生活

心理學中的「活在當下」概念，對高效率的表現至關重要。其核心意思是指，一個人不會分心於過去、未來或其他事件，以免影響自己發揮出頂尖水準。簡而言之，就像高德美的弗萊明・厄斯寇夫所說：「不論你在哪裡，你的身心都在那裡。」執行長的工作千頭萬緒，從情感的角度來看，最具挑戰性的工作之一，就是明確區分每一場會議，不讓上一場會議影響和破壞下一場會議。

美國合眾銀行的李察・戴維斯進一步解釋了此一概念：「情緒隔離＊至關重要，如果你把所有負擔帶到每場會議上，或是你讓每一天的工作開始堆積在你身上，甚至大家都知道你在收工時比上工時更強硬且更易怒，那就表示你不懂得情緒隔離。你只需要順其自然地接受一切，然後加以隔離、管理。而且我認為，最終頂尖執行長會發現自己能夠做到這一點，你並不會忘記任何事情，你只是不會再增加負擔。人們會開始看到你的嚴以律己和專注。」

活在當下也適用於家庭生活，考慮到執行長的工作對家庭的影響，這樣做至關重要。就像怡安的葛雷格・凱斯所說：「執行長這個角色對家人的影響比你想像的要大得多，因為很多事情都是公開的，有時人們對你的評價不會過於正面。」通用磨坊的肯・包威爾講述了他的經歷：「我女兒很討厭這樣。你會上報紙，他們會公布你的薪水，或是談論你搞砸了哪些事情，這對孩子們來說很難受。這部分真的令人不快，如果你有伴侶的話，最好跟伴侶商量一下，幸好我們夫妻倆一致認為：『這就是這份工作的優點和缺點。』」

開拓重工的吉姆・歐文斯也分享了他的做法：他平常就會**讓公務和私人生活保持一定程度的隔離**：「我會區隔我的生活和公務。具體來說，我會提著滿滿的公事包走出辦公室大門，把它放在汽車後座，當天我就不會再想工作的事了。當我回到家時，我已經把注意力轉移到家庭了。」萬事達卡公司的彭安傑也有類似的做法，且頗有紐約風格：「下班後，我會走路回家，倒不是為了運動，而是為了從工作中排毒，所以當我走進家門時，我已經把工作完全拋到腦後了。」

即使在家中，也有一些方法可以不受非緊急工作的干擾。杜邦公司的溥瑞廷大多數週末都在家工作，因為「這是一個減壓和思考大事的好時機。」但他也採取了一些措施，避免工作完全罷占家庭生活。「我

＊ compartmentalize，指個人要做好情緒管理，避免因情緒起伏太大而影響決策品質。

的主要祕訣是我不用手機接收電子郵件，我很不想承認這一點，但我的整個團隊都知道此事，所以我也無法隱瞞。我的團隊都知道，有急事他們可以直接拿起電話打給我。所以如果我週六晚上出去吃飯，我不會一直瞄手機，看裡面有什麼消息。」

頂尖執行長還會保護好休假時間，萬事達卡公司的彭安傑分享了他的做法：「當我休假時，所有為我工作的人都知道，每天會有兩個時段收到我的電郵。一次是早上七點半左右，因為那時候家裡沒人對我感興趣。另一次是下午四點左右，那時大家全聚在游泳池畔小酌，所以沒人會想我。我太太把我的通訊設備鎖在保險櫃裡，密碼是她設定的，所以我必須拜託她打開保險櫃把東西交給我！」

說到休假，殼牌石油公司的彼得‧佛瑟發現，他的高管團隊成員會錯開休假時間，這樣他們才能互相支援。有一年，他們決定所有人同時休假，並授權給底下的人，佛瑟分享道：「你知道嗎？我的電子郵件像石頭一樣快速落下，其他人也是如此。這是最好的舉措，因為當我們賦予人們權力時，他們就會真正進行管理，如果沒有危機，他們通常不會打電話來。」

執行長還要情緒隔離來自媒體或華爾街的外部批評，當益華電腦的陳立武剛被任命為執行長時，社群媒體上有很多人斷言他不適合擔任此一職位。由於陳立武是一位成功的風險投資家，人們猜測他會賣掉公司然後走人，還有人質疑他是否真的了解公司的核心晶片設計軟體業務，他說：「我有點氣餒，我的小兒子坐在我的辦公室裡，聽我讀這些評論，然後他給了我一些非常好的建議：『爸爸，做好你的工作，不要老看那些評論。』這對我來說是最好的建議，我再也不看任何關於我的評論了。」

為日常工作注入活力

能量管理領域的頂尖研究人員一向主張,能量管理跟時間管理一樣重要,而且能量管理的回報更大,百思買的修伯特‧喬利即指出:「物理學告訴我們能量是有限的,但在人類動力學看來,能量是你可以從無中生有的東西。」

頂尖執行長都知道,什麼會產生能量、什麼會消耗他們的能量,並努力避免陷入能量低谷——長時間的活動之後,他們會感到疲憊和沮喪。財捷的布拉德‧史密斯分享他如何保持精力充沛:「你首先要評估的是,你天生的能量高峰和低谷是什麼,以及你的恢復時間是什麼。像我是晨型人,我在早上開的會都很棒,但下午的會議各位可能不會想找我,所以我會把最具策略性、最重要的會議安排在一大早。」

高德美公司的弗萊明‧厄斯寇夫則說:「每個人的情況都不一樣,如果你開始發現事情出現過於繁重的跡象和症狀,那麼你就需要休息一下,因為如果你過於疲憊或反應過激,就會對你自己和你的聲譽造成損害。」

西太平洋銀行的蓋爾‧凱利則會確保,在兩場會議之間保留一些空檔,她說:「我必須做出最好的表現,對每個工作都全力以赴,所以我們會在兩件事之間,留出 10 至 15 分鐘的時間來重整心情。」平日凱利還會堅持在合理的時間離開辦公室,她說:「這並不表示我就不工作了,但我會離開。我會與家人共進晚餐,獲得一些喘息的空間,出去散散步,然後重整旗鼓。」

有些執行長會透過與員工互動來獲得能量,赫伯特‧海納表示:「跟員工互動能讓我精神大振,我會去可以容納 5,000 名員工用餐的大食堂,隨便選張桌子,加入他們的談話:『嘿,你在哪個部門工作?你做什麼工作?你感覺如何?』」

安聯集團的奧利弗‧貝特也是從跟員工互動汲取能量,但他也注

意到，並非所有人都能產生能量，有些人會反射能量，還有些人則會吸收能量：「我正在努力尋找能量提供者，這是我想花時間的地方。」

除了工作日要保持充沛的精力，頂尖執行長還會設法在工作之餘幫自己充電。領導力專家史帝夫・塔賓（Steve Tappin）於《執行長的成功祕訣》（*The Secrets of CEOs*）一書中指出：「執行長的主要情緒是沮喪、失望、惱怒和不知所措。」當這些情緒長期存在時，將會導致過勞，要避免此一結果，不妨參考體育界的做法：確保高強度期與「恢復期」交替出現──「恢復期」的特點是做些低強度且能讓人恢復活力的正面活動。

洛克希德馬丁公司的瑪麗蓮・休森分享了她恢復活力的方法：「你需要**掌握一些基本原則──正確的飲食、睡眠和運動**。多年前，有人稱執行長為『企業運動員』，所以你必須照顧好自己，還要抽空陪伴家人。像我一定會提前規劃好假期，並與家人共度假期，執行長必須找出時間養精蓄銳，這是我工作節奏的一部分。」桑坦德銀行的安娜・柏廷也會精心安排自己的日程，睡眠和彈鋼琴皆是優先事項，她說：「我有支 Fitbit 智慧手錶，它能測量我吃了多少、睡了多久、做了多少運動。有些朋友說我很無聊，但我不覺得自己無聊，我只是非常自律。」

頂尖執行長還知道，恢復時間對其他人也很重要，財捷的布拉德・史密斯分享了一個例子：「有時人們會給我一份長達 15 頁的 PowerPoint 簡報，讓我在週末閱讀，而我則會回他們發一張紙條：『週一我再告訴你情況如何。』我這麼做全是為了騰出空間，讓員工和他們的家人都能充飽電。設置這些界限能幫助我成為一個兼顧工作與家庭的好榜樣。」

阿特拉斯科普柯集團的勒尼・雷頓則表示，如果有些人想工作，那也沒關係。「身為執行長，你需要發揮創意營造一種氛圍，讓每個人都能在工作上發揮最高水準，並過著平衡的生活。但每個人都是不同的，有些人喜歡利用週末充電，有些人喜歡踢足球，還有人喜歡看電影。還有些人可能喜歡工作，只要他們從中獲得放鬆，或許可以避免家

庭壓力，這也是 OK 的。我接受這些差異，並努力滿足大家的需求，好讓組織能夠獲得成功。」

雖然這些產生能量的做法，相對而言算是挺明確的，但實際應用卻是說得比做得容易。樂高的喬丹・維格・納斯托普便坦言：「我不知道自己能否成功，所以我百分之百地投入工作，結果上任的頭五年我的健康狀況相當糟糕，我去做了一次體檢，醫生說：『你的體能相當於 65 歲的人。』當時我還不滿 40 歲欸，後來我開始變得稍微理智。」

微軟公司的薩蒂亞・納德拉也分享了他的經驗：「高階主管的工作是全年無休的，我有時確實會感到工作與生活的平衡很困難，所以我把平衡改為和諧，因為一提到『平衡』，我就會開始感覺不好，因為我的生活並不平衡。但我並不認為是我的工作干擾了我的生活，我希望回首往事時能說：『上帝啊，我有好好運用我的時間——我從人們身上學到了很多東西，我與微軟內部和外部的人建立了真正的連結。』」

量身打造你的支援團隊

要取得納德拉所描述的那種成果，執行長需要在辦公室內擁有一支強大的員工隊伍。**頂尖執行長的支援團隊裡一定有 1 名（甚至 2 名）能幹且盡忠職守的行政助理，他們負責管理他的行程表，以及差旅和活動之類的後勤工作。**助理幫忙執行長管理時間的方式，是確保時間全花在優先事項上，以及在行程表中安排必要的恢復時間，來照顧老闆的精力。

這類支援對於即將上任的執行長而言通常不陌生，但他們不十分清楚自己擁有多少自由度，奇異公司的拉里・卡普解釋說：「擔任執行長的一個好處是，你可以控制公司的行程表，而我總是瘋狂地管理它。」卡普會瘋狂到經常打電話給他孩子學校的體育主管，以便搶在體育活動的行事曆公布之前就拿到。當他的女兒與對手學校進行壘球比賽

時，他說：「看台上就會出現一位大嗓門的家長。」

許多執行長都會增設一名幕僚長，來幫忙管理這項複雜的工作，這是一種新的做法。許多執行長一開始認為自己不需要幕僚長，但是當他們感受到這份工作的分量後，就改變了想法。財捷的布拉德・史密斯分享了他的心路歷程，他說：「我入職時只有一名行政助理，沒有幕僚長。我最終決定設立一個幕僚長，此舉改變了我的命運，讓我的領導力大增。**幕僚長可以幫助執行長推動轉型和改革，確保你的議程獲得合理的應用和執行。**」

有時執行長繼承了一個人員過多的辦公室，必須裁減人數，像萬事達卡的彭安傑上任之初，執行長辦公室共有 11 人，外加 3 名祕書。他上任後只任用 1 名幕僚長和 2 個助理，彭安傑說幕僚長的工作是：「確保我不會搞砸。」為了完成這項任務，此人必須能夠登入他的電子郵件和行事曆，以及任何能幫助工作有效進行所需的資訊，彭安傑說：「我跟幕僚長分享一切資訊，我們之間沒有隔閡，我出差時希望他們盡可能與我同行。他們也會和我一起開會，提醒我應該擔心的事情，他們會幫我理清頭緒，讓我成為更棒的執行長。」

彭安傑繼續說道：「優秀的幕僚長簡直就像執行長肚裡的蛔蟲，他們能完成你的句子，他們是你的後盾。他們能預見你沒有預見到的事情，因為很多時候你太專注了，以至於忘記了一些事情。我知道過去這十多年來，要不是我的幕僚長們的協助，我就不會成為現在的我。」

彭安傑每隔一年半至兩年就會更換新的幕僚長，他專挑那些潛力很高、想要有條新的職業道路，並能從學習和指導中獲益的優秀人才，他說：「我的目標是，盡我所能回報社會。」這種輪換新血的方法還有一個好處，當執行長像彭安傑一樣把幕僚長當做自己的延伸時，這個角色就有可能變得權力過大，輪換新的人才可以降低這種風險。

在我們訪談過的執行長中，有不少位會定期輪換幕僚長，但也有一些機關將幕僚長設置為長期職位，例如辛辛那提兒童醫院的邁可・費

雪就有一位長期的幕僚長，他授權此人一手包辦所有工作：從準備策略報告到幫助推動組織變革，他說：「我的幕僚長非常能幹，她聰明絕頂、品格高尚、判斷力強，而且不愛出風頭。她幫助我處理各種事務，並把握會議間的空檔深思熟慮地推進工作。在她的協助下，1 小時的訪問中，我可以處理 8 個不同的主題，並知道這些事情將繼續推進，而無須安排 8 場不同的會議。她還負責協調我們最大的轉型工作、擔任董事會的聯絡人、為績效領導團隊的日常會議做準備，以及領導我們的行銷和宣傳部門。」

怡安的葛雷格·凱斯補充了幕僚長的另一個作用：「當人們對我們做出的決定有些不滿時，幕僚長可以充當安全閥，他們可以去找她，然後她會過濾他們的顧慮，再把這些顧慮告訴我。」

杜克能源公司的林恩·古德的幕僚長則多了兩項工作，她說：「我的幕僚長負責處理我的許多社區工作，確保我在行業和社區委員會中的角色得到充分支持。她還與我密切合作，制定員工會議的議程，確保在適當的時間向高層提出適當的議題。2020 年後，隨著社會動盪對我國產生的重大影響，我們需要更多時間處理這些問題。她還與人力資源主管密切合作，領導我們的多元化、公平和包容議程，以確保這些議程在公司高層得到正確的關注和重視。」

對於一些執行長來說，辦公室支援甚至超越了工作和家庭之間的界限，以溢達集團的楊敏德為例：「身為一名女性董事長兼執行長，我在辦公室之外，也需要有人幫我打理整個生活。我有兩個家需要照顧，還有一位高齡 95 歲的母親，所以我有一位私人助理幫我打理這些事情。」

執行長的角色不能只是一味地衝衝衝，否則就像把一杯水舉在半空中一天，他們最終很可能會被送上救護車。執行長的工作也不是跑馬拉松，因為在商業世界的最高層，幾乎不存在讓你慢慢來的空間。**執行**

長的工作比較像是間歇訓練——短時間、高強度的爆發性運動，搭配適當的休息和恢復期，才符合其需求。這樣的安排讓執行長得以在更短的時間內完成更多工作，而且才能長期持續。

為了達此目標，頂尖執行長的行程表多半「張弛有度」——非常嚴謹又有條理，但維持足夠的靈活性來應對計畫外的問題。無論是在工作中，還是在家裡，他們都會刻意專注於當下的環境，不會讓公務打擾到私生活。他們還會在日常的例行公事中注入活力，避免出現精力低谷，確保在行程表中留出足夠的恢復時間，才不會搞到精疲力竭。最後，他們會根據自己的需求和喜好，來安排支援結構，讓他們得以對公司發揮最大的影響。

本章我們討論了執行長如何管理自己的時間和精力，**頂尖執行長每天都會要求自己，當個一心不亂的領導者。**

第 17 章
領導模式實踐：實現你的「To-Be」清單

> 如果你忽略了「存在」（being），那麼「做」（doing）是遠遠不夠的。
> ——艾克哈特・托勒（Eckhart Tolle），德裔加拿大心靈導師

有位母親帶著年幼的兒子，排在數百人中等待面見聖雄甘地。輪到他們時，這位母親請求甘地與她的兒子談談吃糖的問題，甘地讓她兩週後再來，並說到時會和孩子談談。她不明白甘地為什麼不在她兒子已經在那裡的時候就和他談談，但她還是答應了他的要求。

兩週後，他們回來了，在等待了幾個小時後，她得以再次面見甘地。聽了她的請求後，甘地立即與男孩進行了交談，男孩同意開始努力戒除甜食。在感謝甘地睿智而富有同情心的話語之後，這位母親問甘地，為什麼他不在第一次就提出建議，甘地回答說：「兩週前，你們來訪時，我也在吃糖。」他說如果自己沒有走過那段路，他就無法談論或教導她的兒子不要吃糖。[84]

這個故事及許多類似的故事反映了為什麼甘地，這位領導印度反對英國統治的非暴力獨立運動的人，能與達賴喇嘛、梅爾夫人、柴契爾夫人、金恩博士、曼德拉、西蒙・波利瓦（Simón Bolívar）及邱吉爾等人，獲全世界尊為歷史上偉大的政治家。19 世紀的美國神學家兼廢奴主義者詹姆斯・傅利曼・克拉克（James Freeman Clarke）清楚說明了政

客與政治家在本質上的差異：「政客考慮的是下一次選舉，而政治家考慮的是下一代。」

這番評比讓人赫然發現，政客和政治家做的事情其實驚人地相似：溝通、說服、建立人脈，然而兩者的關鍵差異在於「他們的為人」。**政治家不會根據民調來施政，而是堅守他們篤信的基本真理，他們有一套核心價值觀，他們的目標不是在政壇出人頭地，而是為更偉大的目的服務。**

頂尖執行長都能明確區分「做」與「存在」的差別，辛辛那提兒童醫院的邁可．費雪說明兩者之間的區別：「我一直很有紀律地寫下『待辦事項』清單（to-do list），我想確定我今天做了 ABC 三件事；我會把每天的行事曆印出來，整天帶在身邊，邊做邊記。但我也會認真思考我每天要如何展現自己並且真的刻意做到，所以我又加了一份『如是』清單（to-be list）。比如今天我希望自己慷慨與真誠，我希望我每天都能做到這樣，但是今天我特別要牢記這一點；當我今天要與高層團隊的一些關鍵人物開會，我要確保這不只是一次必要的戰略互動，而且我要向他們大表謝意，而改天我可能想要展現合作和催化這兩種特質。總之，我每天早上，都會挑選兩種我希望做到的好人品，當做我日常例行公事的一部分。」

有時，他人的評論會促使我們反省自己的存在，財捷的布拉德．史密斯表示：「當我被任命為執行長時，我問我的前任史蒂夫，這個決定是否是大家一致通過的，他說：『是的，大家一致認為你是最合適的人選，不過我們也都很想知道，你能否強硬一點？你是個謙沖自持的南方人，但我們即將經歷一些難關，你能克服你的善良嗎？』」史密斯將這些反饋銘記於心，並向父親請教：「他對我說：『不要把善良跟軟弱混為一談。』他以知名的兒童電視節目《羅傑斯先生》（*Mister Rogers*）為例，該節目播出的第一週，他談到的話題便包括死亡、離婚和偏執。當他得知人們把消毒水倒進假日酒店的游泳池裡，因為剛剛有

非洲裔美國人在裡面游泳，羅傑斯先生便邀請黑人警官克萊蒙斯，到他家後院的小水池裡一起泡腳。羅傑斯先生以溫和的手法，成功表達了自己的觀點。」

　　父親的這番話，完全解答了史密斯的疑惑：自己想成為一個什麼樣的執行長，他說：「他教會我要將心比心，並做出艱難的決定。美國詩人瑪雅‧安吉羅（Maya Angelou）的詩句反映出我的目標，詩中寫道：『我明白了人們會忘記你說過的話，人們會忘記你做過的事，但人們永遠不會忘記你給他們帶來的感受。』」史密斯決定忠於自己的信念，退休後公司把他的名字寫在了大樓上，下面刻著他經常掛在嘴邊的幾句話：「努力工作，與人為善，以己為榮。」

　　像費雪和史密斯這樣的卓越執行長，對於自己要當個什麼樣的執行長，其實有很多共同點，他們都……

　　　　……以符合自身優勢和價值觀的方式行事
　　　　……依公司的需要調整自己的領導風格
　　　　……欣然接受反饋，努力成為一位英明的領導者
　　　　……無論形勢多麼嚴峻，都對未來充滿希望

展現始終如一的品格

　　品格的一致性意味著在任何情況下都要遵循相同的原則，當孩子們看到父母在原則問題上妥協時——「兒子啊，雖然我們告訴你要誠實，但為了買到打折的電影票，把年齡報小點也沒關係啦。」他們也會有樣學樣。孩子還會利用父母的不一致，找出繞過規則的方法，例如趁著爸媽正在忙或很累的時候，他們就可以瞞天過海。領導力也是如此，所有人的目光都聚焦在最高職位的人身上，百思買的修伯特‧喬

利所寫的《企業初心：未來企業的新領導準則》(*The Heart of Business: Leadership Principles for the Next Era of Capitalism*) 一書中便描述了這種動態：「**重要的是，你不僅要用頭腦領導，還要用上你的心和靈魂**。當執行長始終用這種方式行事時，他們秉持的原則就會有機地轉化到組織裡，而非靠由上而下的命令。」

堅守自己的價值觀在短期內可能無法讓人認同，但頂尖執行長會發現，從長遠來看這樣做肯定會有回報。喬丹・維格・納斯托普解釋了他在樂高是如何做到這一點的：「我不是個討好型的人，我不會走進一個房間，就想著『如何讓每個人都喜歡我？』我們每個人都有自己的考驗和人生故事，正因如此，這讓我敢於做一些有風險的事，其他人可能會說：『你怎麼敢在團體裡說出那些話？』」

納斯托普當時才35歲，擔任公司的高管僅三年，他認為自己有責任向樂高的董事會提出一份備忘錄，說明他為何認為公司的經營陷入困境。納斯托普回憶道：「我指出，公司雖然在過去十五年的大部分時間裡都有會計利潤，卻沒有一天產生過正的經濟利潤。不知為什麼明明每個人都很高興，但我們卻在虧錢。」

納斯托普又說：「這番話令董事們大吃一驚，我記得我被趕出了會場，我打電話給我太太說：『在樂高工作真的很棒，但現在我恐怕要回學術界了。』」

沒想到第二天董事長就打電話給納斯托普，表示他已經把備忘錄看了三遍，希望兩人能好好聊一聊，不到一年後，董事會宣布納斯托普將成為樂高的下一任執行長。而他之所以能贏得這個職位，正是拜他始終如一的品格所賜，此一特質還幫助他成功帶領公司轉虧為盈。他說：「對於執行長來說，尋求融入是一種危險，樂高公司有點像個美好的男孩俱樂部，大家不會互相挑戰，而且彼此非常相似。當時，沒有太多的多樣性。我猜當我被任命為執行長時，可能有很多主管都認為：『哇，這真是個奇怪的選擇。』」

納斯托普「無論多麼不舒服都要實話實說」的做法，迅速改變了樂高的企業文化，並讓樂高順利轉型，他表示：「隨著我的成功，我更有信心做自己了。」

不過，此事的重點並不是說，所有執行長都應該像納斯托普那樣直言不諱，而是說**所有人都應該知道自己的信念是什麼，並忠於自己的信念，即使代價高昂或困難重重。**

Interswitch是一家泛非的金融科技公司，也是非洲大陸為數不多的獨角獸企業（指至少價值10億美元的新創企業）之一，其創辦人兼執行長米契爾・伊列柏（Mitchell Elegbe）述說他為了保持品格的一致性，而不得不做出的艱難決定：「我學到的第一課就是勝（victory）和贏（winning）之間的區別。當你在戰場打贏了一場戰鬥，但失去了所有的士兵，你是唯一回到家的倖存者，這叫做贏；如果你上戰場打了勝仗，且所有士兵都回家了，這才叫勝。因此，當我面對各種情況時，我會問自己：『我是想要勝，還是想要贏？』我得出的結論是，比起贏本身，勝是更好的贏。」

伊列柏在實際工作中做決定時，會考慮這個決定對他的同事、他們的家庭、他的股東和社會的影響，如果他對所看到的情況不滿意，就不會參與其中，對於當權者的貪腐問題尤其如此。伊列柏表示：「我們經常會遇到，政府中的某些人想要做某些事情，這時我會立刻抽身，因為我意識到這不會是勝利，我們可能會贏得這場交易，但是在內心深處，我們知道自己是什麼樣的人，所以不會享受那麼做所獲得的收益。」

澳洲電信公司的大衛・索迪發現，**若想深度改造企業文化，執行長必須保持品格的一致性。**為使澳洲電信公司更加以客戶為中心，他要求員工不計代價地取悅客戶──不過是在一定範圍內。但有些人並沒有領會他的意思，某天他的現場工程主管對他說，由於北方下暴雨，他們的許多銅線都出現了故障，但受限於本季的預算，他打算等到下一季再修。索迪大可以點頭同意，因為這樣就能達到他預期的業績，但他卻對

工程師說:「等等,這應該是我們的優先事項吧?」

接著,他便對工程主管解釋了故障線路會對北部客戶的影響,但工程主管回答說,修復故障線路需要花 4,000 萬美元,索迪簡單地說:「該換就換吧。」正因為索迪在遇到重大挑戰時,仍堅持自己的信念,才能將澳洲電信公司打造成澳洲最值得信賴的公司。

順應公司的需求

但始終如一並不表示執行長應該毫無彈性,而是在不違背核心價值觀的前提下,視情況的需要改變他們的領導方式。話說早在近半世紀以前,《情境領導者》(The Situational Leader)一書的作者保羅・赫西博士(Dr. Paul Hersey)和《一分鐘經理》(One Minute Manager)的作者肯尼斯・布蘭查(Kenneth Blanchard)便提出了「情境領導」這個概念。他們認為,**如果領導者能夠根據實際情況調整自己的領導風格——但不是說一套做一套——就能取得卓越的成果**。[85] 樂高的納斯托普總結道:「重點是弄清楚公司需要什麼樣的執行長。」

但情境領導是否與「忠於自己」背道而馳?並非如此,帝斯曼的費柯・希貝斯瑪現身說法指出,拜數十年前的一次經歷之賜,讓他改正了心態:「在我職業生涯的初期,我認為『能夠忠於自己是很棒的。』」但某次他的團隊及一位顧問一起開會時,每個人都要互相提出反饋,而希貝斯瑪對一些批評他的言論感到厭煩,他很不爽地告訴他們:「聽著,我就是這樣的人,我只是忠於自己。」

有些人同意他的說法,但是那位顧問看著希貝斯瑪說:「費柯,你說你是忠於自己?好吧,那請你告訴我,為什麼我們有時需要承受這種痛苦?」這下希貝斯瑪被反駁得啞口無言,對方的意思是**你想忠於自己,但你需要有更好的領導技巧**,希貝斯瑪表示:「這並非一個愉快的

經歷,但對方說的一點沒錯,它真的對我產生了影響,並對我的職業生涯大有幫助。」

西太平洋銀行的蓋爾・凱利也分享了她的故事,她起初拒絕改變自己的領導風格,但最終決定必須做對公司有益的事:「我發現,我對投資人說的話無法產生共鳴,因為我說的是客戶的語言,我不像其他同行一樣,使用很多銀行業的行話,所以投資人給我的反饋是:『她的軟技能顯然很強,但幸好她有個懂數字的財務長。』這樣的說法曾經令我抓狂。」

凱利的董事長強烈建議她改變說話及傳達訊息的方式,起初她拒絕了。「我說:『不,我要做自己。』但後來我想通了:『其實,我應該照辦。』所以我改變了,我並沒有改變我關注的重點,但我改變了對投資人的措辭,並開始在回答中加入大量數字,我接手了原本打算要留給財務長或風險長回答的問題。我想說的是,你一定要傾聽別人的建議,在你的任期內,有些事情可能需要改變。」

財捷的布拉德・史密斯最初採用的領導方法是公開表揚、私下指導,這種做法在一段時間內頗有成效,但沒多久他就意識到,他的領導模式該改變了。他解釋說:「我擔任執行長共 11 年,第六年我收到一條反饋是這麼說的:『布拉德正在降低公司的標準,因為他的評論太仁慈了,而且不願意罵人;他的理念是公開表揚、私下指導,但這讓我們其他人無法了解他的品質標準到底在哪裡。』」

史密斯本來不打算改變自己的信念,但公司需要他採取不一樣的做法,他只好從善如流,他說:「我開始在公開場合指導公司績效,在私下指導個人績效。我也挑戰自己要做到:對人友善、對事強硬,而且公司裡的每個人都知道這一點。我告訴大家:『如果你們認為我對工作品質的說明不夠具體,請老實告訴我,但同時我也希望各位明白,我不會讓人難堪,我想給各位尊嚴和尊重。』」

洛克希德馬丁公司的瑪麗蓮・休森則指出,有時答案並非調整自

己的行為,而是說明自己會這樣做的原因。「我是個一板一眼的人,這樣的領導風格會令一些人望而生畏,因為我會問很多問題。我明白情境領導很重要,但我不打算停止問很多問題,不過我會向大家說明我為什麼會這樣做,以及為什麼會造就出我這個人。」

我們已經看到,如果執行長不聽取反饋,將無法成為符合公司需求、但又能堅持自己信念的領導者,所以**頂尖執行長不會放過任何機會,以確保他們能獲得所需的意見和建議**。

尋求持續發展

由於執行長的行為總是受到人們的嚴格審查,所以大家都以為他們會被持續不斷的反饋所淹沒,但事實並非如此。就像我們之前說過的,執行長在公司裡的地位無人能及,雖然會受到董事會的監督,但沒有人緊盯著他們的日常行為,所以執行長鮮少有直接的指導,而且越來越得不到建設性的批評。

星展銀行的高博德指出:「當你得到最高職位時,人們總是以最好的面孔來見你。」財捷的史密斯也證實了這一點:「他們害怕告訴你壞消息,身為執行長的你往往不知道你得到的資訊,有多少是經過過濾的。眾所周知:打從我們就任執行長的那一天起,我們就長高了十吋,我們講的笑話也變得更好笑。」

當史密斯在市政廳會議上發表演講時,他總會特意詢問幾位員工:「我表現得如何?」他們肯定都會說:「很棒!」這些異口同聲的反饋逼得他只好直接問董事長,他聽到的反饋是否屬實,董事長也據實以告:「不是,所以他建議我下次下台時改問他們:『我能做些什麼來改進我的表現?』」換句話說,**要避免提出籠統且廣泛的問題,而是要提出你想要得到答案的問題**,史密斯說:「這樣才能獲得真正的反饋。」

阿霍德德爾海茲集團的迪克‧波爾也認為，**問對問題才能獲得正確的反饋**，他說：「我學到的重要經驗之一，就是不斷徵求建設性的批評意見，你必須訓練你的員工提供真正的反饋。每次開會時，我都會挑戰他們：『你們有什麼要告訴我的嗎？別說我想聽的，而是要說出你們認為，我們應該做得更好的地方。』」

　　許多執行長還會請高管教練幫他們蒐集反饋，以及根據反饋採取適當的行動，百思買的修伯特‧喬利解釋說：「幾年前，要是有人告訴我說：『史考特正在跟一名高管教練合作』時，我會想：『欸，史考特怎麼了？他遇到麻煩了嗎？公司要解雇他嗎？』但現在我意識到，高管教練可以幫助成功的領導者更上一層樓。世界排名前一百名的網球選手，百分之百都有請教練，職業美式足球選手也全都有教練──而且是教練團，那麼執行長和管理團隊為什麼不需要教練呢？我們需要的不是干預，而是一個能支持我們不斷進步的持續過程。」

　　洛克希德馬丁公司的瑪麗蓮‧休森則是透過高管教練幫她蒐集管理團隊的客觀反饋：「顧名思義，人是看不到自己的盲點的，所以你需要透過一些機制來告訴你，你對組織產生了哪些你自己都不知道的影響。」她表示：「我會聘請一位外部教練，由他向我的領導團隊提出一些問題，並據此修改我的領導風格。我會和團隊討論這個問題，並說：『你們告訴我這個，我會照辦，請檢查我是否有做到，這就是我要改的地方。』」

　　執行長還可以透過向組織內部徵求反饋，來持續了解組織內的情況，Netflix 的里德‧海斯汀透露：「我會問公司前五十名頂尖員工：『如果你是執行長，Netflix 會有什麼不同？』他們會寫下幾句話或幾段話，然後放在共用的試算表文檔裡。」

　　財捷公司的布拉德‧史密斯則表示：「我每週要跟組織裡不同層級的人開兩次會，每組有 8 到 10 人，有時是跟大學畢業一到三年的員工，有時是跟工程師或客服人員。我會向所有人提出三個問題：哪些方面比

六個月前有改善？哪些方面進展不夠或方向錯誤？哪些情況你擔心沒人告訴我，而你認為我需要知道的？這種做法棒極了，因為你可以跳過層層關卡，直接進入你想要了解的那個領域的第一線，你可以獲得第一手的訊息，還能避免某些意見被過濾掉。」

執行長還可以從公司外部汲取靈感，找到讓自己變得更好的新方法，印度 ICICI 銀行的卡麥斯認為，好奇心是良好領導力的基礎，他表示：「我每年都要重塑自己並幫自己充電，我呼籲任何人都不應羞於說：『我不知道』。」

卡麥斯為了跟上世界的步伐，每年都會花幾天時間向印度裔美國管理學教授普拉哈拉德（C. K. Prahalad）請益，卡麥斯說：「他教我敬畏上帝，並教會我思考。」他還會向其他產業汲取經驗，身為賽車迷的他從 F1 賽車學到了兩點：「首先，不到 3 秒鐘更換賽車的四個輪胎是如何做到的？如果你能明白其中的過程和學問，你就會變得更有能力。F1 賽車還教你思考如何在極限狀態下駕駛──心、眼和神經系統的協調。這讓我思考如何在商業中利用這一點，也許我們必須適時踩下　車以免失控。」

杜邦公司的溥瑞廷說，他會建議那些即將上任的執行長們加入一兩個團體，在那裡他們可以與其他執行長私下聚會並討論關鍵話題。溥瑞廷說：「你可以從他們各自的市場觀察中學到很多東西，而且比你在《華爾街日報》上讀到的東西更深入。直到現在我都還會跟這樣的團體會面，而且每次都能收穫六七個新想法。」

道達爾公司的潘彥磊則說，**執行長的聚會能讓他更好地了解全球正在發生的事情，而這通常能帶來切實的影響**。「見見其他人、感受變化，並跟他們聊聊，會令你深思。然後你就安排一些會議，大夥共聚一堂研究問題。」例如，潘彥磊曾與印度的產業領袖會面，促成了道達爾在 2021 年初取得印度阿達尼綠色能源公司（Adani Green Energy）20％的股份，該公司是世界上最大的太陽能開發商。

持續學習需要勇氣，百思買的修伯特・喬利解釋說：「過去執行長一直給人超級明星的印象，領導者的脆弱是最近才有的概念。我們必須接受自己的不完美，如果我們期望自己和周圍的人是完美的，那是非常危險的，我們會變得憤怒。希望流程零缺陷是可以的，但想要流程零缺陷與期望人零缺陷是不同的。」

　　誠如喬利所言，挑戰會一直出現，重點在於執行長如何面對這些挑戰。

永遠帶給人希望

　　在理查・波雅齊斯（Richard Boyatzis）、法蘭西斯・強森（Frances Johnson）及安妮・瑪琪（Anne McKee）合著的《成為產生共鳴的領導者》（Becoming a Resonant Leader）一書中指出，根據神經學和心理學的研究顯示，**領導者的情緒確實是有感染力的，且會迅速傳遍整個公司。當問題出現時，若執行長感到憤怒、恐懼或徬徨，這些情緒就會彌漫整個公司；反之，如果執行長積極尋找機會、充滿希望並表現出決心，那麼整個組織就會上下一心**。[86]

　　杜克能源公司的林恩・古德也有同樣的體悟，她說：「我想我以前可能沒有充分意識到，即使在黑暗時刻，不論對內對外，我都必須表示樂觀，因為如果我不這樣做，團隊就不會相信我們能渡過難關。」溢達集團的楊敏德也強調，執行長以積極的態度現身是很重要的：「我的工作就是消除恐懼和挫折感，恐懼是任何企業最大的敵人。如果我帶著積極的精神走進辦公室，就會鼓舞其他人。身為領導者，我的工作就是對未來保持信心，並散發出這種充滿信心的光芒。」

　　採取這種立場，並不代表要無視當前的現實，美國運通的肯・謝諾說：「我每天都提醒自己，領導者的職責是定義現實並給予希望，這

句話是拿破崙說的，所以我也不忘告誡自己：千萬別落得跟拿破崙一樣的下場！這是領導力最簡單的定義，定義現實是極具挑戰性的，它需要相當程度的透明度和勇氣來說明真相與事實。但光是這還不夠，領導者還需提出你的戰術是什麼？策略是什麼？為什麼大家應該充滿希望？身為一名領導者，我一直期許自己要如實定義現實並給予希望。」

誠如謝諾所說，**希望不能靠人工製造，執行長的職責是找到一個真實的理由，讓人們相信未來是充滿希望的**。adidas 公司的赫伯特・海納說：「我天生就是個樂觀主義者，我相信不管情況多困難，都會有辦法解決。所以我們要討論的是解決方法而非問題，當執行長抱持這種心態時，就會影響到其他人。要注意的是，假裝是會被人們看穿的，如果你嘴巴上說：『我超有拚勁的！』但實際上卻顯得意興闌珊，你說的話就毫無意義了。」

摩根大通銀行的傑米・戴蒙講述了他在擔任第一銀行執行長的初期，他是如何在面對現實的同時並帶來希望的。他與團隊交談時會直言不諱：「你們以士氣的名義做了很多事情，但是公司裡的每個人都知道，我們是政治化的、官僚化的、失敗的。在我們成為一家好公司之前，士氣會一直很低落。」戴蒙帶給他們希望的方式是：找到合適的人選來解決這些問題，他讓員工們知道：「從現在起，我們在這裡，因為我們要成為最棒的公司。」

藝電公司的安德魯・威爾森認為，**現今的組織不僅期待執行長提供專業上的指導，還期待他們提供個人、精神和理念上的支援**。其實，有時候執行長只需展現一點點的人性面就能鼓舞士氣，話說在新冠疫情大流行期間，大家被迫遠端工作，某次威爾森正在主持一場有 7,000 名員工參加的 Zoom 會議時，他 5 歲的兒子走進房間，要他做一架紙飛機，威爾森只得暫停通話，幫兒子做了一架紙飛機。他回憶說：「當時我根本沒多想就做了，這是我身為父親該做的事，而且前後也只花了 30 秒鐘，但事後大家紛紛向我道謝，他們說：『謝謝你，你剛剛的行為

允許我們也當個好爸媽,你允許我們花時間在孩子身上。」

威爾森說:「你就是得在這樣的時刻,自然而不做作地做一些事情,來增強或激勵你的組織。當我和一些頂尖執行長朋友交談時,我聽到的不是他們的公司有多大、股價有多高、他們賺了多少錢,或是他們對全球的 GDP 有多重要,而是他們帶給員工的感受,這就是一個偉大執行長的風範。」

美國暢銷書作家柯特‧馮內果(Kurt Vonnegut)有句名言:「我是人,不是做家。」*此話一點不假,**當大多數人靜思領導者的什麼特質最令他們有感時,答案很少跟他們如何「做事」有關,反而比較與他們的「為人」有關**。這就是為什麼頂尖執行長會努力搞清楚他們想要(以及必須)當個什麼樣的執行長。

所以起始點就是與自己的信念相連結,而且無論在什麼情況下,都要忠於自己的核心理念。不過,只要不違背自己的核心理念,頂尖領導者願意調整自己的領導風格,以適應公司的需要。為此,他們會積極主動尋求反饋,因為如果不這樣做,他們就不可能得到誠實和有建設性的建議,並且要一直確保員工對未來充滿希望。

現在,我們已經討論了執行長如何處理「做事」和「為人」這兩方面的個人效能。最後,我們將回過頭來,看看頂尖執行長是如何正確看待自己的角色。

---

* I am a human being, not a human doing,後者認為他們必須「做」事,才能在社會上受到重視,並實現自我價值。

第 18 章
視界實踐：保持謙遜

一張大椅子，並不能造就一個國王。
——蘇丹諺語

傳說美國第一任總統喬治‧華盛頓，某天和一群朋友在他家附近騎馬，一匹馬在飛躍一堵牆時，撞掉了牆上的幾塊石頭，華盛頓對他的朋友們說：「我們最好把它們換掉。」其他人回答說：「這種事讓農民去做吧。」華盛頓不以為然，騎馬聚會結束後他原路返回，他找到城牆，下了馬，然後仔細更換被馬踢壞的每塊石頭。當他的一個騎馬同伴路過看到他正在做的事情時，便對華盛頓喊道：「你太高大了，不適合幹這種事。」他回答對方：「恰恰相反，我的個子恰到好處。」[87]

我們很少看到媒體報導謙遜的行為，最愛曝光的是政客、藝人和體育明星，而媒體也遂其所願。謙遜一詞會給人留下不同的印象，《韋伯大學詞典》將謙遜定義為不驕傲不自大，請注意它並未提及缺乏自信或能力，英國作家兼非專業神學家魯益師（C. S. Lewis）曾寫道：「**真正的謙遜不是小看自己，而是少想到自己（多關注生命中的其他事物）。**」根據此一定義，雖然人們很少把世界超大企業的領導人與謙遜一詞聯想在一起，但他們其實是這樣的人。我們訪談過的這些執行長，雖然都已達到職涯的巔峰，但他們都很實在，而且真心希望為他們的同事和他們

所代表的機構服務。

Majid Al Futtaim 公司的阿蘭‧貝賈尼即是其中一員：「身為執行長，你很容易覺得自己是公司裡最棒的人，你的作為既出色又很有遠見。但實際情況並非如此，重要的是千萬別犯上大頭症，而是始終能保持清醒認清事實。說到底，你頭銜裡的那個『長』字，就表示你只是個碰巧坐上大位的受雇者，這種特權是你必須要每天去爭取的。」

以色列貼現銀行的萊菈‧亞胥－托普斯奇會用一種日常儀式來幫助自己保持謙遜。「每天早上我走進辦公室時，我會看著我的椅子並提醒自己，人們是進來和椅子說話的。雖然我現在坐在這張椅子上，但我得牢記我必須謙卑，並記住每個人都是一樣的。當我坐在這張椅子上，它使我變得強大，但明天我未必會繼續坐在這張椅子上。」

微軟公司的薩蒂亞‧納德拉則將他的成就歸功於他的前任，展現了他的謙遜。他說：「我父親是印度的一名公務員，他常說體制建立者會找到比自己做得更好的接班人。我很喜歡這個定義，我覺得如果微軟的下一任執行長比我更成功，那麼我的工作或許就做對了。但如果微軟的下一任執行長一敗塗地，那可能會導致不同的判決。這就是為什麼我認為人們給我記上太多功勞，卻虧待了啟動這項工作的史蒂夫‧鮑爾默（納德拉的前任）；如果沒有他的努力，我想我不可能取得現在的成就，包括我們轉型到雲端運算在內。」

頂尖執行長都會透過以下方式，來正確評價自己及其工作……

……從不居功
……當個服務型的領導
……打造多樣化的「軍師團」
……真心感恩自己有機會坐上大位

第 18 章 視界實踐：保持謙遜

從不居功

當我們請教怡安的葛雷格·凱斯他個人的營運模式時，他的本能反應是：「饒了我吧，這與我無關啦，其實客戶和同事才是重點，我的工作就是照顧好他們，為他們拎包是我的榮幸。」

伊大屋聯合銀行的羅貝托·賽杜柏進一步闡述了這一觀點：「所有執行長都須捫心自問：『**你想怎樣被人們記住——一個偉大的人，還是一個讓公司變偉大的人？**』如果你想讓公司變得偉大，那麼你必須首先考慮公司、其次才是自己。希望得到認可乃是人的天性，因此把公司擺在自己前面，並不容易；但如果你能做到這一點，並擁有良好的支援系統、心態和奉獻精神，你就能做出一番偉大的事業。」

萬事達卡公司的彭安傑用一個令人難忘的比喻強化了此概念，他說：「事實是當你離開人世時，沒有人會記得你；但這其實是好事，你希望他們不記得你，你希望公司未來一帆風順。畢竟你並不擁有公司，除非你創建了公司，而且像賈伯斯或比爾·蓋茲那麼成功，人們才應該記住你。像我們這樣的人，只是航行在海上的某艘船的系統管理員。你必須確保你在的時候船不會沉沒，並確保它能多增加幾面風帆和一些新的引擎技術。你要讓船運作得更好，但你不能用你的名字幫船命名，叫它彭安傑號。」

工作之外的人際交往也能讓人保持謙遜，藝康公司的道格·貝克指出：「我認為接地氣使我成為一名更好的執行長，你必須有辦法做到這一點。在我剛擔任執行長時，我的孩子們是關鍵，家裡有三個十幾歲的孩子，你很難不腳踏實地。孩子長大了以後，朋友就更重要了，你要跟那些用平常心看待你的人為伍，職位權力並不重要，重要的是你是個什麼樣的人。」

誠如道格·貝克所言，**家庭時間也很重要**，美國合眾銀行的李察·戴維斯回憶說：「我的孩子們常說：『我相信你公司的人是不得不

捧場你講的笑話,但老實說,你並不像你自己以為的那麼風趣。」當你一離開這份工作,立即就會想起這一點,因為人們不再捧場你講的笑話,也不再打電話給你。」

益華電腦的陳立武也分享了他的經驗:「感謝我太太讓我腳踏實地,身為執行長,有時你難免會得意忘形,你會被成功沖昏頭。每天早上,我太太都會提醒我要祝福和我一起工作的人,她告訴我:『這不是你的成就,你只是在盡自己的本分,把榮耀歸於上帝。』這樣的想法讓我腳踏實地。」

對於丹格特集團的執行長來說,**精神支柱非常重要**。「我的支柱來自我對上帝的信仰和信奉,這讓我多年來不斷尋找改善人性的方法。」雖然阿里科・丹格特已經是非洲最富有的人,但此精神幫助他放眼更大的格局。「我們想要改造非洲經濟的願景讓我腳踏實地,我總是被必須改善非洲大陸的敘事所驅使,當我看到我們可以透過各種方式改善整個非洲大陸的生活,我很開心。」

在擔任世界上最有權勢的職位之一時,要採取不居功的態度顯然並不容易,因為這個職位會帶來名人效應。這或許就解釋了為什麼**頂尖執行長會採用僕人式的領導心態**。

當個服務型的領導人

諾貝爾文學獎得主赫曼・赫塞(Hermann Hesse)在 1932 年出版《東方之旅》(*Journey to the East*)一書,講述了一群盟會成員朝聖的故事。書中有個名叫里歐(Leo)的人物,是個為眾人服務的普通僕人。這原本是一趟充滿樂趣和啟迪的旅程,但自從某天里歐失蹤後,一切都變了,眾人陷入了分歧和爭吵。最後大家才搞清楚,里歐其實是盟會的領袖。[88]

羅伯・格林里夫（Robert K. Greenleaf）在 1970 年發表的《服務型領導者》(The Servant as Leader)論文中，將赫塞筆下的里歐做為其「服務型領導者」思想的靈感來源。格林里夫認為，**服務型領導者能從他人的成長，以及支持和賦能他人，找到成功和力量。**[89] 儘管憤世嫉俗者可能會把此理念斥之為理想主義的術語，但我們發現頂尖執行長們都是這麼做的。美國運通的肯・謝諾便指出：「我堅信領導是一種特權，如果你想領導，你就必須致力於服務。」

洛克希德馬丁公司的瑪麗蓮・休森便展現了此種心態，她說：「我經常晚上睡不著覺，想著自己做出的決定會影響到我們派上戰場的人員、我們的部隊及他們的家人──我真的是這樣。執行長承擔的責任重大，如果你買了洛克希德馬丁公司的股票，我會擔心你賠錢，我更要關心公司的 10 萬名員工及其家庭。我出身寒微，所以我很清楚一份好工作對一個家庭意味著什麼。」

里德・海斯汀在創辦 Netflix 之前，就已經體驗到服務型領導的力量，他說：「我當時是一名 28 歲的工程師，日以繼夜地工作卻樂此不疲。」

海斯汀每天一大早四點就會來到公司，一週下來他的工作區周圍就會堆滿咖啡杯，他說：「每週清潔工都會把它們洗乾淨，然後擺好給我用。」某天，他照常在凌晨四點到達公司時，卻發現公司的執行長正在洗手間裡洗咖啡杯，他說：「所以這一年來洗咖啡杯的人根本不是清潔工，而是執行長。當我問他為什麼這麼做時，他說：『你為公司做了這麼多，這是我唯一能為你做的事。』他謙遜且默不作聲地做這件事，令我欽佩不已，令我願意追隨他到天涯海角。」

海斯汀的經歷揭示了服務型領導的悖論──**領導者因職務而服務，但也因為服務而成為領導**。美國合眾銀行的李察・戴維斯進一步解釋道：「我認為，很多執行長不明白，謙虛不僅是一種良好的行為，而且能比任何策略、戰術或任務，為你贏得更多追隨者。」所以戴維斯絕

對不會擺架子,當他訪問分行時,他會直接走向櫃台,跟每一位行員見面,之後才會四處走動,並與管理階層會面,他強調說:「我絕不會坐在象牙塔裡,然後派我的使者出去與普通員工交談。」

亞薩合萊的約翰・莫林也秉持類似的理念,他上任後的第一件事就是前往營運頻出狀況的英國,並與生產線的員工一起工作,以了解實際情況,他說:「我以前不知道什麼是腰帶鎖,但現在我知道了。」

百思買的修伯特・喬利則要讓他的員工們知道,服務型領導是真的,他說:「如果你認為你是在為你自己、你的老闆或我這個執行長服務,我對此沒意見,只不過你不能在這裡工作。但如果你是站在第一線為人們服務,並且為他們帶來改變,那就沒問題了。」

執行長採取服務型領導的另一種方法,是將組織視為一個倒金字塔,客戶和一線員工位於金字塔的頂端,而領導者位於金字塔的底端。家得寶的創辦人伯尼・馬庫斯(Bernie Marcus)和亞瑟・布蘭克(Arthur Blank)率先採用了這種觀點,但它的實際意義是什麼呢?

曾擔任家得寶董事長兼執行長的法蘭克・布雷克(Frank Blake)指出:「這個想法讓我走出了辦公室,我一直很喜歡一句話:有些事情如瀑布般傾瀉而下,當你想到倒金字塔時便會意識到:『我說的任何話不會快速傳給任何人,沒人在乎我要說什麼。』所以我得花時間把資訊傳遞給那些不關心資訊的人,既然如此,我就需要了解他們關心什麼、如何將我所關心的事與他們關心的事結合起來,以及我怎樣才能把這些事情傳遍整個組織,這意味著我需要傾聽,而且要認真傾聽。」

打造多樣化的「軍師團」

能夠幫助執行長腳踏實地與保持謙遜的最後一組人馬是「軍師團」,這個名詞是美國第七任總統安德魯・傑克森(Andrew Jackson)

發明的,他在白宮的廚房裡召集了一小群非正式的顧問為他出謀劃策,這些人向他提供了正式內閣成員以外的審慎建議。多虧了傑克森懂得運用這幫幕後軍師團,使他成為美國人公認最務實的政治家之一。執行長同樣也能召集自己的幕後軍師團,為其提供謹慎且保密的反饋和建議,這些意見是無法從正式的論壇或高管教練那裡獲得的。

頂尖執行長的軍師團,通常是由非常能幹的思考者和傾聽者組成,他們能夠提出深思熟慮的問題,並分享明智且多元的觀點。他們還必須能夠保守祕密,以便執行長能放心討論跟個人領導、同事、員工、客戶、投資人及利害關係人有關的敏感話題。此外,他們應盡可能保持客觀,並以執行長和公司的最大利益為重,而不是以他們自己的利益為重。伊大屋聯合銀行的羅貝托・賽杜柏補充了一個重點:「身邊有個不怕你的人很重要。」萬事達卡的彭安傑非常重視非同溫層的觀點,他解釋說:「那些長相、步態、學經歷或背景,都跟我不一樣的人,我想聽聽他們的看法。」

為什麼執行長能從這樣的軍師團獲益呢?杜克能源公司的林恩・古德解釋道:「身為執行長,當你需要找人傾訴時,你能上哪兒呢?這是個現實問題,儘管我的高階領導團隊非常優秀,但我不可能跟他們分享每一個問題。」對於某些問題,古德會請教一位銀行家,並視情況求教於其他執行長,不過她指出:「他們都是大忙人,所以我很少麻煩他們。」她還有一位顧問:「當我需要找人傾訴時,就會打電話給他,他有時會提出批評有時則會鼓勵,並經常充當測試人。」

Adobe公司的山塔努・納拉延的軍師團則包括其他幾位與他同時嶄露頭角的執行長,其中包括eBay的約翰・唐納荷(John Donahoe)、財捷公司的布拉德・史密斯和賽門鐵克公司的恩里克・薩倫(Enrique Salem),他說:「這個自助小組對我來說非常重要,雖然你有董事會,但你也需要一群人,有任何事情你都可以向他們求助。天底下只有兩組人馬有能力『吐槽』執行長,一是你的家人,他們每天早上都會告訴你

大實話，這是最棒的事了。另一個就是我的自助小組，因為他們見證了我的整個旅程，而且他們自己也走過。當你不採取行動或感到膽怯時，他們會對你直言不諱。你當然不要跟他們分享機密資訊，但你可以問他們一些其他人不曾經歷過所以無法回答的問題。」

這個團隊幫助納拉延實踐了他從父母那裡學到的理念，也就是成為一名不斷進化的領導者，他說：「我擅長的事情會隨著時間一直進化，我常說，在一家公司裡，既需要插旗者*，也需要築路者。我剛接任執行長時，就是個築路者。我是一名工程師，我喜歡細節，我很善於把點連結起來，但可能欠缺抱負。」

帝亞吉歐的孟軼凡也認為，**軍師團裡有其他公司的執行長很重要**：「當你剛就任執行長時會感到非常孤獨，幸好我發現在董事會、股東和管理團隊之外，有一群可以交談的同行，他們對我非常有幫助。建立和維護一個值得信賴的軍師團，對任何新手執行長來說，都是非常寶貴的。」

adidas 的卡斯珀・羅斯德分享了他的軍師團中，有位成員如何幫助他獲得不一樣的觀點：「我有個小圈子，我可以和他們交流想法，例如有段時間我幾乎每天都受到媒體的批評。某個週六上午，我打電話給我的一位非正式顧問，與他討論這一情況，他說：『你太認真了啦，明天就沒人在乎報紙說什麼了。所以別再抱怨了，花點時間陪陪你老婆，喝瓶好酒吧。』他這番話雖然不是很有同理心，卻讓我思考：『或許我真的不該為這些事煩心。』它幫助我釐清了某些狀況。」

樂高的喬丹・維格・納斯托普之前每一季都會和他的一位顧問一起喝茶，當他第一次擔任執行長時，這位顧問問了他兩個問題：「公司出了什麼問題？」及「公司為什麼存在？」納斯托普回憶道：「當時，我講了一個關於孩子和夢想的長篇故事，來說明我們公司為什麼存在；

---

* flag planter，指對某事擁有控制權或所有權的人。

至於我們公司出了什麼問題，我歸咎於美元下跌、合作夥伴辜負了我們，以及其他一些外部因素。我的顧問說：『喝口茶吧，下一季我們再來聊這個話題。』」

每一季納斯托普都會給他一個精心修改過的答覆，但一直要到他任職兩年後，他才終於給了顧問一個滿意的答覆。「我又坐在他的花園裡喝茶，他說：『告訴我哪裡出了問題。』」納斯托普答說：「問題確實出在管理不善。」至於公司存在的理由，納斯托普回答說：「提供超級符合21世紀需求的系統化解決方法和創意。」這時顧問說：「任務完成了，你可以回家了。」

納斯托普總結道：「他希望我能擔起責任，面對與解決問題，並對公司存在的理由及品牌相關性*提出自己的看法。」

就像前述例子所示，執行長很少會召集整個軍師團，而是個別求教對方。不過，也不能一概而論，有些頂尖執行長，例如益華電腦的陳立武，就會定期跟軍師團開會。他和一群來自不同領域的知交好友組成了所謂的「當責小組」，每個月會到其中一人的家中聚會，時間是週六的上午十點到中午。他們討論各自的讀書心得，以及這些概念對他們的事業和生活有何影響，他們還會分享自己在工作或家庭中遇到的個人挑戰，一切都是保密的，陳立武說：「我成立當責小組的一個主要原因是，我想在工作上取得好成績，但很多誘惑會令你偏離正軌。你必須專注於那些真正重要的事情，同時也要專注於那些不僅對自己有益，對他人也有益的事情——那些會影響到社區和社會的事情。」

---

* brand relevance，相關性能提高品牌的知名度，是影響品牌價值的最大因素，因為消費者不太可能去認識一個與自身無關的品牌。

真心感恩自己有機會坐上大位

　　大多數人通常不會把「感恩」一詞與執行長聯想在一起，但是頂尖執行長多半很懂得「感恩」，摩根大通的傑米・戴蒙說：「我們其實非常幸運，我們都應該承認這一點。地球上有近 80 億人口，大多數人都願意跟我們交換位置。所以我們今天在座的各位真的非常幸運，但這也賦與我們很大的責任和義務。」

　　怡安的葛雷格・凱斯補充道：「我們不要自欺欺人，我們都可能認為自己是天才，但我們能擔任這個角色其實是非常幸運的，你必須慎重對待你所處的職位，並心存感恩。」

　　當奇異公司的拉里・卡普卸下丹納赫公司執行長一職時，他立刻就明白自己在懷念什麼：「它令我想起我在高中籃球隊時的情況，我們快速奔跑，並且互相照顧，於是取得了成功。這就是我們在丹納赫長久以來的成功之道，也是未來奇異公司的成功之道。能夠跟這個級別的頂尖員工一起快速奔跑，我覺得在很多方面都是非常有趣且很有意義的。」

　　洛克希德馬丁公司的瑪麗蓮・休森分享了她的觀點，她說：「從一無所有到擁有權勢，這是何等的幸運。我 9 歲時父親就過世了，母親一手拉拔 5 個孩子，我們真的很辛苦。我在學校裡拚命學習、晚上工作，我很珍惜這一切，因為是它們造就了現在的我。但我回顧過往不禁想到，我何德何能可以從那樣的環境中走出來，最終成為全球最大國防承包商的執行長呢？每天與 10 萬名聰明絕頂、全力以赴的員工一起從事一些最不可思議、最具創新性的工作？這真的太神奇了，我永遠不會忘記這一點。」

　　波士頓科學公司的邁可・馬洪尼很感恩他有能力播下種子，在他卸任後的很長一段時間，這些種子將長成可以為人遮陰的大樹，他說：「等我能看到我們正在研究的一些創新成果問世時，我可能已經退休

了，不過現在我們在人體試驗已經獲得相當不錯的發展。我們很容易為了短期的數字，而放棄風險較大的長期賭注，但要創造長期的差異化價值，就必須勇於承擔風險，並努力保持創新引擎的運轉。我為我們的堅持，以及全力推動生命科學的發展感到非常自豪。今天早上，我剛收到一位患有嚴重帕金森氏症的病人傳來的電子郵件，他的顫抖使他無法正常生活，但是拜我們最近推出的新型腦刺激設備之賜，他的顫抖現在得到了控制，能夠過上正常的生活，甚至還能再度打鼓，像這樣的故事會激勵我們更努力。」

通用磨坊公司的肯・包威爾講述了一個特別神奇的時刻。「擔任執行長會讓你獲得難以置信的特殊經歷，我最難忘的一次經歷，是我參加了一場高階產業會議，會中討論了對海地的震災援助。會議結束後，歐巴馬總統非常親切地對我說：『我要感謝你帶領大家做這件事，我們必須幫助這些人。』我告訴他，我的女兒在某個非營利性的人道救援機關工作，正趕往那裡幫忙建立一個新的難民營，歐巴馬總統對我說：『你告訴她，總統以她為榮……。』」包威爾說完便流下喜悅的淚水，因為他想起了與女兒分享總統的鼓勵一事。

為當上執行長而感恩，不光是一種好心情，心理學告訴我們它還能改善健康狀況，提高應對逆境的能力，並增強你建立穩固人際關係的能力。此一情況會產生良性循環：懂得感恩的執行長往往會有更好的表現，當他們能對社會產生正面的影響時，又會令他們更加感恩。

偉大的執行長無疑都是高效、成功且有自信的，因此人們很容易誤以為他們傲慢無禮，且容易讓人反感。這與事實相去甚遠，**頂尖執行長會在任期內主動採取措施，以保持謙遜的態度**。他們明白在其一生中，擔任這個職務的時間可能相對很短，即使是最成功、任期最長的人也是如此。他們還體認到謙遜並不是在框框裡打勾：因為表現出謙遜很容易讓人感到自豪，但執行長的目標不是要表現出謙遜的樣子，而是臣

服於它。

為了做到臣服於謙遜，頂尖執行長們從不居功，而是採取具體措施，當個腳踏實地的服務型領導。他們還會建立一個多元化的軍師團，以確保他們能得知真相，而不會自以為是。最後，他們對有機會擔任最高領導人一職深表感恩，並清楚地體認到擔任此職務所應承擔的義務。

◆ Part 6 重點摘要 ◆

做只有你能做的事

　　現在，我們已經討論了頂尖執行長如何管理他們的個人效能，這對於他們得以日理萬機至關重要。雖然每個人都有其獨到的個人管理模式，但頂尖執行長都會以「做只有我能做的事」之心態，好好掌控以下三方面的事務：**妥善運用時間和精力、選擇適當的領導模式，以及保有正確的觀點。**

管理個人效能：讓頂尖執行長脫穎而出

心態：做只有你能做的事

妥善運用時間和精力	管理一系列的衝刺
	● 保持「張弛有度」的行程表
	● 明確區隔公務時間和私人生活
	● 在日常工作中注入活力
	● 量身打造支援團隊
選擇適當的領導模式	實現你的如是（to-be）清單
	● 展現始終如一的品格
	● 順應公司的需求
	● 尋求持續發展
	● 永遠帶給人希望
保有正確的視界	保持謙遜
	● 從不居功
	● 當個服務型的領導
	● 打造多樣化的「軍師團」
	● 心懷感恩

這些來自頂尖執行長的個人效能管理經驗，可適用於任何領導者。

- 你的時間分配是否合理（你的優先事項是什麼）？你是否總是把時間排好排滿，以至於突發事件令你陷入恐慌？
- 你能夠全身心地投入每一次互動中，還是會分心糾結於過去或未來？
- 你如何在日常工作中安排恢復時間？
- 什麼事情能讓你精力充沛、你是否為這些事情留出了足夠的時間？
- 哪些機制可以幫助你妥善管理時間和精力？
- 身為領導者的你體現了哪些品格？
- 身為領導者的你如何獲得反饋？
- 你是否透過定義現實和給予希望，為他人創造能量？
- 你是否有一小群能對你坦誠相告的軍師？
- 你做的這一切努力，是為了你自己，還是為了眾人的利益？

　　現在我們已經介紹了讓頂尖執行長脫穎而出的心態和實踐方法。然而，了解了汽車引擎的關鍵零組件（如曲軸、連桿、凸輪軸、氣門、氣缸和活塞），並不能解釋空氣與燃料的混合如何點燃，從而產生動力衝程，產生讓汽車動起來所需的力。問題仍然存在：它們是如何組合在一起的？

結語
成就他人、造就自己的卓越思維

> 如果你忽略那些細微的筆觸，你的大畫永遠不會成為傑作。
> ——安迪・安德魯斯（Andy Andrews），勵志演說家

誰是 21 世紀最偉大的運動員？在眾多角逐者裡，我們會把以下這幾位列入我們的名單：阿根廷足球運動員梅西（Lionel Messi）、瑞典高爾夫球運動員安妮卡・索倫斯坦（Annika Sörenstam）、牙買加短跑運動員尤塞恩・博爾特（Usain Bolt）、德國 F1 賽車手舒馬赫（Michael Schumacher）、巴西綜合格鬥運動員艾曼達・努內斯（Amanda Nunes），以及 5 名美國人：體操運動員西蒙娜・拜爾斯、網球運動員小威廉斯、游泳運動員麥可・菲爾普斯、美式足球四分衛湯姆・布雷迪、籃球運動員勒布朗・詹姆斯。

其實，我們還可以列出好多位超級明星，但更有意思的是，最有資格成為本世紀最偉大運動員的人，卻很少會登上人們的榜單。美國十項全能運動員艾希頓・伊頓（Ashton Eaton）在 2017 年退役時，還保持著這項為期兩天的艱苦賽事之世界紀錄。在十項全能比賽中，參賽者要參加十個不同項目的比賽，包括 1,500 公尺賽跑、撐桿跳和投擲標槍。當吉姆・索普（Jim Thorpe）在 1912 年的斯德哥爾摩奧運會上贏得十項全能冠軍時，瑞典國王古斯塔夫五世曾對他說：「先生，你是世界上最偉大的運動員。」[90]

伊頓不只一次締造紀錄，他在職業生涯中共五次締造了五項全能和十項全能紀錄，成為歷史上第三位連續兩屆獲得奧運會十項全能賽金牌的選手，並連續四屆獲得世界冠軍。要締造這樣的紀錄，伊頓不僅

要勝任每項比賽，還必須在多個項目躋身世界頂尖行列。2012年伊頓在美國奧運選拔賽上打破了十項全能的世界紀錄，他的跳遠成績為8.23米，位居當年世界第14位。他的百米短跑成績為10.21秒，是世界上跑得最快的100名運動員之一。

這跟頂尖執行長有什麼關係？很簡單：**我們認為執行長的角色與十項全能運動員很像——堪稱是十八般武藝樣樣精通。在制定方向、調整組織、動員領導人、與董事會互動、連結利害關係人，或是管理個人效能方面，頂尖執行長未必每項都是世界第一，但他們在同時整合所有這些職責方面卻是世界一流的。**

比利時聯合銀行的喬漢·帝斯證實了此觀點：「我擅長很多事情，也許我可以把一兩件事情做得很好，但我未必樣樣出色。不過，這並不重要，對於執行長來說，最重要的是你要能面面俱到兼顧所有事務，而非只管理框架內的某個面向。」亞薩合萊的約翰·莫林強化了該觀點：「身為執行長，你必須體認到，你不是最厲害的人，因為你是個通才。你不必努力成為最聰明的人，但你可以給出好的建議，促進和鼓勵人們做好他們的工作。」

雖然我們採訪過的許多執行長都有一定程度的名人地位（傑米·戴蒙、薩提亞·納德拉、里德·海斯汀……），但是前述的十項全能類比，應足以解釋為什麼許多叱吒商場上的頂尖執行長，在商界之外鮮為人知。他們在幕後默默地努力工作，運用我們討論過的心態和實踐方法，來處理執行長的主要職責。

要做到面面俱到是非常困難的，這就是我們為什麼要深入研究執行長這個角色的每個面向。在我們生活的這個時代，社群媒體上的許多管理建議，多半是詭辯的口訣和簡單的經驗法則。縱橫全球的大型企業太過複雜，執行長不可能光靠一些簡單的口訣就能成功。最終，我們盡了最大的努力遵守愛因斯坦提出的原則：一切應該盡可能的簡單，但是不能過於簡單。

既然我們已經研究了執行長這個角色的各個面向，接著就來探討我們的研究，在多大程度上形成了具有指導意義的模式和原型。

模式與原型

在印度史詩《羅摩衍那》（Ramayana）中，聖人維什瓦密特拉（Vishwamitra）透過給予神器和知識，來幫助神的化身羅摩（Rama）。在希臘神話中，智慧女神雅典娜送給英雄柏修斯一面盾牌，以殺死蛇髮女妖梅杜莎。當灰姑娘遇到困難時，神仙教母施展魔法送她去參加舞會。雖然這些故事書寫的時間相隔千年，且發生在世界的不同角落，但共同點都是主人公得到了超自然力量的幫助，這就是一種「原型」（archetype）：在各種看似無關的案例中，重複一個出現類似的模式。

在我們的研究中，當我們定義了執行長的角色，並確定了是什麼樣的心態和實踐方法，讓頂尖執行長從眾多同儕中脫穎而出，我們就會進行一系列定量和定性分析，以確定是否有任何原型貫穿執行長的各種職責，例如執行長決定投注其時間和精力的優先順序，是否存在相關模式？頂尖執行長轉移其工作重點的方式，是否存在任何原型？商業環境（例如55％的執行長必須讓公司轉虧為盈，45％的執行長必須帶領公司更上一層樓）對於執行長決定要專注於哪種職責的影響程度有多大？我們希望能歸納出一些實用的指導，但沒有發現任何相似之處，無論是前述哪一種情況，執行長們的選擇都大相逕庭。

帝斯曼的費柯・希貝斯瑪最終帶領這家化工公司轉戰生命科學領域，但他剛上任時面臨的挑戰是轉虧為盈，所以他上任初期的工作重點較偏重於外部，他說：「剛開始的時候，我把25％的時間花在投資人的世界，因為我需要他們才能踏上征途；我大約有40％的時間花在了市場和客戶身上，因為我必須了解他們對世界的看法，以及他們重視什

麼。」雖然沃旭能源的亨利‧保森也面臨了必須帶領公司，從石油天然氣轉往清潔能源領域，但他的做法卻與前者不同：「我本可以把所有時間用於周遊世界，去拜訪那些想了解我們轉型情況的人，但我們卻聚焦於建立一種能夠執行我們策略的企業文化。」

萬事達卡的彭安傑則想帶領公司從「從 A 進步到 A⁺」，所以一開始便著眼於內部管理，把大部分時間都花在了確定方向和調整組織結構上，他說：「把更多時間投入到公司外部的想法很難辦到。」等到方向和組織結構確立後，他才得以將更多精力轉移到外部事務上，除了進一步增加與董事會共事的時間，還更加注重個人效能的管理。財捷的布拉德‧史密斯則是從上任第一天起，就堅持 40、30、20、10 的比例分配其時間：40％的時間用於推動業務績效，30％用於指導，20％用於與外部人員合作，10％用於個人成長和學習。

不過，關於這些執行長的上任和卸任，我們確實發現了一些共同點。

強勢上任，瀟灑退場

說到走馬上任執行長一事，所有人一致強調投入時間進行傾聽之旅的好處。財捷的布拉德‧史密斯向董事、投資人、員工及其他執行長請教了這三個問題：「**我們尚未抓住的最大機遇是什麼？有哪些重大威脅如果不解決，有可能會終結我們的特許經營權？如果我做了哪一件事有可能會把公司搞垮？**」

洛克希德馬丁公司的瑪麗蓮‧休森指出，**在新官剛上任的蜜月期進行傾聽之旅非常重要**：「人們會因為你是新手，而告訴你一些兩三年後他們不會告訴你的事情。」頂尖執行長還分享了諸多建議，教新手執行長如何讓傾聽之旅發揮最大功效：包括獨自主持會談（人們會說得更

多)、多聽少說、不做承諾、造訪你從未去過的地方,以及一定要讓客戶和前員工參與進來。

執行長新官上任的另一個共同點,是對形勢做出自己的診斷,當我們請曾經三度出任執行長的溥瑞廷,分享他成功提升業績的祕訣時,他透露:「即使你一直在這家公司工作,並被拔擢為執行長,你也需要仔細審視所有的關鍵指標,例如回報率、現金轉換率,這樣你才知道自家公司與頭號對手的相對位置,並問:『如果他們能做到,為什麼我們做不到?』你總能找到方法達到你理想的目標。」

高德美公司的弗萊明‧厄斯寇夫也曾三度擔任執行長,他以自己的醫師背景打了個比方:「醫生做的第一步就是研究病歷,我會試圖了解故事、內容和病史,然後我會查看事實——症狀和徵候,並提出診斷假設。一旦我確定了一兩件事,我就會問:『該如何治療呢?』」

帝亞吉歐公司的孟軼凡則強調,新任執行長在評估時絕不能避重就輕,他建議說:「極度誠實地認清現實,冷靜地看待市場與競爭態勢,還有你的定位及企業文化,要非常客觀地看待這一切。」

診斷完成後,便以優雅簡潔的方式傳達新方向。與我們交談過的每一位執行長,幾乎都能一針見血地快速說明他們的策略,而且通常有張一頁式傳單,可以乾脆俐落地講述整個故事,星展集團的高博德指出:「我們製作了一份單張,並稱為「星展屋」(DBS House),上面記載了一切資訊——我們的願景、策略、價值觀、目標。它讓我們得以口徑一致地談論我們想做的事,以及更重要的,我們不想做的事。」

帝亞吉歐的孟軼凡隨身攜帶著一張傳單,標題為「帝亞吉歐的雄心壯志」,最上方寫了該公司的目的和願景,接著列出了該公司的六大策略支柱,全都是用簡單的英語寫成,全無晦澀難懂的專業術語,孟軼凡說明它為何如此有用:「無論你是在肯亞的裝瓶生產線,還是在越南做銷售,你都可以在這張紙上找到你自己,並知道你可以在哪方面一展長才。它非常有助於描繪出清晰的策略,以及必須做出的改變。」

在葛雷格‧凱斯領導的怡安公司裡，也有類似的單頁傳單，稱為「怡安的聯合策略藍圖」。對於辛辛那提兒童醫院的邁可‧費雪來說，這個單張概述了醫院的整體願景，並列出了醫院在照護、社區、治療和文化這四方面的策略與成功。

至於卸任，好多位執行長都提到不要待太久，美國教師退休基金會的羅傑‧佛格森說：「我很清楚，**即使是頂尖執行長，也有可能過了「保存期限」**，我最近就測試了此概念。對執行長來說，最大的風險就是不知道世界已經發生了多大的變化——我現在的想法，跟我五年前或十年前的想法，早就不一樣了。所以我照鏡子並問自己：『我仍是下一段旅程的最佳人選嗎？』就我而言，在領導 TIAA 十二年後，我覺得是時候把棒子傳給另一位領導者了。」

赫伯特‧海納選擇離開 adidas，是因為當時數位世界開始起步，他意識到公司需要一個比他更了解這個領域的人。同樣地，在阿霍德德爾海茲集團合併之後，六十多歲的迪克‧波爾認為自己該交棒了，因為在整合之後，公司需要穩定下來，並在新的基礎上建立一個卓越的營運體系。對於自己在希爾製藥被武田收購後離開一事，弗萊明‧厄斯寇夫簡單地表示：「我很清楚自己並非領導整合的最佳人選，別的人會做得更好，我的優勢在這裡無用武之地。」Sony 公司的平井一夫認為，公司在轉型階段他確實是合適的執行長人選，但隨後的穩定階段他就沒那麼適合了。

美敦力公司的比爾‧喬治建議，**執行長應定期問自己：你還能找到成就感和快樂嗎？你還在學習和感受挑戰嗎？是否有新的個人情況需要考慮（例如家庭或個人健康問題）？外部是否有千載難逢的獨特機會？接班情況如何？公司是否達成某個特定里程碑（例如整合一項重大的收購、推出重要的新產品、完成某個長期專案），正適合（或不適合）職務交接？產業變化十分劇烈，新人新氣象應有利於公司發展？你是否純粹因為無法想像下一步會怎樣，才繼續留在公司？**[91]

一旦到了卸任的時候，頂尖執行長都會做好一切安排，以便順利交接。開拓重工的吉姆・歐文斯描述了最棒的繼任規劃應該是什麼樣子：「任何一家大公司，如果在執行長卸任時，找不出至少三名強大的候選人接任，那就太丟臉啦。董事會應該有能力評選他們，所以我會在最後階段給他們更多的自主權，讓他們向董事會提出更多的策略簡報。我還會讓每位候選人向投資人社群介紹他那個單位的策略。」

順利交接的其他要素還包括：**不要把不愉快的決定留給繼任者；在交接之前，給繼任者充分的時間進行聆聽之旅，並整理好他們的對策；以及思考你自己職業生涯的「下一步」**。歐文斯補充說：「執行長這個角色最難的部分就是離開，你真的需要讓開，並讓繼任者批評你所做的一切，以及談談哪些方面需要做得更好。」

財捷的布拉德・史密斯卸任執行長之前，建議繼任者薩桑・古達齊（Sasan Goodarzi）跟他一起去找史蒂夫・楊（Steve Young）聊聊，後者是大名鼎鼎的美式足球四分衛喬・蒙塔納（Joe Montana）的繼任者，史密斯回憶說：「他告訴我們，當年他剛進球隊的時候，曾試圖成為喬・蒙塔納第二，所以他不僅髮型和衣著像喬，甚至打算像喬那樣擲球，結果他度過了有史以來最糟糕的半年。幸好史蒂夫最終不再試圖成為喬，這才締造了輝煌的職業生涯，史蒂夫看著薩桑說：『你要成為世上最優秀的薩桑・古達齊。』然後他看著我說：『你必須讓他成為世上最優秀的薩桑・古達齊。』」

確定各項職責的優先順序

在沒有任何明確原型或模式的情況下，執行長怎麼知道哪些事情該優先處理、何時處理，以及多快得處理？就像我們在前言中提到的，答案要看公司的經營狀況，與執行長的個人特長和偏好之間的相互作用

來決定。然而,這些都不是獨立的變數,隨著經營狀況的改變,以及執行長的應對,他們的能力會日益增強,而且他們的做法也會改變。這種動態變化很像騎自行車,外部的地形地勢,會與騎車者的協調性和平衡感等內部因素相結合。騎行的次數越多,騎車者就越能因應更多樣化、更具挑戰性的地形地勢,而他們對騎行地點的偏好也會隨之改變。

這就是為什麼大多數執行長認為,**學習執行長的唯一途徑,就是去擔任執行長**,美敦力公司的比爾·喬治解釋道:「不管你多麼有把握,但其實沒有人做好了當個執行長的萬全準備,你只能邊做邊學。你周遭的世界不斷在演變,而你也在接下這份工作後不斷成長,你以為自己懂得如何經營企業,但那充其量只是營運長的角色罷了。」

辛辛那提兒童醫院的邁可·費雪打了個比方:「為執行長這個角色做準備,就像在職業運動隊中擔任助理教練——你以為你懂總教練的工作,但其實你不懂。」

綜上所述,關於執行長如何確定事務的優先順序,其實並沒有放諸四海而皆準的答案。本書中的建議比較像是幫新手執行長準備好騎車的行頭(戴上頭盔、穿上騎行服、戴上反光鏡等),找到合適的座椅高度,並給輪胎充氣。他們會知道如何踩踏、　車和換擋,以及打手勢安全通過車流。

本書提供的知識能讓領導者騎得更快、更好,但歸根究柢,只有騎上自行車才能準確知道什麼時候該做什麼事。頂尖執行長一旦開始蹬車,就會不斷挑戰更有難度的地形並升級裝備,努力成為最厲害的騎手。隨著時間的推移,許多人會發展出他個人的獨到特長,就像頂尖自行車手通常會在某個專業領域(公路賽、小輪車、下坡、越野賽)中表現出色。

傑米·戴蒙在第一銀行和摩根大通皆以推動執行的能力而遠近馳名。布拉德·史密斯在財捷透過企業文化激勵領導者的能力,也獲得廣泛的認可。沃旭能源的亨利·保森頗具遠見的策略眼光,令許多人欽羨

不已。溥瑞廷重塑多家公司業務組合的能力,更是讓《華爾街日報》給他起了個「拆解專家」(breakup expert)的稱號。

為了幫助領導者順利開展工作,我們創建了一套評量與確定優先順序的工具,以確保他們在最重要的領域做到最好,這些工具請見附錄A。我們承認這種方法是相當機械的,所以我們將其比擬為古典物理學(並未考慮到量子領域和相對論的複雜現實),但牛頓的方程式卻能很好地解釋我們的日常現實。

執行長這個角色的未來

在本書的開頭,我們頌揚了做為一名傑出未來學家的優點,然而我們在此分享的所有內容,卻是基於過去二十年來頂尖執行長們的心態和實踐經驗。有些讀者可能很好奇:「看著後照鏡很難開車。」這句俗話在這裡是否適用,這是個好問題,而且我們也思考了很久。本書中討論過的執行長職責,在未來二十年間還會像過去二十年間那樣重要嗎?那些造就出頂尖執行長的心態和實踐方法,能否像過去一樣造就出未來的贏家?

我們的答案是肯定的,畢竟**商業的核心是永恆不變的**,誠如德國哲學家尼采所言:「確定價格、調整價值、發明等價物、交換物品──所有這一切在人類最初和最早期的思想中,都佔有極其重要的地位,以至於說它構成了思維本身也不為過。」[92] 領導大型組織何嘗不是如此,例如西元前 1100 年,中國一位備受尊崇的大臣周公奉王命撰寫的《周禮》中,就規定了許多與現代企業中占主導地位的做法:明確決策權、建立清楚的運作程序、監督績效、在領導者與員工之間維持富有成效的關係、建立相互尊重的文化,以及樹立良好的領導榜樣。[93]

帆船頗適合用來比喻這種動態變化,最早出現的帆船可追溯到西

元前 5500 年，這些在尼羅河上使用的船隻是簡單的方形蘆葦船，桅桿上連接著一張方形的莎草紙。在那之後，陸續出現了許多創新：舵槳、舵、龍骨、船用引擎、全球定位導航系統⋯⋯但與此同時，讓帆船動起來的基本原理卻始終未變：調整風帆（將風帆調整到最有效率的位置）、中板位置（糾正側向漂移）、船體平衡（不讓船體傾斜）、船體縱傾（保持船的平穩），以及航向調整（根據潮汐和偏航進行調整，希望能以最短距離從 A 地抵達 B 地）。

在探討頂尖執行長時，是因為哪些心態和實踐方法而得以出類拔萃，我們特意把重點放在「真的 vs 新的」。雖然近期的歷史充斥著一系列的趨勢和反趨勢──全球化、網路、社群媒體、消費者行動主義、數位化轉型、社會動盪、疫情、經濟危機、新世代進入職場──但執行長的職責仍舊是確定組織的方向、調整組織、激勵領導者採取行動、讓董事會參與、與利害關係人連結，以及做好執行長個人的高效管理。

所以我們相信只要執行長以大無畏的心態對待這些職責，把軟性技能當成硬性技能、解決團隊的心理問題、幫助董事們協助公司、從「為什麼」著手，做只有執行長才能做的事情，未來不論遇到任何風浪，執行長們都能安穩前進。

儘管執行長的角色及追求成功的心態不會改變，但他們的優先事項和策略卻會改變。1970 年代，傳統的臃腫組織開始面臨全球化競爭，它們的解體提升了股東的重要性。1980 年代，有線電視新聞台的出現，使執行長受到公眾的矚目，讓他們不得不更加注重外部形象。

世紀之交的技術革命，使得資產從有形轉為數位和智慧財，讓大家更關注領導力中的「人」的因素。技術革命同時，還帶來了提升個人生產力的工具，例如當時幾乎人手一支的黑莓手機，雖然節省了時間，但因為必須迎合要求你「全天開機全年無休」的期望，故而搾乾了人們的精力。2008 年金融危機爆發後，董事會被要求發揮更多的實際作用，使得執行長在公司治理中的角色隨之發生轉變。

結語
成就他人、造就自己的卓越思維

我們認為，**頂尖執行長能夠出類拔萃的最後一點是：他們很會過濾環境中的信號和噪音，有鑑於未來的趨勢、思想和資訊浪潮肯定更加洶湧，此能力將變得更加重要。**目前，頂尖執行長們正在應對的挑戰包括：數位化轉型、照顧員工的健康和福祉、打造多元與包容的企業文化、氣候變遷、工作的未來樣貌、幫助員工學會新技能、加密貨幣的潛在崛起、中美兩國漸行漸遠，以及利害關係人資本主義*的強化。此外，頂尖執行長們知道「敏捷性」和「目的」為什麼會成為當今的流行語，但他們會避免把此二者當做萬靈丹。

展望未來，這些問題，以及更多我們目前無法想像的問題，將繼續瓜分領導人的注意力。不過，無論未來會發生什麼，我們堅信未來的頂尖執行長都將會……

- ……**更有道德責任**：社群媒體帶來的即時透明度和積極行動，將會對執行長的個人行為和公司的作為、多元與包容、慈善公益、領導原則和企業文化，施以更高標準的檢視。
- ……**更多元化**：未來的執行長誓必會在性別、種族、民族和階級展現更多元的態度，並採取謙遜、持續成長和服務型領導等最佳典範，並終結「執行長是英雄」的過時形象。
- ……**更有韌性**：需要執行長投入時間和精力的事情越來越多，公眾的監督也越來越大，執行長這份工作變得越來越難幹且令人身心俱疲。所以能夠承受得住批評，並擁有高效的個人作業模式，將會是執行長的生存之道。
- ……**更有影響力**：由於執行長被要求充當社會的領導者，為有利於眾多利害關係人的政策發聲，使得他們的影響力大增，從

---

* 利害關係人資本主義是一場日益壯大的全球改革運動，其訴求是通過為員工、客戶、供應鏈和經銷合作夥伴、社區和環境創造價值，來提高投資人的回報率。

而使這份工作變得更有成就感且更有挑戰性。

隨著執行長的角色越來越廣泛，有些人會說這項工作已經大到一個人難以勝任，但另一派人士則反駁說，AI 的發展將讓執行長失去許多方面的工作（就像是把機長放在可以遙控駕駛的飛機上一樣）。但我們相信，機器對於領導力之技術層面的推動越大，就能讓那些善於提升抱負、啟發靈感、釋放創造力和協作力的領導者，取得更多競爭優勢。

我們剛開始尋找是哪些因素造就出頂尖執行長時，是把範圍縮小到 21 世紀的頂尖執行長。但我們現在意識到，我們使用的篩選標準所找出來的領導者，其實是那些很會幫助別人實現他們從不敢奢望自己能達成的成就，而這是每一位領導者都能企及的目標。所以我們希望這本書能提高各位在這方面的能力，無論你擔任的是什麼樣的領導職務。

謝辭

雖然封面上印了我們三個人的名字，但除了書中受訪的頂尖執行長們（關於他們的更多資訊，見附錄 B），本書最終能成為現實，要歸功於好多位神隊友的協助。首先要感謝的，是幫我們做了必要的分析、整理了一千五百多頁訪談紀錄，找到並消化了大量外部資訊的英雄們。

研究團隊的負責人是 Anand Lakshmanan，沒有他，我們不可能這麼快就走得這麼遠，而且途中充滿了樂趣。團隊裡的其他成員包括 Annie Arditi、Michelle Call、Aungar Chatterjee、Justin Hardy、Pex Jose Parra、James Psomas、Elisa Simon 及 Jonathan Turton 等人。這些精采的訪談之所以會發生，全賴 Jodi Elkins 施展她的神奇魔力，居中協調整個訪談過程。

感謝負責監督此一專案的 Monica Murarka，此外她還負責管理麥肯錫公司的全球執行長卓越服務線，讓我們得以直接向執行長提供諮詢服務；她不僅幫助我們組建和指導前述團隊，她還是一名經過認證的高管教練，在我們創建內容的過程中，她是我們最棒的思想夥伴。

我們早就知道，如果要忠實詮釋執行長這個角色，這本書就會因為海量的資訊而難以閱讀，所以要以有趣易讀且讓人愛不釋卷的方式來傳達這些內容將是一大挑戰。這就是我們與《財星》記者暨《貝佐斯經濟學》（*Bezonomics*）一書的作者布萊恩・杜曼（Brian Dumaine）合作的契機，感謝布萊恩幫助我們確保了內容和故事之間的最佳平衡。

感謝 Scribner 出版社的編輯 Rick Horgan 不僅為我們提供了專業的指導，還在整個過程中提供了寶貴的反饋和指導。說到這裡，我們要大力讚揚 Scribner 的整個團隊，他們是我們合作過的第一流出版團隊。

此外，還要感謝 Lynn Johnston 幫助我們形成了早期的想法，並介紹我們與 Scribner 合作。也要感謝麥肯錫全球出版集團（McKinsey Global Publishing）領導人 Raju Narisetti 的鼓勵，並在旅程的一開始時就讓我們與 Lynn Johnston 合作。

我們還得到了麥肯錫公司眾多贊助商與合作夥伴的大力支持，其中包括我們的高級合夥人同事以及策略暨企業融資業務的領導人：克里斯・布萊德利、賀睦廷和斯文・斯密特，他們三位共同撰寫了《曲棍球桿效應：麥肯錫暢銷官方力作，企業戰勝困境的高勝算策略》（Strategy Beyond the Hockey Stick: People, Probabilities, and Big Moves to Beat the Odds）一書。他們三位及 Michael Birshan 和 Kurt Strovink，皆是執行長顧問領域的重要思想家和實踐者，他們給了我們靈感、想法和大量的研究基礎。

隸屬於公司卓越執行長服務線的合夥人也一起參與了這項工作：Eleanor Bensley、Blair Epstein 和 Sander Smits。我們還要感謝為數眾多的合夥人同事，若非他們擔任這些頂尖領導者的顧問，並與對方建立了良好的關係，我們就不可能有機會訪問他們。

最重要的是，我們要感謝我們的家人，感謝他們忍受我們多年來為了寫這本書而「沒日沒夜」地工作。我們在麥肯錫公司都有全職的客戶服務工作，在這個過程中也不曾懈怠，如果沒有家人的支持和諒解，這個專案就不可能完成。感謝 Thomas Czegledy、Fiona Keller 及 Mary Malhotra 的無條件支持與加油打氣。

最後，我們感謝各位讀者對本書的關注。我們將持續精進，好讓後續每一本書都能產生更大的影響，因此我們非常歡迎各位與我們分享任何反饋意見，你可以透過 carolyn.dewar@mckinsey.com、scott.keller@mckinsey.com 和 vikram.malhotra@mckinsey.com 與我們連絡。

附錄 A
卓越 CEO 的高效工具

評估事務、排定優先順序的實用指南

身為麥肯錫公司卓越執行長諮詢業務的領導人，我們經常被要求幫助執行長順利過渡到該角色、評估他們在任期內的表現，以及決定他們該在何時及如何淡出這個角色。為了做好這份工作，我們開發了一系列工具，以幫助執行長深思其工作中的優先要務和效能，所以我們在附錄 A 中納入了三個執行長認為非常有用的練習。

首先，執行長需要了解他的六項關鍵職責，並針對每項職責，評估自己想要帶領的變革程度，而這會通常取決於執行長眼中每個領域的潛力，以及董事會或外部利害關係人可能提供的指導。

第二個練習，則會敦促執行長深思，如何處理六項關鍵職責中的三項職能。

最後一項練習，則是利用前兩項練習的結果，準確指出公司可以做出驚人改進的領域，並將執行長的洞見轉化為行動。

許多執行長發現，這些練習最有價值的地方在於，他們不僅能對照這些練習進行自我評估，而且還能促使其他人（例如團隊成員和董事）提出意見。如果出現了任何主題或認識上的差異，執行長還可以跟「軍師團」（見第 18 章）一起討論，以期提出更成功的行動。

工作表 1　執行長的職責

你想帶領公司做出什麼程度的變革？

類別	要素	1 —————— 5
設定方向	願景 策略 資源分配	小心翼翼地發，以免打破任何玻璃　←→　來場大規模的變革
凝聚組織	文化 組織設計 人才	微調現有的一切　←→　幾乎所有領域全都徹底檢修
動員主管階層	團隊組成 團隊合作 營運節奏	對的人才通力合作　←→　人與動能出現大變革
跟董事會打交道	關係 能力 會議	董事會卓有成效，我的參與很強大　←→　董事會無能且很難共事
連結利害關係人	社會使命 互動 見真章時刻	與主要利害關係人的關係很牢固　←→　與多位利害關係人的關係需要重設
管理個人效能	時間與精力 領導模式 視界	目前有一套完善的工作準則　←→　我需要採用一種新的運作模式

工作表 2-1　我今天該如何領導？

以下哪項陳述最能說明你目前是如何領導公司的？
對第一列中以粗體字顯示的每種做法進行評估，
相關心態則用楷字顯示，以供參考。

	備受挑戰	尚能應付	追求卓越
設定方向	百花齊放 百家爭鳴	發展核心	大無畏心態
願景	◨ 我**支持授權給各事業體擁有自己的願景**，而非執行長說了算	◨ 我**支持授權給各事業體擁有自己的願景**，而非執行長說了算	◼ 我**支持授權給各事業體擁有自己的願景**，而非執行長說了算
戰略	◨ 我們彙集並實施了數以百計甚至數以千計由下而上的倡議	◨ 我們公司的策略是此兩者的總和：各事業單位的策略，以及它們合作的綜效	◼ 我們**經常且儘早採取在全公司推動的重大舉措**
資源分配	◨ 我們相當堅持既定方針，並隨著時間逐步調整預算和資源配置	◨ 我們**每年都會改變資源分配**，以便在保持和諧與追求商機之間取得平衡	◼ 即使很難做到，我始終**以局外人的身分**，確保我們經常重新分配資源

附錄 A　　323
卓越 CEO 的高效工具

工作表 2-2　我今天該如何領導？

以下哪項陳述最能說明你目前是如何領導公司的？
對第一列中以粗體字顯示的每種做法進行評估，
相關心態則以楷體字顯示，以供參考。

	備受挑戰	尚能應付	追求卓越
凝聚組織	把「軟事情」留給別人處理	以最大的努力解決「軟事情」	把「軟事情」當成「硬道理」
文化	◎我們擁有一套把人力資源職能視為守護者的領導模式和價值觀	◎我確保執行長傳達的資訊能夠強化我們所期望的文化，並在人力資源部門的指導下採取相關行動	●我找到了最重要的那件事，並擔起責任以確保我們採取了協調一致的做法
組織設計	◎我們會定期重組（例如每1至2年），以解決我們的痛點	◎我們要在全球整合與當地響應之間取得平衡	●我們會組織一個穩定與負責任的核心組織，並在必要時表現敏捷度，以獲致「穩捷性」
人才	◎我們對少數幾名頂尖領導者委以重任與帶領重大措施	◎我個人鼓勵或提拔業績好的人才，並確保績效差的員工採取具體行動	●我不會「以人為本」，而是確保最合適的人才去做能夠創造最高價值的角色

工作表 2-3　我今天該如何領導？

以下哪項陳述最能說明你目前是如何領導公司的？
對第一列中以粗體字顯示的每種做法進行評估，
相關心態則以楷體字顯示，以供參考。

	備受挑戰	尚能應付	追求卓越
動員 主管階層	用外交手腕 帶領團隊	協調團隊去 執行任務	做好團隊的 心理建設
團隊組成	▣ 我盡力打好手中的牌就是了（不值得大費周章做出改變）	▣ 我的工作重點是確保團隊中的每個人都放對位置，很會做事且值得信賴	▣ 我創造了一個生態系統，擁有一套互補的技能（使得1加1等於3），以及帶領大家一起改變的態度
團隊合作	▣ 團隊在一起時是同事，但出了會議室基本上是各自為政	▣ 團隊擁有**有效的工作規範**，且能進行健康的辯論	▣ 我們運用資料、對話與快速行動來提高效能，使團隊成為明星
營運節奏	▣ 雖然每個人都覺得花太多時間開會，但所有人都**隨波逐流**	▣ 公司的**會議日程清晰和連貫**，而且妥善規劃	▣ 會議的時間、內容和協定皆安排得當，使我們能夠順利制定策略，並成功執行

工作表 2-4　我今天該如何領導？

以下哪項陳述最能說明你目前是如何領導公司的？
對第一列中以粗體字顯示的每種做法進行評估，
相關心態則以楷體字顯示，以供參考。

	備受挑戰	尚能應付	追求卓越
跟董事會打交道	保持超然中立	支持董事會的受託人職責	輔佐董事為公司帶來貢獻
關係	**我會提供必要的資訊**，並在有需要時隨時候教	**我主動與董事會成員維持良好的關係**	透過完全透明與重視他們的看法，**我與董事會成員之間建立了互信的基礎**
能力	董事會的組成交由**董事長或首席董事決定**	我會為新成員的提名提供意見，並確保他們了解我們的業務	**我能夠發掘資深董事們的智慧**，塑造董事會成員以及參與和教育他們
會議	**我讓董事會決定會議的議程**，並據此調整我的角色	我協助確保董事會會議的**效率與效能**	**我與董事會專注於未來**（超越受託人的議題），並從分享我的想法開始

工作表 2-5　我今天該如何領導？

以下哪項陳述最能說明你目前是如何領導公司的？
對第一列中以粗體字顯示的每種做法進行評估，
相關心態則以楷體字顯示，以供參考。

	備受挑戰	尚能應付	追求卓越
連絡利害關係人	*專注於業務*	*利用戰術分流與鎖定利害關係人*	*先找出他們的「為什麼」*
社會使命	我把社會使命視為一種趨勢，我真正的重點是為利害關係人創造價值	我確保我們公司的**企業社會責任**故事是有憑有據、令人信服的	透過定義我們的「為什麼」，並嵌入我們的核心業務來**影響全局**
互動	我盡量減少與外部的**互動**，因為我最重要的工作是經營公司	我主動安排優先與哪些利害關係人會面，且每次互動都有明確的目標	我深入了解我們自身與利害關係人的需求之交集，並據此進行優化
見真章時刻	有鑑於危機難以預測，我們會在危機發生時**臨機應變、見招拆招**	我們會根據**明確的協議**迅速動員應對危機	我們能在危機前建立應變能力，及早發現危機，並在危機中尋找機會，從而保持領先地位

工作表 2-6　我今天該如何領導？

以下哪項陳述最能說明你目前是如何領導公司的？
對第一列中以粗體字顯示的每種做法進行評估，
相關心態則以楷體字顯示，以供參考。

	備受挑戰	尚能應付	追求卓越
管理個人效能	隨時保持「在線」狀態	保持井然有序與高效率	做只有你能做的事
時間與精力	我的時間表是依據他人對我的要求而制定的——我是來服務的	我會很有紀律地**把時間用於對公司最有利的領域**，並有一位好助手協助我	我會在公司為我量身提供的支援下，妥善管理時間和精力以完成**一系列的衝刺**
領導模式	我會成為**公司需要的那種人**，否則就是有虧職守	我只是試著**做自己**——否則就是有違我的本色	我會忠於自己的信念和價值觀，並根據需要調整我的行為，**來完成所有我想做的事**
視野觀點	一切取決於我——我的情緒會因外在因素而起伏	我的表現攸關公司的成敗，但我也**明白很多事情我無法控制**	我何其有幸得以擔任一個可以幫助他人成功的高位，為此持續提升自己的能力

工作表 3　需要改進的領域及優先順序

請深思工作表 1 和工作表 2 的答案，回答下方的問題：

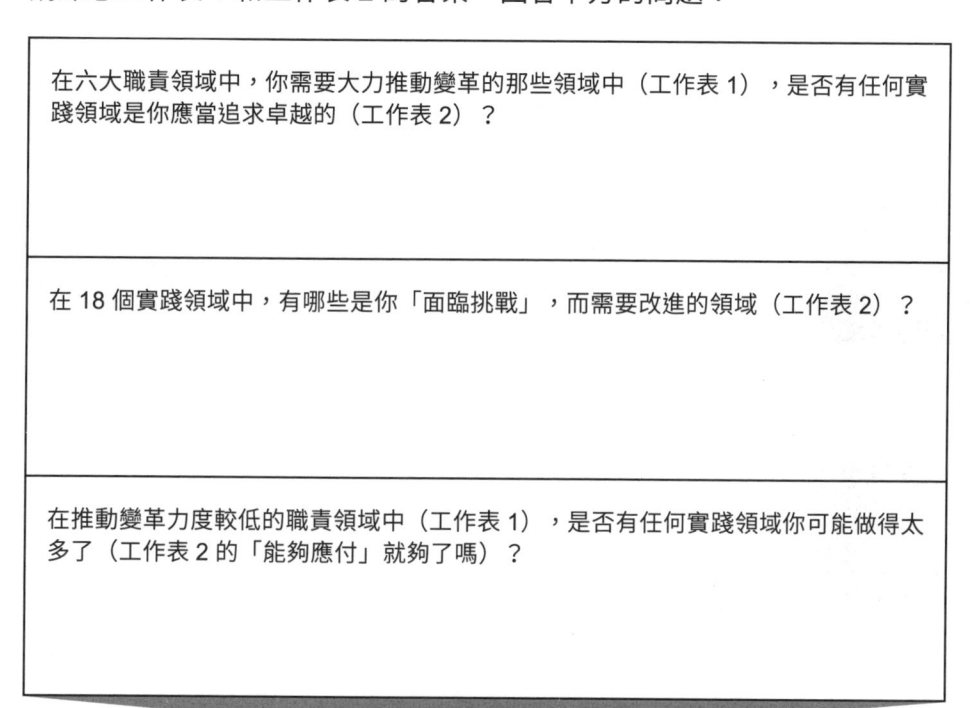

在六大職責領域中，你需要大力推動變革的那些領域中（工作表 1），是否有任何實踐領域是你應當追求卓越的（工作表 2）？

在 18 個實踐領域中，有哪些是你「面臨挑戰」，而需要改進的領域（工作表 2）？

在推動變革力度較低的職責領域中（工作表 1），是否有任何實踐領域你可能做得太多了（工作表 2 的「能夠應付」就夠了嗎）？

你的頭腦和直覺告訴你，想發揮更大的影響力，首先可以或應該在哪三方面改進？

接下來，你將採取哪些具體的後續步驟，驗證這些重要結論、採取改進行動，並要求自己務必取得進展？

附錄 B
67 位卓越 CEO 簡歷

在撰寫本書的過程中,我們深入探討了執行長的卓越之處。最終,我們對執行長這個角色有了更深刻的認識,並對那些頂尖執行長發自內心地感到尊敬和欽佩。

我們非常感謝一路上擔任我們導遊的許多傑出領導人——他們的故事就像一齣齣的人性戲劇,充滿了高風險的決策、戰鬥的輸贏、刻骨銘心的教訓,以及與日俱增的智慧,每一個人的故事都可以寫成一整本書(有些人的故事已經出書了)。

最後,我們整理每一位參與者的簡歷,至於那些曾擔任多家公司執行長的人,我們會重點介紹他們躋身頂尖執行長排行榜時的表現,具體方法請參見本書的前言。

請注意,為了儘量減少新冠疫情造成的任何扭曲,各公司的營收和員工人數為截至 2019 財年,市值為截至 2019 年底。

CEO 索引表（按姓氏首字母排序）

	人名 公司名	頁數
1.	賈奎斯・亞琛布洛區（Jacques Aschenbroich） 法雷奧（Valeo）	337
2.	萊菈・亞胥一托普斯奇（Lilach Asher-Topilsky） 以色列貼現銀行（Israel Discount Bank）	338
3.	道格・貝克（Doug Baker Jr.） 藝康集團（Ecolab）	339
4.	彭安傑（Ajay Banga） 萬事達卡（Mastercard）	340
5.	瑪麗・巴拉（Mary Barra） 通用汽車（General Motors）	341
6.	奧利弗・貝特（Oliver Bäte） 安聯集團（Allianz）	342
7.	阿蘭・貝賈尼（Alain Bejjani） Majid Al Futtaim 集團（MAF Group）	343
8.	法蘭克・布萊克（Frank Blake） 家得寶（Home Depot）	344
9.	迪克・波爾（Dick Boer） 阿霍德德爾海茲集團（Ahold Delhaize）	345
10.	安娜・柏廷（Ana Botín） 桑坦德集團（Grupo Santander）	346
11.	彼得・布拉貝克—勒馬特（Peter Brabeck-Letmathe） 雀巢（Nestlé）	347
12.	溥瑞廷（Ed Breen） 泰科（Ed Breen Tyco International）	348
13.	葛雷格・凱斯（Greg Case） 怡安（Aon）	349

附錄 B　67 位卓越 CEO 簡歷

	人名 公司名	頁數
14.	馬克・卡斯珀（Marc Casper） 賽默飛世爾科技（Thermo Fisher Scientific）	350
15.	肯・謝諾（Ken Chenault） 美國運通（American Express）	351
16.	托比・寇斯葛洛夫（Toby Cosgrove） 克里夫蘭醫院（Cleveland Clinic）	352
17.	拉里・卡普（Larry Culp） 丹納赫（Danaher）	353
18.	柯仁傑（Sandy Cutler） 伊頓（Eaton Corporation）	354
19.	阿里科・丹格特（Aliko Dangote） 丹格特集團（Dangote Group）	355
20.	李察・戴維斯（Richard Davis） 美國合眾銀行（U.S. Bancorp）	356
21.	傑米・戴蒙（Jamie Dimon） 摩根大通集團（JPMorgan Chase）	357
22.	米契爾・伊列柏（Mitchell Elegbe） Interswitch	358
23.	羅傑・佛格森（Roger Ferguson） 美國教師退休基金會（TIAA）	359
24.	邁可・費雪（Michael Fisher） 辛辛那提兒童醫院醫學中心（Cincinnati Children's Hospital Medical Center）	360
25.	比爾・喬治（Bill George） 美敦力（Medtronic）	361
26.	林恩・古德（Lynn Good） 杜克能源（Duke Energy）	362

	人名 公司名	頁數
27.	高博德（Piyush Gupta） 星展銀行（DBS）	363
28.	赫伯特・海納（Herbert Hainer） adidas（阿迪達斯）	364
29.	里德・海斯汀（Reed Hastings） Netflix（網飛）	365
30.	瑪麗蓮・休森（Marillyn Hewson） 洛克希德馬丁（Lockheed Martin）	366
31.	平井一夫（Kazuo Hirai） Sony（索尼）	367
32.	修伯特・喬利（Hubert Joly） 百思買（Best Buy）	368
33.	卡麥斯（KV Kamath） 印度工業信貸銀行（ICICI Bank）	369
34.	蓋爾・凱利（Gail Kelly） 西太平洋銀行（Westpac）	370
35.	喬丹・維格・納斯托普（Jørgen Vig Knudstorp） 樂高（LEGO）	371
36.	勒尼・雷頓（Ronnie Leten） 阿特拉斯科普柯集團（Atlas Copco）	372
37.	莫瑞斯・李維（Maurice Lévy） 陽獅集團（Publicis）	373
38.	馬帝・李耶沃能（Matti Lievonen） 納斯特石油公司（Neste）	374
39.	邁可・馬洪尼（Mike Mahoney） 波士頓科技（Boston Scientific）	375
40.	南西・麥金斯翠（Nancy McKinstry） 威科集團（Wolters Kluwer）	376

附錄 B
67 位卓越 CEO 簡歷

人名 公司名	頁數
41. 孟軼凡（Ivan Menezes） 帝亞吉歐（Diageo）	377
42. 約翰・莫林（Johan Molin） 亞薩合萊（Assa Abloy）	378
43. 詹姆斯・穆旺吉（James Mwangi） 證券集團（Equity Group）	379
44. 薩帝亞・納德拉（Satya Nadella） 微軟（Microsoft）	380
45. 山塔努・納拉延（Shantanu Narayen） Adobe（奧多比）	381
46. 羅德・奧尼爾（Rodney O'Neal） 德爾福（Delphi Automotive）	382
47. 弗萊明・厄斯寇夫（Flemming Ørnskov） 希爾製藥（Shire）	383
48. 吉姆・歐文斯（Jim Owens） 開拓重工（Caterpillar）	384
49. 桑德爾・皮查伊（Sundar Pichai） Alphabet（字母公司）	385
50. 亨利・保森（Henrik Poulsen） 沃旭能源（Ørsted）	386
51. 潘彥磊（Patrick Pouyanné） 道達爾（Total）	387
52. 肯・包威爾（Ken Powell） 通用磨坊（General Mills）	388
53. 卡斯珀・羅斯德（Kasper Rørsted） adidas（阿迪達斯）	389
54. 吉爾・薛德（Gil Shwed） 捷邦安全軟體科技（Check Point Software）	390

	人名 公司名	頁數
55.	羅貝托・賽杜柏（Roberto Setúbal） 伊大屋聯合銀行（Itaú Unibanco）	391
56.	費柯・希貝斯瑪（Feike Sijbesma） 帝斯曼集團（DSM）	392
57.	布拉德・史密斯（Brad D. Smith） 財捷（Intuit）	393
58.	拉斯・賀賓・索倫森（Lars Rebien Sørensen） 諾和諾德（Novo Nordisk）	394
59.	弗蘭契斯科・史塔拉齊（Francesco Starace） 義大利國家電力公司（Enel）	395
60.	陳立武（Lip-Bu Tan） 益華電腦（Cadence Design Systems）	396
61.	喬漢・帝斯（Johan Thijs） 比利時聯合銀行（KBC）	397
62.	大衛・索迪（David Thodey） 澳洲電信（Telstra）	398
63.	乃甘（Kan Trakulhoon） 暹邏水泥集團（Siam Cement Group）	399
64.	魚谷雅彥（Masahiko Uotani） 資生堂（Shiseido）	400
65.	彼得・佛瑟（Peter Voser） 荷蘭皇家殼牌集團（Royal Dutch Shell）	401
66.	安德魯・威爾森（Andrew Wilson） 藝電公司（Electronic Arts）	402
67.	楊敏德（Marjorie Yang） 溢達集團（Esquel）	403

1. 賈奎斯・亞琛布洛區
Jacques Aschenbroich

法雷奧 Valeo

年營收：220 億美元，**市值**：80 億美元
員工：115,000 人，分布 33 國

◆ **歷任重要職務**
- 法雷奧：董事長（2016 年迄今）、執行長（2009 年迄今）
- 法國總理辦公室（1987 年至 1988 年）
- 威立雅集團、法國巴黎銀行董事

◆ **執行長任內的功績**

　　帶領法雷奧成功轉型：從原本只在法國營銷的汽車零件「百貨公司」，變成一家跨國企業，專精於電動汽車和自動駕駛技術等領域。拜有機增長之賜，該公司的息稅折舊攤銷前盈餘成長了 3 倍，市值更成長超過 10 倍。

◆ **個人重大成就**
- 6 次入選《哈佛商業評論》全球百大執行長（3 次躋身前十名）
- 榮獲法國榮譽軍團勳章和法國國家功績勳章

2. 萊菈・亞胥－托普斯奇
Lilach Asher-Topilsky

以色列貼現銀行
Israel Discount Bank

年營收：30 億美元，市值：50 億美元
員工：9,000 人，分布 2 國

◆ **歷任重要職務**
- 以色列貼現銀行：執行長（2014 年至 2019 年）
- FIMI 機會基金：高級合夥人（2019 年迄今）
- G1 保全公司、Kamada 生物製藥公司、Rimoni Plast 塑膠射出成型公司的董事長
- Amiad 水系統公司、特拉維夫大學董事

◆ **執行長任內的功績**

　　改變了以色列第三大銀行的發展軌跡，使淨營收提高了 3 倍、成本／營收比率降低了近 2 成，並與工會重修舊好建立了有益雙方的關係。

◆ **個人重大成就**
- 因其對銀行業的卓越貢獻而在 2019 年榮獲《耶路撒冷郵報》獎
- 成為一家以色列銀行最年輕的執行長

3. 道格・貝克
Doug Baker Jr.

藝康集團 Ecolab

年營收：150 美元，**市值**：560 億美元
員工：50,000 人，分布 100 國

◆ **歷任重要職務**
- 藝康：董事長（2006 年迄今）、執行長（2004 年至 2020 年）
- 梅約醫學中心、目標百貨和聖十字學院的董事

◆ **執行長任內的功績**

　　把這家工業清潔產品公司，轉型為一家以使命為導向的全球性組織，致力於保護人類和重要資源。進行了超過 100 次收購，使公司市值增長了 7 倍。

◆ **個人重大成就**
- 5 次入選《哈佛商業評論》全球百大執行長
- 入選《巴倫週刊》2020 年全球頂尖執行長
- 2018 年哥倫比亞大學商學院「戴明杯」卓越營運獎得主
- 藝康連續 18 年（2007 年至 2024 年）獲 Ethisphere 評選為全球最具道德公司

4. 彭安傑 Ajay Banga

萬事達卡 Mastercard

年營收：170 億美元，**市值**：2,980 億美元
員工：19,000 人，分布 66 國

◆ **歷任重要職務**
- 世界銀行：總裁（2023 年迄今）
- 萬事達卡：執行董事長（2021 年）、總裁兼執行長（2010 年至 2020 年）
- 國際商會董事長；陶氏公司和康乃爾大學威爾醫學院董事

◆ **執行長任內的功績**

透過重新定義市場，以及建立透明與當責的企業文化，大幅擴展萬事達卡公司的營務，使營收成長 3 倍、市值成長 13 倍。

◆ **個人重大成就**
- 6 次入選《哈佛商業評論》全球百大執行長（一次擠進前十大）
- 4 次榮登《財星》年度商業人物排行榜前十名
- 獲印度總統授予蓮花士勳章
- 曾被歐巴馬總統任命為貿易政策與談判諮詢委員會、加強國家網路安全委員會的委員

5. 瑪麗・巴拉 Mary Barra

通用汽車 General Motors

年營收：1,370 億美元，**市值**：520 億美元
員工：164,000 人，分布 23 國

◆ **歷任重要職務**
- 通用汽車：董事長（2016 年迄今）、執行長（2014 年迄今）
- 擔任迪士尼公司、杜克大學、底特律經濟俱樂部，以及企業圓桌會議的董事（且為教育和勞動力委員會主席，以及種族公平與正義特別委員會主席）
- 史丹佛大學商學院顧問委員會、OneTen 人才庫公司以及商業協會的成員
- 通用汽車包容諮詢委員會主席暨創始成員

◆ **執行長任內的功績**

推動積極與創新的企業願景，退出無利可圖的市場，並推出專注於未來交通、電動汽車和自動駕駛汽車市場的新策略，使該公司的每股盈餘成長近 3 倍。

◆ **個人重大成就**
- 入選 2014 年《時代》週刊全球百大最具影響力人物
- 自 2014 年以來，每年都名列《富比士》全球百大最具權力女性排行榜前七名
- 4 次入選《巴倫週刊》全球頂尖執行長
- 3 次入選《財星》雜誌全球最偉大 50 位領導者（2 次入選前十名）
- 榮獲 2018 年耶魯大學執行長領導力學院的傳奇領袖獎

6. 奧利弗・貝特
Oliver Bäte

安聯集團 Allianz

年營收： 1,260 億美元，**市值：** 1,020 億美元
員工： 147,000 人，分布 70 國

◆ **歷任重要職務**
- 安聯：執行長（2015 年迄今）
- 國際金融協會、日內瓦協會的董事；新加坡金融管理局國際顧問團、泛歐保險論壇、歐洲金融服務圓桌會議的成員

◆ **執行長任內的功績**

將這家德國公司打造成全球最大、數位化程度最高的保險公司之一，並大力宣導氣候變遷倡議。積極改善費用率，並提高客戶忠誠度，股東超額收益率比同業高出 6％。

◆ **個人重大成就**
- 2019 年入選《哈佛商業評論》全球百大執行長

7. 阿蘭・貝賈尼 Alain Bejjani

Majid Al Futtaim 集團 MAF Group

年營收：100 億美元，**市值**：不詳
員工：43,000 人，分布 16 國

◆ **歷任重要職務**
- Majid Al Futtaim：執行長（2015 年迄今）
- 世界經濟論壇國際商業理事會、大西洋理事會國際諮詢委員會的成員
- 世界經濟論壇中東、北非管理委員會／區域行動小組的共同主席
- 世界經濟論壇永續發展影響峰會的共同主席
- 世界經濟論壇中東和北非峰會的共同主席

◆ **執行長任內的功績**

　　重新確定 Majid Al Futtaim 的長期發展方向，立志成為中東、非洲和中亞地區的購物中心、社區、零售和休閒業先鋒，並在國際上享有盛譽。帶領整個集團轉型，讓組織步上追求業績與健康發展的軌道，使營收成長約 4 成，息稅折舊攤銷前盈餘成長 3 成，營運現金流增長 5 成，並建立「以客戶為尊、人才至上」的企業文化。宣導利害關係人資本主義思想，使 Majid Al Futtaim 成為中東地區首家承諾實施淨正向永續發展策略的公司。

◆ **個人重大成就**
- 獲《富比士》中東版評選為頂尖執行長之一
- 獲《富比士》中東版評選為領導本地公司的 50 位頂尖國際執行長之一
- 獲《富比士》中東版評選為阿聯酋 50 位最具影響力的外籍人士之一

8. 法蘭克・布萊克
Frank Blake

家得寶
Home Depot

年營收：1,100 億美元，市值：2,380 億美元
員工：416,100 人，分布 3 國

◆ **歷任重要職務**
- 家得寶：董事長（2007 年至 2015 年）、執行長（2007 年至 2014 年）
- 喬治亞理工學院謝勒商學院傑出高級研究員（2016 年迄今）
- 達美航空董事長；梅西百貨公司、寶僑公司和喬治亞州歷史學會的董事

◆ **執行長任內的功績**

為這家美國零售商的店鋪和服務文化注入新的活力，使員工士氣大振，也改善了同店銷售，並移除非業務核心。營業利益率提高了三百多個基點，市值增加近 3 成。

◆ **個人重大成就**
- 獲喬治亞州特克納特領導集團與羅伯・葛林裡夫僕人式管理中心頒發品格領導終身成就獎
- 2019 年受喬治亞州歷史學會和喬治亞州州長辦公室任命為喬治亞州受託人

9. 迪克・波爾
Dick Boer

阿霍德德爾海茲集團
Ahold Delhaize

年營收：740 億美元，**市值**：270 億美元
員工：353,000 人，分布 11 國

◆ **歷任重要職務**
- 阿霍德德爾海茲集團：總裁兼董事長（2011 年至 2018 年）
- 亞伯特海因超市執行長（2000 年至 2011 年）
- 雀巢、殼牌石油和 SHV 集團的董事

◆ **執行長任內的功績**

在任期的第一階段，他的「重塑零售業」策略，使公司的經濟利潤成為行業第三高，僅次於沃爾瑪與好市多。2016 年完成與德爾海茲的合併，不但使該公司的員工人數增加 1 倍，且成為全球第二大連鎖超市。

◆ **個人重大成就**
- 2017 年獲頒佛萊迪海尼根獎，以表彰對美荷經濟關係的重大貢獻

10. 安娜・柏廷
Ana Botín

桑坦德集團 Grupo Santander

年營收：560 億美元，**市值**：700 億美元
員工：188,000 人，分布 10 國

◆ **歷任重要職務**
- 桑坦德集團：執行董事長（2014 年迄今）、桑坦德銀行英國分行：執行長（2010 年至 2014 年）、Banesto：執行董事長（2002 年至 2010 年）
- Empieza por Educar 基金會、非政府組織「為西班牙而教」董事長；可口可樂、麻省理工學院未來工作特別小組的董事

◆ **執行長任內的功績**

在利率下降的情況下，仍讓這家西班牙銀行巨擘的盈利獲得增長，且使淨營業營收提高了 15%。堅持以客戶為中心，並創建「簡單、個人化、公平」的員工文化。

◆ **個人重大成就**
- 入選 2018 年《財星》全球 50 位最偉大的領導者
- 入選 2018 年《財星》年度商業人物
- 被任命為大英帝國榮譽女性爵級司令
- 桑坦德銀行入選《財星》2020 年全球頂尖 25 個職場

11. 彼得‧布拉貝克 — 勒馬特
Peter Brabeck-Letmathe

雀巢 Nestlé

年營收：960 億美元，**市值**：3,130 億美元
員工：291,000 人，分布 83 國

◆ **歷任重要職務**
- 雀巢：名譽董事長（2017 年迄今）、董事長（2005 年至 2017 年）、執行長（1997 年至 2008 年）
- F1 賽車集團：董事長（2012 年至 2016 年）
- Biologique Recherche 董事長；世界經濟論壇副主席

◆ **執行長任內的功績**

　　專注於成本削減、創新和決策速度，使這家已經頗具規模的瑞士食品公司不斷發展壯大，並收購了寵物食品公司 Ralston Purina。每年至少更新 2 成的產品，將公司的重點轉移到營養、健康和保健上，使市值成長近 3 倍。

◆ **個人重大成就**
- 獲頒奧地利十字榮譽勳章，以表彰其對奧地利共和國的貢獻
- 獲頒墨西哥阿茲特克雄鷹勳章
- 獲得熊彼得學會頒發熊彼得獎，以表彰其在政治和經濟領域的創新成就

12. 溥瑞廷
Ed Breen

泰科 Ed Breen Tyco International

年營收：100 億美元，**市值**：140 億美元
員工：70,000 人，分布 50 國

◆ **歷任重要職務**
- 杜邦：執行長（2015 年至 2019 年；2020 年迄今）
- 泰科：董事長兼執行長（2002 年至 2012 年）
- 通用儀器：執行長（1997 年至 2000 年）
- IFF、康卡斯特的董事，柔佛巴魯資本的諮詢委員會成員

◆ **執行長任內的功績**

　　大力推動誠信和當責，成功拯救了醜聞纏身且瀕臨破產的泰科公司。將業務去蕪存菁，最終將這家工業集團拆分為各有專精業務的 6 家實體，使股價提升了 7 倍。

◆ **個人重大成就**
- 2018 年獲美國化學學會頒發歷史性企業再造領導獎
- 2009 年被 Ethisphere 機關評為商業道德領域最具影響力的百大人物之一

13. 葛雷格・凱斯
Greg Case

怡安 Aon

年營收：110 億美元，**市值**：490 億美元
員工：50,000 人，分布 96 國

◆ **歷任重要職務**
- 怡安：執行長（2005 年迄今）
- Discover、Ann & Robert H. Lurie 兒童醫院、菲爾德自然史博物館、CEOs Against Cancer、聖約翰大學風險管理學院的董事

◆ **執行長任內的功績**

　　透過一系列大膽的併購交易，以及出售旗下某些資產，重組怡安公司的投資組合，並對公司的營運與企業文化做了重大轉型，使公司的息稅折舊攤銷前盈餘成長 1 倍，市值成長了 7 倍。

◆ **個人重大成就**
- 因大力支持與倡導包容性和多樣性而獲得多個獎項
- 5 次入選《哈佛商業評論》百大執行長
- 2018 年獲經濟發展委員會頒發歐文・巴特勒卓越教育獎

14. 馬克‧卡斯珀
Marc Casper

賽默飛世爾科技
Thermo Fisher Scientific

年營收：260億美元，市值：1,300億美元
員工：75,000人，分布50國

◆ **歷任重要職務**
- 賽默飛世爾科技：董事長（2020年迄今）、總裁兼執行長（2009年迄今）
- Kendro Laboratory Products：執行長（2000年至2001年）
- 美國合眾銀行、美中貿易全國委員會、布萊根婦女醫院、衛斯理大學的董事

◆ **執行長任內的功績**

卡斯珀帶領這家總部位於美國、專門生產生命科學工具、臨床診斷相關試劑和耗材的公司，敏捷因應新冠疫情，並英明地確定了高層團隊創造價值的優先順序。使公司的息稅折舊攤銷前盈餘成長3倍，市值成長超過7倍。

◆ **個人重大成就**
- 入選2019年《富比士》美國最具創新力領袖
- 2次入選《哈佛商業評論》百大執行長

15. 肯・謝諾
Ken Chenault

美國運通 American Express

年營收：440 億美元，**市值**：1,020 億美元
員工：64,000 人，分布 40 國

◆ **歷任重要職務**
- 美國運通：董事長兼執行長（2001 年至 2018 年）
- 風險投資機關 General Catalyst Partners 董事長；Airbnb、波克夏・海瑟威、國家大學體育協會、哈佛大學校董會、非裔美國人歷史和文化國家博物館的董事

◆ **執行長任內的功績**

將美國運通的業務核心擴展到差旅與費用之外，以滿足其會員的各種消費需求。在他的領導下，公司推出並建立了全球最大的客戶忠誠度計畫之一——會員獎勵計畫，贏得全球客戶對其服務的認可，使得公司的營收倍增，淨營收成長了 5 倍多。美國運通仍然是全球最大、最著名的信用卡公司之一。

◆ **個人重大成就**
- 多次入選《巴倫週刊》全球頂尖執行長
- 2018 年獲 HistoryMakers 授予他歷史創造者的稱號，以表彰他非凡的人生和職涯表現
- 獲 Ebony 雜誌評選為非裔美國人社區 50 位「在世先鋒」之一
- 2014 年獲《財星》評選為首屆全球 50 位最偉大的領袖

16. 托比・寇斯葛洛夫
Toby Cosgrove

克里夫蘭醫院 Cleveland Clinic

年營收：110 億美元，**市值**：不詳
員工：68,000 人，分布 4 國

◆ **歷任重要職務**
- 克里夫蘭醫院：執行長（2004 年至 2017 年）
- 美國空軍：外科醫生（因在越戰服役而獲頒銅星勳章）

◆ **執行長任內的功績**

把原本非營利性的學術醫療中心，改成把病人放在第一位（這在當時是一種激進的做法），不僅提高了病人滿意度，還改善了醫療效果，進而吸引更多病人前來，使醫院營收倍增。在床位數超過 1,000 張的醫院評比中，該院的患者體驗排名從最後一名竄升到第一。

◆ **個人重大成就**
- 2013 年入選醫學研究院（後改名為美國國家醫學院）
- 榮獲伍德羅・威爾遜中心公共服務獎
- 自 2010 年至 2017 年期間，每年都被《現代醫療保健》雜誌評選為最具影響力的 50 位臨床高管

17. 拉里・卡普
Larry Culp

丹納赫 Danaher

年營收：180 億美元，**市值**：1,110 億美元
員工：60,000 人，分布 60 國

◆ **歷任重要職務**
- 奇異公司：董事長兼執行長（2018 年迄今）
- 丹納赫：執行長（2001 年至 2014 年）
- 華盛頓學院、維克森林大學的董事

◆ **執行長任內的功績**

　　將精實管理的理念推廣到丹納赫的各個業務層面，透過高績效文化提高效率，同時釋出資金收購高成長企業，使公司的營收和市值均成長了 5 倍。

◆ **個人重大成就**
- 2014 年入選《哈佛商業評論》百大執行長
- 入選《巴倫週刊》2020 年百大執行長

18. 柯仁傑
Sandy Cutler

伊頓 Eaton Corporation

年營收：210 億美元，**市值**：390 億美元
員工：101,000 人，分布 175 國

◆ **歷任重要職務**
- 伊頓：董事長兼執行長（2000 年至 2018 年）
- 杜邦和 KeyCorp 金融服務公司的首席董事

◆ **執行長任內的功績**

將這家汽車零件製造商多元化，成為一家電力管理公司，除了大幅提升業績，還大力推動創新、影響力和誠信文化，使公司的營收成長 5 倍，市值成長近 7 倍。

◆ **個人重大成就**
- 2 次入選《哈佛商業評論》的百大執行長 退休後與妻子和兒子開了一家高級餐廳，供應法式與美式餐點

19. 阿里科・丹格特
Aliko Dangote

丹格特集團 Dangote Group

年營收：40 億美元，**市值**：不詳
員工：30,000 人，分布 17 國

◆ **歷任重要職務**
- 丹格特：創辦人兼執行長（1977 年迄今）
- 丹格特基金會：董事長（1974 年迄今）
- 非洲企業理事會、柯林頓健康倡議組織、ONE 行動的董事

◆ **執行長任內的功績**

將公司從一家小型商品貿易公司，發展成西非最大的企業集團，主要業務是水泥和製糖。建造奈及利亞最大的煉油廠和石化綜合設施，使集團的營收增加了 6 倍，確保奈及利亞經濟的進一步獨立。

◆ **個人重大成就**
- 被任命為奈及利亞大司令
- 2014 年入選《時代》週刊全球最具影響力百大人物
- 2019 年入選《財星》雜誌全球 50 位最偉大的領導人
- 1989 年至 2014 年入選 CNBC 對商業影響最深遠的 25 位人物
- 2014 年被《富比士》亞洲版評選為年度風雲人物
- 榮獲多項非洲商業獎項

20. 李察・戴維斯
Richard Davis

美國合眾銀行 U.S. Bancorp

年營收：230 億美元，市值：930 億美元
員工：美國境內有 70,000 人

◆ **歷任重要職務**
- 許願基金會：總裁兼執行長（2019 年迄今）
- 美國合眾銀行：董事長兼執行長（2006 年至 2017 年）
- 擔任陶氏、萬事達卡、梅約醫學中心的董事

◆ **執行長任內的功績**

　　大膽提出十年願景，將客戶和員工置於核心，積極服務在地社區，成功擴大該行的業務，使淨營收增加 3 成，股價漲幅超過 6 成。

◆ **個人重大成就**
- 2015 年獲頒美國總統終身成就獎
- 2010 年獲美國《銀行家》雜誌評選為年度銀行家

21. 傑米・戴蒙
Jamie Dimon

摩根大通集團 JPMorgan Chase

年營收：1,160 億美元，**市值**：4,370 億美元
員工：257,000 人，分布 60 國

◆ **歷任重要職務**
- 摩根大通：董事長兼執行長（2006 年迄今）、總裁（2004 年至 2018 年）
- 第一銀行：董事長兼執行長（2000 年至 2004 年）
- 花旗集團：總裁（1995 年至 1998 年）
- 擔任哈佛商學院、紐約大學醫學院、公益組織 Catalyst 的董事

◆ **執行長任內的功績**

在 2008 年金融危機爆發之前，便已將全美規模最大的摩根大通集團打造了強大的復原力，使其能夠抵禦衝擊，並幫忙支撐了美國的銀行系統，且因其透明而成為商界的領軍人物。身為金融危機中唯一倖存的大型銀行執行長，他使摩根大通銀行的市值成長了 3 倍多，成為全球最有價值的銀行。

◆ **個人重大成就**
- 2019 年和 2020 年被《財星》雜誌評選為最受讚賞的五百大執行長
- 4 次入選《時代》週刊全球最具影響力百大人物
- 3 次入選《哈佛商業評論》百大執行長
- 自 2009 年以來，每年都入選《巴倫週刊》全球頂尖執行長

22. 米契爾・伊列柏
Mitchell Elegbe

Interswitch

年營收：近 10 億美元
市值：估值約 10 億美元
員工：1,000 人，分布 5 國

◆ **歷任重要職務**
- Interswitch：創辦人兼執行長（2002 年迄今）
- 擔任 Endeavor Nigeria 企業家聯誼會的董事
- 非洲領導力研究所屠圖主教研究員

◆ **執行長任內的功績**

將 Interswitch 這個非洲支付處理公司，從一個想法發展成為非洲少有的金融科技獨角獸之一，業務擴展到 23 個國家，並進軍個人和企業金融領域。

◆ **個人重大成就**
- 2020 年獲《非洲報告》雜誌評選為 50 大顛覆者
- 2018 年入選今日非洲執行長獎
- 2012 年榮獲 CNBC 全非洲商業領袖獎 之西非年度商業領袖獎
- 2012 年榮獲安永年度新興創業家獎（西非）

23. 羅傑・佛格森
Roger Ferguson

美國教師退休基金會 TIAA

年營收：410 億美元，**市值**：不詳
員工：15,000 人，分布 24 國

◆ **歷任重要職務**
- 美國教師退休基金會：總裁兼執行長（2008 年至 2021 年）
- 聯準會：副主席（1999 年至 2006 年）
- 擔任字母控股、康寧、通用磨坊、國際金融論壇的董事；30 人小組、史密森學會管理委員會、紐約州保險顧問委員會的成員；美國藝術與科學學院研究員

◆ **執行長任內的功績**

美國金融服務集團的業務模式主要依賴投資組合來獲取回報，洞察到其中的風險，建立了資本密集度較低的新業務，同時強化美國教師退休基金會的核心優勢。帶領基金會平安度過金融危機及後續挑戰，在新冠疫情肆虐全球期間，並使公司管理的資產倍增，達到 1.4 兆美元。

◆ **個人重大成就**
- 曾任歐巴馬總統的經濟顧問（2008 年至 2011 年）
- 911 事件發生時，是唯一一位坐鎮華府的聯準會理事，領導聯準會對恐攻做出初步反應
- 2019 年獲哈佛大學藝術與科學研究院頒發哈佛百年紀念獎章

24. 邁可・費雪
Michael Fisher

辛辛那提兒童醫院醫學中心
Cincinnati Children's Hospital Medical Center

年營收：30 億美元，市值：不詳
員工：美國境內有 16,000 人

◆ **歷任重要職務**
- 辛辛那提兒童醫院醫療中心：總裁兼執行長（2010 年迄今）
- 辛辛那提商會：執行長（2001 年至 2005 年）
- 卓越製造支援服務公司：執行長
- 兒童醫院患者安全解決方案董事長

◆ **執行長任內的功績**

　　大幅提升辛辛那提兒童醫院成為一流學術醫學研究中心的能力，同時改善了患者和家屬的就醫體驗與便利性，且大幅增加合作關係，以解決健康的社會決定因素。使醫院獲得的捐款成長近 3 倍，營收增加 1 倍，病患照護能力也倍增。

◆ **個人重大成就**
- 2017 年獲《現代醫療》雜誌評選為醫療保健領域最具影響力的百大人物
- 辛辛那提兒童醫院連續十年在《美國新聞與世界報導》頂尖兒童醫院排行榜上名列前三

25. 比爾・喬治
Bill George

美敦力 Medtronic

年營收：290 億美元，**市值**：1,520 億美元
員工：105,000 人，分布 52 國

◆ **歷任重要職務**
- 美敦力：董事長（1996 年至 2002 年）、執行長（1991 年至 2001 年）
- 哈佛商學院：高級研究員（2004 年迄今）
- 暢銷書《領導的真誠修鍊》作者（2007 年出版）

◆ **執行長任內的功績**

透過大膽的併購策略，使這家醫療器材公司的產品組合多樣化，公司營收成長 5 倍，市值成長超過 12 倍。在其任期結束時，平均只需 7 秒鐘（原本為 100 秒）就有一個人受到美敦力產品的幫助。

◆ **個人重大成就**
- 2014 年榮獲富蘭克林研究所頒發鮑爾商業領導力獎
- 2002 年獲美國公共廣播電視公司與華頓商學院共同評選為過去 20 年最具影響力的 25 位商界人士
- 2018 年榮獲亞瑟・W・佩奇中心頒發的拉里・福斯特公共傳播誠信獎

26. 林恩・古德
Lynn Good

杜克能源 Duke Energy

年營收：250 億美元，**市值**：670 億美元
員工：美國境內 28,000 人

◆ **歷任重要職務**
- 杜克能源公司：董事長，總裁兼執行長（2013 年迄今）
- 擔任波音公司、愛迪生電氣研究所和企業圓桌會議的董事

◆ **執行長任內的功績**

　　加強杜克能源公司對服務客戶和社區的關注，成功完成了公司業務組合的轉型。相較於同業，為股東帶來 10％的超額報酬，同時積極推動能源產業向更清潔的方向發展。自 2005 年以來，該公司的二氧化碳排放量已大減 39％，且計畫到 2050 年實現淨零排放。

◆ **個人重大成就**
- 連續 8 年（2013 年至 2020 年）被《財星》雜誌評選為商界最具影響力女性
- 5 次入選《富比士》全球百大最具影響力女性

27. 高博德
Piyush Gupta

星展銀行 DBS

年營收：110 億美元，**市值**：480 億美元
員工：28,000 人分布在 18 個市場

◆ **歷任重要職務**
- 星展銀行：執行長（2009 年迄今）
- 國際金融協會副董事長；新加坡人工智慧與數據使用倫理諮詢委員會、麥肯錫諮詢委員會、布列頓森林委員會之諮詢委員會、世界企業永續發展委員會執行委員會成員；新加坡企業發展局、新加坡國家研究基金會、新加坡董事會多元化理事會的董事

◆ **執行長任內的功績**

　　透過重振員工士氣，以及把星展銀行重新定義為一家提供金融服務的技術公司，成功使星展銀行成為東南亞最大的銀行。營收實現翻倍成長，股東權益報酬率提升近 5 個百分點。

◆ **個人重大成就**
- 2020 年獲新加坡總統頒發公共服務星章
- 2019 年獲《哈佛商業評論》評選為百大執行長
- 2019 年星展銀行獲《哈佛商業評論》評為過去十年二十大企業轉型第 10 名
- 星展銀行被《環球金融》、《歐洲貨幣》及《銀行家》等財經雜誌評為 2018 年、2019 年和 2020 年全球頂尖銀行

28. 赫伯特・海納
Herbert Hainer

adidas 阿迪達斯

年營收：270 億美元，**市值**：640 億美元
員工：53,000 人，分布 9 國

◆ **歷任重要職務**
- adidas：董事長兼執行長（2001 年至 2016 年）
- 拜仁慕尼克足球俱樂部：總裁（2019 年迄今）
- 擔任埃森哲和安聯集團的董事

◆ **執行長任內的功績**

　　大力投資於品牌和研發，大幅擴大 adidas 的國際足跡，且不遺餘力地推動公司成為全球頂尖運動品牌。任內使營收成長 3 倍，市值成長 10 倍。

◆ **個人重大成就**
- 3 次入選《哈佛商業評論》百大執行長（且一次排名前五）
- 榮獲德意志聯邦共和國功績勳章

29. 里德・海斯汀
Reed Hastings

Netflix 網飛

年營收：200 億美元，**市值**：1,420 億美元
員工：9,000 人，分布 17 國

◆ **歷任重要職務**

- Netflix：共同執行長（2020 年迄今）、共同創辦人兼執行長（1997 年至 2020 年）
- Pure Software：創辦人兼執行長（1991 年至 1997 年）
- 加州教育委員會：主席（2000 年至 2005 年）
- 擔任 KIPP 及 Pahara Institute 等多個教育組織的董事

◆ **執行長任內的功績**

　　從別人眼中的挑戰看到商機，將 Netflix 從一家出租 DVD 的小公司，轉型為擁有 2 億用戶的全球串流媒體巨擘，並打造出崇尚徹底透明、反饋和創意的企業文化。

◆ **個人重大成就**

- 3 次榮登《財星》雜誌年度商業人物
- 2 次入選《時代》週刊全球最具影響力百大人物
- 3 次入選《哈佛商業評論》百大執行長
- 9 次入選《巴倫週刊》全球頂尖執行長
- 2014 年榮獲阿斯本研究所頒發亨利・克朗領導力獎
- Netflix 於 2019 年獲《哈佛商業評論》評選為過去十年 20 大企業轉型的第一名

30. 瑪麗蓮・休森 Marillyn Hewson

洛克希德馬丁 Lockheed Martin

年營收：600 億美元，**市值**：1,100 億美元
員工：110,000 人，分布 19 國

◆ **歷任重要職務**
- 洛克希德馬丁：董事長（2014 年至 2021 年）、總裁兼執行長（2013 年至 2020 年）
- 擔任雪佛龍和嬌生公司的董事
- 擔任多個非營利組織、行業組織、政府諮詢委員會的董事長

◆ **執行長任內的功績**

努力貫徹公司的使命：加強安全和推動技術發展，同時在棘手的政治問題上遊刃有餘，並克服了在男性占主導地位的行業中身為一名女性領導人所面臨的挑戰。任內使公司的息稅折舊攤銷前盈餘倍增，市值則成長 3 倍多。

◆ **個人重大成就**
- 入選 2019 年《時代》週刊全球最具影響力百大人物
- 獲《執行長》雜誌評為 2018 年度頂尖執行長
- 入選《巴倫週刊》2019 年全球頂尖執行長
- 4 次入選《哈佛商業評論》百大執行長
- 2017 年入選《財星》年度商業人物前十名
- 2018 年和 2019 年入選《財星》商界最具影響力女性（2013 年至 2019 年更躋身前四名）
- 2 次入選《富比士》全球最具影響力女性前十名

31. 平井一夫
Kazuo Hirai

Sony 索尼

年營收：770 億美元，**市值**：870 億美元
員工：112,000 人，分布 70 國

◆ **歷任重要職務**
- Sony：董事長（2018 年至 2019 年）、總裁兼執行長（2012 年至 2018 年）

◆ **執行長任內的功績**

　　以他的風格顛覆了日本企業文化傳統，同時透過大幅簡化產品組合，讓這家媒體和消費電子巨擘轉型成功，並將營業利潤率提高了九百多個基點。在他到職之前，Sony 公司曾連續多年虧損，在他任職之後便轉虧為盈。

◆ **個人重大成就**
- 2015 年榮獲第 66 屆技術與工程艾美獎之終身成就獎

32. 修伯特・喬利
Hubert Joly

百思買 Best Buy

年營收：440 億美元，**市值**：230 億美元
員工：125,000 人，分布 3 國

◆ **歷任重要職務**
- 百思買：董事長（2015 年至 2020 年）、執行長（2012 年至 2019 年）
- Carlson Inc：執行長（2008 年至 2012 年）
- 哈佛商學院：高級講師（2020 年迄今）

◆ **執行長任內的功績**

　　將這家瀕臨破產的消費電子和家電零售商，變成一家以客戶體驗和員工文化為中心的盈利公司。同店銷售連續五年成長，股價成長 2 倍。

◆ **個人重大成就**
- 獲授法國榮譽軍團騎士級勳章
- 入選《哈佛商業評論》2018 年百大執行長
- 入選《巴倫週刊》2018 年全球頂尖執行長
- 4 次入選求職資訊評台 Glassdoor 的美國百大執行長（一次排名前十大）

33. 卡麥斯
KV Kamath

印度工業信貸銀行 ICICI Bank

年營收：140 億美元，**市值**：490 億美元
員工：85,000 人，分布 17 國

◆ **歷任重要職務**
- 印度工業信貸銀行：董事長（2009 年至 2015 年）、執行長（1996 年至 2009 年）
- 新開發銀行：行長（2015 年至 2020 年）

◆ **執行長任內的功績**

透過遠見卓識、技術投資、創新的人才管理和持續學習的意願，將這家專門提供批發金融服務的印度小型貸款商，成功轉型為國內最大的私人銀行。該行不僅為股東創造了比同業高出 33％ 的投資回報，更將營收規模擴大了 20 倍以上。

◆ **個人重大成就**
- 2008 年獲印度政府頒發第三級公民榮譽獎蓮花裝勳章
- 2007 年獲世界人力資源開發大會 World HRD Congress 評為年度執行長
- 2007 年獲《富比士》亞洲版評選為年度商業人物

34. 蓋爾・凱利
Gail Kelly

西太平洋銀行 Westpac

年營收：140 億美元，**市值**：610 億美元
員工：33,000 人，分布 7 國

◆ **歷任重要職務**
- 西太平洋銀行：執行長（2008 年至 2015 年）
- 聖喬治銀行：執行長（2002 年至 2007 年）
- 新加坡電信董事

◆ **執行長任內的功績**

　　使西太平洋銀行成為全球最受讚賞的公司之一，且市值成長兩倍多，並透過堅持不懈地以客戶為中心，使該行平安度過金融危機。宣導多元化和包容性，並達成在該行 4,000 個高階領導職位中女性占 4 成的目標。

◆ **個人重大成就**
- 澳洲大型銀行中首位女性執行長
- 連續七年（2008 年至 2014 年）入選《富比士》全球最具影響力女性
- 2 次入選《金融時報》全球商界女性 50 強，且排名前二十

35. 喬丹・維格・納斯托普
Jørgen Vig Knudstorp

樂高 LEGO

年營收：60 億美元，**市值**：不　詳
員工：19,000 人，分布 37 國

◆ **歷任重要職務**
- 樂高集團：總裁兼執行長（2004 年至 2016 年）、董事（2016 年迄今）
- 樂高品牌集團：執行董事長（2016 年迄今）
- 擔任瑞士洛桑管理學院和星巴克的董事

◆ **執行長任內的功績**

將樂高這家丹麥家族企業打造成全球最賺錢的玩具製造商，使營收成長 5 倍，息稅折舊攤銷前盈餘成長 16 倍。集中領導、出售非核心資產，簡化辦事流程以提高創意效率，吸引樂高的成人消費者，為公司注入新的活力而得以轉虧為盈。

◆ **個人重大成就**
- 2015 年獲國際商管學院促進協會 AACSB 評選為具影響力領導人
- 2015 年獲經濟發展委員會頒發全球領導力獎

36. 勒尼・雷頓
Ronnie Leten

阿特拉斯科普柯集團 Atlas Copco

年營收：110 億美元，**市值**：470 億美元
員工：39,000 人，分布 71 國

◆ **歷任重要職務**
- 阿特拉斯科普柯集團：總裁兼執行長（2009 年至 2017 年）
- 安百拓：董事長（2017 年迄今）
- 易立信：董事長（2018 年迄今）
- Piab：董事長（2019 年迄今）
- 擔任瑞典軸承製造廠斯凱孚（SKF）董事

◆ **執行長任內的功績**

引入紀律嚴明的資本配置方法，使這家瑞典工業製造商更能滿足客戶需求。使息稅折舊攤銷前盈餘成長 3 倍，市值成長 4 倍多。

◆ **個人重大成就**
- 2 度入選《哈佛商業評論》百大執行長
- 2013 年獲《趨勢》商業雜誌評選為比利時年度經理人

37. 莫瑞斯・李維
Maurice Lévy

陽獅集團 Publicis

年營收：120 億美元，**市值**：110 億美元
員工：77,000 人，分布 110 國

◆ **歷任重要職務**
- 陽獅集團：董事長（2017 年迄今）、執行長（1987 年至 2017 年）
- 法以科學交換協會 Pasteur-Weizmann Council：總裁（2015 年迄今）
- 風險資本管理公司 IRIS Capital Management 的董事

◆ **執行長任內的功績**

　　以全球視野與對數位化的豐富理解，結合當地文化特色，將這家法國小型廣告公司打造成國際行銷和傳播巨擘。拜大膽收購之賜，讓公司的營收成長了超過 40 倍，市值成長了 100 倍。

◆ **個人重大成就**
- 2 次入選《哈佛商業評論》百大執行長
- 獲頒法國榮譽軍團司令官勳位勳章與大軍官國家功績勳章
- 2008 年獲反誹謗聯盟（Anti-Defamation League）頒發國際領導力獎

38. 馬帝・李耶沃能
Matti Lievonen

納斯特石油公司 Neste

年營收：160 億美元，**市值**：270 億美元
員工：4,000 人，分布 14 國

◆ **歷任重要職務**

- 油品倉儲公司 Oiltanking：執行長（2019 年迄今）
- 納斯特：執行長（2008 年至 2018 年）
- 富騰集團（Fortum）：董事長（2018 年至 2021 年）
- 索爾維集團（Solvay）的董事

◆ **執行長任內的功績**

　　意識到該公司的未來繫於可再生能源，在任十多年間領導公司在企業文化與產品組合大幅轉型，使納斯特成為世界頂級生物柴油和航空燃料生產商。息稅折舊攤銷前盈餘成長 2 倍，市值成長了近 7 倍。

◆ **個人重大成就**

- 在任期間，納斯特每年都被加拿大媒體暨投資研究公司企業騎士（Corporate Knights）評鑑為全球百大永續企業且名列前茅，2018 年更勇奪亞軍

39. 邁可・馬洪尼
Mike Mahoney

波士頓科技 Boston Scientific

年營收：110 億美元，**市值**：630 億美元
員工：36,000 人，分布 15 國

◆ **歷任重要職務**
- 波士頓科技：董事長兼執行長（2012 年迄今）
- 嬌生：集團董事長（2008 年至 2012 年）
- 擔任百特醫療和波士頓男孩女孩俱樂部的董事；波士頓學院執行長俱樂部和美國心臟協會執行長圓桌會議的董事長

◆ **執行長任內的功績**

　　找出這家醫療設備製造商在企業文化和業務組合方面的問題後，便迅速引進新的領導者，並重新制定公司的發展策略，使公司市值增長了近 9 倍，成功改變企業文化，使公司獲得頂尖職場的讚譽。

◆ **個人重大成就**
- 入選 2019 年《富比士》美國最具創新力領袖
- 拜致力於創新之賜，波士頓科技公司在多項評比中始終名列前茅

40. 南西・麥金斯翠
Nancy McKinstry

威科集團 Wolters Kluwer

年營收：50 億美元，**市值**：200 億美元
員工：19,000 人，分布超過 40 國

◆ **歷任重要職務**
- 威科集團：董事長兼執行長（2003 年迄今）
- CCH 法律資訊服務公司：執行長（1996 年至 1999 年）
- 擔任亞培、埃森哲和羅盛諮詢的董事；歐洲產業圓桌會議、哥倫比亞大學商學院監督委員會的成員

◆ **執行長任內的功績**

對這家美國／荷蘭專業資訊和軟體公司進行全面檢修，致力於數位化轉型，聚焦於改變產品組合、加強創新和提高獲利能力。將數位產品和服務的占比提高到 9 成，使公司的息稅折舊攤銷前盈餘倍增，市值成長 4 倍。

◆ **個人重大成就**
- 2 次入選《哈佛商業評論》百大執行長
- 9 次入選《財星》雜誌全球 50 大最有權力商界女性的前十名
- 3 次入選《金融時報》全球商界女性 50 強的前二十名
- 2 次入選《富比士》全球百大最有權勢女性

41. 孟軼凡
Ivan Menezes

帝亞吉歐 Diageo

年營收：160 億美元，**市值**：990 億美元
員工：28,000 人，分布 80 國

◆ **歷任重要職務**
- 帝亞吉歐：執行長（2013 年迄今）
- 名牌控股公司 Tapestry 的董事
- 西北大學凱洛格管理學院諮詢委員會成員
- 蘇格蘭威士卡協會副董事長
- 國際理性飲酒聯盟執行長集團的成員

◆ **執行長任內的功績**

　　透過始終如一嚴格執行以優質品牌和創新為核心的策略，成功轉型了這家英國烈酒公司。同時，公司打造了包容的企業文化，積極履行社會責任，並因此獲得廣泛讚譽。自接任以來，公司股價幾乎翻倍成長。

◆ **個人重大成就**
- 2021 年獲選《雅虎財經少數族裔榜》（*EMpower-Yahoo! Finance*）頂尖資深高階經理人
- 入選 2019 年《哈佛商業評論》百大執行長
- 2018 年榮獲婦女商業委員會頒發男性變革推動者獎
- 2018 年帝亞吉歐被《今日管理》評為英國最受推崇公司

42. 約翰・莫林
Johan Molin

亞薩合萊 Assa Abloy

年營收：100 億美元，**市值**：260 億美元
員工：49,000 人，分布 70 國

◆ **歷任重要職務**
- 亞薩合萊：總裁兼執行長（2005 年至 2018 年）
- 力崎（Nilfisk-Advance）：執行長（2001 年至 2005 年）
- 山特維克（Sandvik）：董事長（2015 年迄今）

◆ **執行長任內的功績**

　　在擔任這家全球鎖具製造商的執行長期間，共收購了兩百多家公司。他很早就意識到這個歷史悠久的機械產業，需要採用數位元技術，並大力進軍新興市場。他讓公司的營收成長 3 倍，市值成長超過 4 倍。

◆ **個人重大成就**
- 3 次入選《哈佛商業評論》全球百大執行長

43. 詹姆斯・穆旺吉
James Mwangi

證券集團 Equity Group

年營收：近 10 億美元，**市值**：20 億美元
員工：8,000 人，分布 6 國

◆ **歷任重要職務**
- 證券集團：執行長（2005 年迄今）
- 證券集團基金會創辦人兼執行董事長（2008 年迄今）
- 梅魯科技大學校長
- 肯亞 2030 年願景：董事長（2007 年至 2019 年）
- 國際金融公司和耶魯大學諮詢委員會成員

◆ **執行長任內的功績**

透過制定明確的願景，宣導社區繁榮，將這家肯亞銀行發展成為東非最大的銀行（就客戶和市值而言）。使營收成長了 40 倍，淨利則成長超過 30 倍。

◆ **個人重大成就**
- 榮獲 3 項肯亞總統獎
- 榮獲 2012 年《富比士》非洲版的年度人物
- 2012 年獲頒安永企業家獎
- 2020 年獲奧斯陸商業和平獎
- 擁有 5 個榮譽博士學位，以表彰其對社會的貢獻

44. 薩帝亞・納德拉
Satya Nadella

微軟 Microsoft

年營收：1,260 億美元，**市值**：1.2 兆美元
員工：144,000 人，分布 190 國

◆ **歷任重要職務**
- 微軟：董事長兼執行長（2021 年迄今）、執行長（2014 年至 2021 年）
- 擔任福瑞德哈金森癌症研究中心、星巴克和芝加哥大學的董事；商業理事會的董事長

◆ **執行長任內的功績**

在微軟面臨失去市場地位的困境時，迅速引領公司轉向高成長且盈利的領域，這在很大程度上歸功於他所培養的「學無止境」而非「自以為是」的企業文化。在他的帶領下，公司息稅折舊攤銷前盈餘幾乎翻倍，市值成長了 4 倍，使微軟一躍成為全球第二大最有價值的上市公司。

◆ **個人重大成就**
- 獲《金融時報》評選為 2019 年年度人物
- 獲《財星》雜誌評選為 2019 年年度商業人物
- 獲《時代》週刊評選為 2018 年全球百大最具影響力人物
- 兩次入選《哈佛商業評論》百大執行長（一次排名前十大）
- 四次獲《巴倫週刊》評選為全球頂尖執行長

45. 山塔努・納拉延
Shantanu Narayen

Adobe 奧多比

年營收：110 億美元，**市值**：1,590 億美元
員工：23,000 人，分布 26 國

◆ **歷任重要職務**
- Adobe：董事長（2017 年迄今）、執行長（2007 年迄今）
- 美印策略合作夥伴論壇副董事長
- 論壇副董事長（2018 年迄今）
- 歐巴馬總統的管理顧問委員會成員（2011 年至 2017 年）
- 擔任輝瑞藥廠的董事

◆ **執行長任內的功績**

率先推出雲端訂閱服務，將公司的業務模式從套裝產品轉變為軟體即服務，營收成長超過 3 倍，市值成長超過 6 倍。

◆ **個人重大成就**
- 獲印度總統授予蓮花士勳章
- 3 次入選《財星》年度商業人物（一次排名前十）
- 4 次入選《巴倫週刊》全球頂尖執行長
- 榮獲《經濟時報》評選為 2018 年全球最知名印度人

46. 羅德・奧尼爾
Rodney O'Neal

德爾福 Delphi Automotive
2017 年改名為安波福 Aptiv

年營收：140 億美元，市值：240 億美元
員工：141,000 人，分布 44 國

◆ **歷任重要職務**
- 德爾福：總裁兼執行長（2007 年至 2015 年）
- 擔任德爾福、斯普林特、密西根州
- 製造商協會、公益組織 INROADS、Focus: HOPE 的董事
- 主管領導力協會成員
- 汽車名人堂成員（第 75 屆）

◆ **執行長任內的功績**

　　透過破產保護程式，成功拯救這家汽車零件和技術公司。根據行業發展趨勢「安全、綠能、互聯」，重新確定公司的產品組合、使客戶群多樣化，建立執行文化，最終使德爾福成為全球領先的汽車供應商。使公司轉虧為盈，息稅折舊攤銷前盈餘超過 20 億美元。

◆ **個人重大成就**
- 2015 年被汽車名人堂評選為年度行業領袖
- 2010 年獲汽車名人堂頒發傑出服務獎

47. 弗萊明・厄斯寇夫
Flemming Ørnskov

希爾製藥 Shire

年營收：160 億美元，市值：550 億美元
員工：23,000 人，分布 60 國

◆ **歷任重要職務**
- 高德美：執行長（2019 年迄今）
- 希爾製藥：執行長（2013 年至 2019 年）
- 沃特斯：董事長（2017 年迄今）

◆ **執行長任內的功績**

　　拜一個遠大願景之賜——希爾製藥要成為全球罕具疾病藥物的領導者，該公司在短短 6 年內，營收和市值雙雙增長了 2 倍多，且業務擴展到 25 個新國家。

◆ **個人重大成就**
- 2015 年《Fierce Pharma》評選為生物製藥領域最具影響力的 25 人
- 獲哥本哈根大學醫學博士學位

48. 吉姆・歐文斯
Jim Owens

開拓重工 Caterpillar

年營收：540 億美元，**市值**：820 億美元
員工：102,000 人，分布 27 國

◆ **歷任重要職務**
- 開拓重工：董事長兼執行長（2004 年至 2010 年）
- 彼得森國際經濟研究所的董事；阿斯彭經濟策略小組成員

◆ **執行長任內的功績**

　　根據地緣和終端市場畫分、業績目標、提供產品和服務、實現卓越營運，以及提高員工參與度和滿意度，制定明確的策略願景，帶領開拓重工擺脫停滯不前的局面。使公司市值幾乎倍增，並優化了成本結構，使這家高度週期性的公司能夠在金融危機中持盈保泰。

◆ **個人重大成就**
- 2007 年榮獲國家外貿協會頒發世界貿易獎

49. 桑德爾・皮查伊
Sundar Pichai

Alphabet 字母公司

年營收：1,620 億美元，**市值**：9,230 億美元
員工：119,000 人，分布 50 國

◆ **歷任重要職務**
- Alphabet：執行長（2019 年迄今）、Google 執行長（2015 年迄今）
- Alphabet 旗下私募股權投資機關 CapitalG 的顧問

◆ **執行長任內的功績**

　　帶領這家技術公司在核心產品之外實現快速成長，其富有同理心、協作和樂觀的領導風格備受讚譽。自擔任 Google 執行長以來，便讓母公司 Alphabet 的股價成長 4 倍。

◆ **個人重大成就**
- 2020 年入選《時代》週刊全球最具影響力百大人物
- 2016 年榮獲卡內基公司偉大的移民：美國的驕傲獎
- 2019 年榮獲美印商業協會全球領導力獎
- 2020 年榮獲 Comparably 評選為多元化頂尖執行長

50. 亨利‧保森
Henrik Poulsen

沃旭能源 Ørsted

年營收：110 億美元，**市值**：440 億美元
員工：7,000 人，分布 6 國

◆ **歷任重要職務**
- 沃旭能源：執行長（2012 年至 2020 年）
- 丹麥 TDC 集團：執行長（2008 年至 2012 年）
- 嘉士伯和 ISS 公司的副董事長；諾和諾德、沃旭能、博多曼的董事；世界自然基金會丹麥分會董事長團成員
- 丹麥世界自然基金會主席團成員

◆ **執行長任內的功績**

將這家原為丹麥國營的能源公司的大部分傳統化石燃料業務轉型為海上風電，迅速成為全球最大的海上風電開發商。任內讓公司的市值和息稅折舊及攤銷前利潤成長 3 倍，同時培養了一種高效執行文化，成功實現了快速的戰略轉型，扭轉了公司的財務狀況。

◆ **個人重大成就**
- 2020 年沃旭能源獲《企業騎士》評選為全球最具永續發展能力百大企業第 1 名

51. 潘彥磊
Patrick Pouyanné

道達爾 Total

年營收：1,760 億美元，**市值**：1,430 億美元
員工：108,000 人，分布 80 國

◆ **歷任重要職務**
- 執行長（2014 年迄今）、董事長（2015 年迄今）
- 凱捷管理顧問公司的董事

◆ **執行長任內的功績**

　　擴大這家法國石油巨擘的投資，使其能源組合多樣化，進軍可再生能源領域。同時更新組織設計，強調人員、社會責任、策略和創新，為股東帶來比同業高出 8% 的超額報酬。

◆ **個人重大成就**
- 2017 年獲《能源情報》評選為年度頂尖石油高管
- 獲頒法國榮譽軍團騎士勳章

52. 肯・包威
Ken Powell

通用磨坊 General Mills

年營收：180 億美元，**市值**：320 億美元
員工：35,000 人，分布 26 國

◆ **歷任重要職務**
- 通用磨坊：董事長兼執行長（2007 年至 2017 年）
- 全球穀物合作夥伴：執行長（1999 年至 2004 年）
- 明尼蘇達大學校董會董事長
- 美敦力和旅遊管理平台 CWT 的董事

◆ **執行長任內的功績**

　　順應不斷變化的客戶偏好，使通用磨坊這家消費食品巨擘向更健康的產品邁進，同時也深入了解當地的文化背景。任內讓公司市值近乎倍增，股東超額收益較同業高出 5% 以上。

◆ **個人重大成就**
- 2016 年獲基石政策中心頒發創辦人獎
- 2013 年獲經濟發展委員會頒發企業公民獎
- 2010 年榮登 Glassdoor 美國最受愛戴執行長榜首

53. 卡斯珀・羅斯德
Kasper Rørsted

adidas 阿迪達斯

年營收：270 億美元，**市值**：640 億美元
員工：53,000 人，分布 9 國

◆ **歷任重要職務**
- adidas：執行長（2016 年迄今）
- 漢高：執行長（2008 年至 2016 年）
- 擔任雀巢和西門子的董事

◆ **執行長任內的功績**

　　擔任德國消費品公司漢高的執行長期間，聚焦於提升業績和策略執行，使營業利潤率提高了超過 6％，市值成長了 2 倍。擔任 adidas 執行長期間，領導公司進行數位化轉型，改善了上下游業績，同時將股東回報率提高了近 1 倍。

◆ **個人重大成就**
- 2018 年入選《哈佛商業評論》百大執行長
- 2018 年被《財星》雜誌評選為年度商業人物前五名
- 曾是丹麥國家青年手球隊的國手

54. 吉爾・薛德
Gil Shwed

捷邦安全軟體科技
Check Point Software

年營收：20 億美元，市值：170 億美元
員工：5,000 人，分布 150 國

◆ **歷任重要職務**
- 捷邦軟體：創辦人兼執行長（1993 年迄今）
- 特拉維夫大學董事會董事長；Yeholot 協會董事長

◆ **執行長任內的功績**

　　憑藉硬軟整合的創新產品和出色的用戶體驗，這家以色列新創公司成功擴大市場規模，成為全球網路安全領域的佼佼者。

◆ **個人重大成就**
- 2018 年榮獲首屆以色列科技獎
- 2010 年獲安永評為以色列年度企業家
- 2014 年獲以色列網路媒體《環球》評選為年度風雲人物
- 2003 年獲世界經濟論壇評選為未來全球領袖

55. 羅貝托・賽杜柏
Roberto Setúbal

伊大屋聯合銀行 Itaú Unibanco

年營收：290 億美元，**市值**：840 億美元
員工：95,000 人，分布 18 國

◆ **歷任重要職務**
- 伊大屋聯合銀行：聯合董事長（2017 年迄今）、執行長（1994 年至 2017 年）
- 紐約聯邦準備銀行國際諮詢委員會（2002 年迄今）

◆ **執行長任內的功績**

　　透過一系列的併購，成功將這家巴西銀行打造為全球排名前十的金融機構，同時拓展了地域版圖並深入投資銀行業務。營收成長了 25 倍、市值超過 30 倍。

◆ **個人重大成就**
- 2011 年獲《歐洲貨幣》評選為年度銀行家
- 2 次入選《哈佛商業評論》百大執行長（一次入選前五名）

56. 費柯・希貝斯瑪
Feike Sijbesma

帝斯曼集團 DSM

年營收：100 億美元，**市值**：250 億美元
員工：23,000 人，分布 50 國

◆ **歷任重要職務**
- 帝斯曼集團：名譽董事長（2020 年迄今）、董事長兼執行長（2007 年至 2020 年）
- 全球氣候適應中心：聯合董事長（與前聯合國祕書長潘基文同為董事長）
- 擔任飛利浦與聯合利華的董事
- 被世界銀行集團評選為全球氣候領袖（2017 年）和碳價格宣導者（2019 年）

◆ **執行長任內的功績**

　　帶領這家荷蘭公司從大宗化學品轉型至營養、健康和材料科學領域，透過強調創新和永續發展，並進行了超過 20 次的收購和處分。市值增加了 3 倍以上，為股東提供了超過 450% 的總回報率。

◆ **個人重大成就**
- 2019 年入選《哈佛商業評論》百大執行長
- 2018 年獲《財星》雜誌評選為世界 50 位最偉大領導人
- 2010 年被紐約聯合國協會評選為年度人道主義者
- 2012 年獲得馬斯垂克大學榮譽博士學位；2020 年獲得格羅寧根大學榮譽博士學位
- 2021 年獲頒皇家橙色拿索大軍官勳章，以表彰他對社會與永續發展的貢獻
- 帝斯曼連續三年入選《財星》雜誌改變世界榜單（2017 年排名第二）

57. 布拉德・史密斯
Brad D. Smith

財捷 Intuit

年營收：70 億美元，**市值**：680 億美元
員工：9,000 人，分布 6 國

◆ **歷任重要職務**
- 財捷：董事長（2016 年迄今）、執行長（2008 年至 2019 年）
- 諾德斯特龍百貨：董事長（2018 年迄今）
- SurveyMonkey 的董事；創立了 Wing 2 Wing 基金會，旨在促進美國被忽視地區的教育和創業精神

◆ **執行長任內的功績**

將這家美國軟體公司的商業模式從桌上型電腦轉換到雲端，並提出為世界繁榮提供動力的使命，專注於取悅客戶。在任內使公司營收翻倍，市值成長近 5 倍。

◆ **個人重大成就**
- 2 次入選《哈佛商業評論》百大執行長
- 2 次入選《財星》年度商業風雲人物（一次入選前十名）
- 2014 年至 2015 年擔任總統的美國青年金融能力顧問委員會成員

58. 拉斯・賀賓・索倫森
Lars Rebien Sørensen

諾和諾德 Novo Nordisk

年營收：180 億美元，**市值**：1,370 億美元
員工：43,000 人，分布 80 國

◆ **歷任重要職務**
- 諾和諾德：執行長（2000 年至 2016 年）
- 諾和諾德基金會、諾和控股公司：董事長（2018 年迄今）
- 丹麥私募股權公司 Axcel 的諮詢委員會董事長；瑞典衛生用品公司愛適瑞（Essity）、瑞士天然降解原料生產商 Jungbunzlauer、賽默飛世爾的董事

◆ **執行長任內的功績**

　　透過大力投資糖尿病治療生物製藥，強化了丹麥公司的策略重點，同時在企業道德活動與強勁的財務業績之間取得平衡與強勁的財務業績。營運利潤提高了 20%，營收和市值都成長了 5 倍。

◆ **個人重大成就**
- 2015 年和 2016 年兩度榮登《哈佛商業評論》百大執行長榜首、兩度排名前二十
- 2016 年獲《財星》評選為年度商業風雲人物
- 獲頒法國榮譽軍團騎士勳章
- 獲頒丹麥的丹納布羅格騎士勳章
- 諾和諾德於 2012 年榮登《企業騎士》雜誌評選的全球最具可持續發展能力百大企業榜首

59. 弗蘭契斯科・史塔拉齊
Francesco Starace

義大利國家電力公司 Enel

年營收：870 億美元，**市值**：810 億美元
員工：68,000 人，分布 32 國

◆ **歷任重要職務**

- 義大利國家電力公司：集團執行長兼總經理（2014 年迄今）；義大利國家綠能公司：執行長（2008 年至 2014 年）
- 西班牙國家電力公司副董事長
- 聯合國人人享有可持續能源組織董事長
- B20 義大利 2021 年能源與資源效率工作小組主席（2020 年）
- 世界經濟論壇之淨零碳城市——系統效率倡議的聯合董事長（2020 年）
- 歐洲清潔氫聯盟之可再生能源與低碳氫製造圓桌會議聯合董事長（2020 年）
- 聯合國全球盟約、米蘭理工大學的董事

◆ **執行長任內的功績**

加速義大利國家電力公司轉型至更可持續的未來，同時拓展新興市場、實現基礎設施數位化，並擁抱開放式創新。使市值成長超過 2 倍，新增可再生能源發電裝置容量增長了 4 倍，使該公司成為全球可再生能源領域最大的民營企業，產能接近 500 億瓦。

◆ **個人重大成就**

- 獲巴西、哥倫比亞、義大利、墨西哥和俄羅斯等國頒發商業功績勳章
- 2019 年榮獲加州大學柏克萊分校頒發全球領導力獎
- 獲財經雜誌《機關投資人》評為 2020 年頂尖公用事業經理人

60. 陳立武
Lip-Bu Tan

益華電腦 Cadence Design Systems

年營收：20 億美元，**市值**：200 億美元
員工：8,000 人，分布 23 國

◆ **歷任重要職務**
- 益華電腦：執行長（2009 年迄今）
- 華登國際：創辦人兼董事長（1987 年迄今）
- 擔任慧與科技、施耐德電氣、軟銀、電子系統設計產業聯盟、全球半導體聯盟、卡內基梅隆大學的董事

◆ **執行長任內的功績**

　　任內改以客戶（主要是半導體和晶片製造商）為中心，並開拓新市場，從而使這家陷入困境的美國電子設計公司轉虧為盈。營運利益率提高了近 3 成，市值成長了 20 倍。

◆ **個人重大成就**
- 2016 年榮獲全球半導體聯盟頒發張忠謀博士模範領袖獎
- 益華電腦 6 次獲《財星》雜誌評選為最適合工作的 100 家公司（2015 年至 2020 年）

61. 喬漢・帝斯
Johan Thijs

比利時聯合銀行 KBC

年營收：90 億美元，**市值**：310 億美元
員工：42,000 人，分布 20 國

◆ **歷任重要職務**
- 比利時聯合銀行：董事長兼執行長（2012 年迄今）
- 歐洲銀行聯合會董事

◆ **執行長任內的功績**
　　發現比利時聯合銀行風險組合中的嚴重問題，重新獲得所有利害關係人的信任，啟動數位化轉型，並建立更強大的企業文化。任內使淨營收成長了 4 倍，市值成長了近 6 倍。

◆ **個人重大成就**
- 5 次入選《哈佛商業評論》百大執行長（其中三次入選前十名）
- 2016 年、2017 年、2020 年被《國際銀行家》評為西歐銀行業年度執行長
- 2017 年比利時聯合銀行榮獲《歐洲貨幣》頒發全球頂尖銀行轉型獎

62. 大衛・索迪
David Thodey

澳洲電信 Telstra

年營收：180 億美元，**市值**：300 億美元
員工：29,000 人，分布 21 國

◆ **歷任重要職務**
- 澳洲電信：執行長（2009 年至 2015 年）
- Xero 軟體公司：董事長（2020 年迄今）
- Tyro 支付：董事長（2019 年迄今）
- 澳洲聯邦科學與工業研究組織：董事長（2015 年迄今）
- 澳洲 Ramsay 醫療保健公司首席董事

◆ **執行長任內的功績**

領導澳洲電信公司進行銷售與服務的數位化轉型，更加關注客戶，並擴大在亞洲的覆蓋範圍，使公司市值倍增，達到 750 億澳元。並讓澳洲電信公司在 2014 年被《澳洲金融評論》（*Australian Financial Review*）評選為澳洲最受尊敬的公司。

◆ **個人重大成就**
- 2015 年入選《哈佛商業評論》百大執行長
- 獲頒澳洲軍團軍官勳章，以表彰他在商業領域的傑出貢獻和對道德領導力的推動

63. 乃甘
Kan Trakulhoon

暹邏水泥集團 Siam Cement Group

年營收：150 億美元，**市值**：160 億美元
員工：54,000 人，分布 14 國

◆ **歷任重要職務**
- 暹邏水泥集團：總裁兼執行長（2006 年至 2015 年）、董事（2005 年迄今）
- AIS 電信：董事長（2020 年迄今）
- 曼谷 Dusit 醫療服務公司、Intouch Holdings、泰國匯商銀行的董事

◆ **執行長任內的功績**

大幅精簡暹邏水泥集團的業務組合，將所有業務統一在一個使命之下，引進創新的企業文化，為公司建立了優質企業公民的好名聲。使公司市值倍增，股東超額回報率比同業高出 10%。

◆ **個人重大成就**
- 2011 年被泰國英文電子報《The Nation》評為年度商人
- 長期在多個國家諮詢委員會任職

64 魚谷雅彥
Masahiko Uotani

資生堂 Shiseido

年營收：100 億美元，**市值**：290 億美元
員工：45,000 人，分布 120 國

◆ **歷任重要職務**
- 資生堂：社長兼執行長（2014 年迄今）
- 日本化妝品工業會會長、日本經團聯的委員會成員

◆ **執行長任內的功績**

通過將深厚的日本傳統與全球行銷能力相結合的混合領導模式，將這家歷史悠久的日本化妝品公司打造成創新型全球美容業龍頭。使營業利益率提高了六百多個基點，市值成長了 4 倍多。

◆ **個人重大成就**
- 是資生堂成立 142 年來（1872 年至 2014 年）首位外聘社長
- 日本 30％俱樂部（30% Club Japan）首任董事長，致力於提升女性在公司董事會中的比例

65. 彼得・佛瑟
Peter Voser

荷蘭皇家殼牌集團 Royal Dutch Shell

年營收：3,450 億美元，**市值**：2,310 億美元
員工：83,000 人，分布 70 國

◆ **歷任重要職務**
- 殼牌集團：執行長（2009 年至 2013 年）
- 艾波比（ABB）：董事長（2015 年迄今）、代理執行長（2019 年至 2020 年）
- 擔任 IBM、淡馬錫和公益組織 Catalyst 的董事；聖加侖學術研討會董事長；亞洲企業領袖協會成員

◆ **執行長任內的功績**

簡化公司股權結構，推動問責制，培養企業家精神，並在全球建立新的合作夥伴關係。任內使殼牌的營收、息稅折舊攤銷前利潤和市值成長了近 5 成。

◆ **個人重大成就**
- 2011 年獲頒汶萊最傑出功績勳章

66. 安德魯・威爾森
Andrew Wilson

藝電公司 Electronic Arts

年營收：60 億美元，**市值**：310 億美元
員工：10,000 人，分布 6 國

◆ **歷任重要職務**
- 藝電公司：執行長（2013 年迄今）
- 英特爾董事；北美衝浪專業人士協會董事長

◆ **執行長任內的功績**

　　推行玩家至上的文化和提高遊戲品質，成功扭轉長達 6 年的下滑趨勢，再次實現盈利，且使股東超額收益比同業高出超過 2 成。

◆ **個人重大成就**
- 2 次入選《財星》年度商業風雲人物（一次名列前五）
- 入選《巴倫週刊》2018 年全球頂尖執行長
- 入選 2019 年《富比士》創新領袖
- 2 次入選《富比士》美國 40 歲以下最具影響力執行長（2015 年名列第三）

67. 楊敏德
Marjorie Yang

溢達集團 Esquel

年營收：10 億美元，**市值**：不詳
員工：35,000 人，分布 5 國

◆ **歷任重要職務**
- 溢達集團：董事長（1995 年迄今）、執行長（1995 年至 2008 年、2021 年迄今）
- 擔任百威亞太、Serai 和亞洲商學院的董事；首爾國際經濟顧問團的董事長；APEC 經濟顧問團中國香港代表

◆ **執行長任內的功績**

　　這家總部位於香港的家族紡織品製造商全球化，將生產遷往該地區成本較低的國家，並進軍高端市場，使營收成長 3 倍，也使溢達集團成為世界上最大的棉織襯衫製造商之一，年產量超過 1 億件。

◆ **個人重大成就**
- 榮獲香港政府頒發金紫荊星章
- 4 次入選《財星》雜誌最具影響力的 50 位女性
- 入選 2012 年《富比士》亞洲版 48 位慈善英雄
- 2011 年榮獲麻省理工學院校友會頒發銅海狸獎

參考文獻

1. 績效表現前20％執行長的相關數據，擷取自麥肯錫專屬資料庫，涵蓋全球70個國家、24項產業，分別來自3,500家上市公司的7,800位執行長，追蹤研究過程歷時25年。至於計算方式，則是根據富比士全球企業1000強（Forbes Global 1000）來定義大型股公司，再找出績效前20％的大型股公司執行長，並將他們的年度整體股東報酬率取平均值。

2. See Timothy Quigley, Donald Hambrick, "Has the 'CEO Effect' Increased in Recent Decades? A New Explanation for the Great Rise in America's Attention to Corporate Leaders," *Strategic Management Journal*, May 2014.

3. 這項數據來自創意領導中心（Center of Creative Leadership）的研究，該機構致力於領導力培育領域的原創科學研究。

4. https://www.forbes.com/sites/susanadams/2014/04/11/ceos-staying-in-theirjobs-longer/?sh=3db21cf567d6; https://www.kornferry.com/about-us/press/age-and-tenure-in-the-c-suite.

5. https://www.strategyand.pwc.com/gx/en/insights/ceo-success.html.

6. See Chris Bradley, Martin Hirt, and Sven Smit, *Strategy Beyond the Hockey Stick: People, Probabilities, and Big Moves to Beat the Odds*, Hoboken, NJ: John Wiley & Sons, 2018.

7. See James Citrin, Claudius Hildebrand, Robert Stark, "The CEO Life Cycle," *Harvard Business Review*, November-December 2019.

8. See transcript of Episode 314 of the Freakonomics radio podcast on "What Does a C.E.O. Actually Do?," where Stephen Dubner interviews Nicholas Bloom, among others, on the role of the CEO.

9. See Henry Mintzberg, *The Nature of Managerial Work*, New York: Harper & Row, 1973.

10. See Steve Tappin's interview with CNN, "Why Being a CEO 'Should Come with a Health Warning'," March 2010.

11. Episode 314 of the Freakonomics radio podcast on "What Does a C.E.O. Actually Do?"
12. Bradley et al., *Strategy Beyond the Hockey Stick*.
13. Jeffrey M. O'Brien, interview with Netflix CEO Reed Hastings, "The Netflix Effect," *Wired*, December 1, 2002. https://www.wired.com/2002/12/netflix-6/
14. Allyson Lieberman, "Many Shoes to Fill; Ceo Latest to Hot-Foot Adidas," *New York Post*, March 3, 2000. https://nypost.com/2000/03/03/many-shoes-to-fill-ceo-latest-to-hot-foot-adidas/
15. https://www.cnbc.com/2018/08/23/intuit-ceo-brad-smith-will-step-down-at-end-of-year.html.
16. Quote from video: https://www.kantola.com/Brad-Smith-PDPD-433-S.aspx.
17. See Daniel Kahneman, Paul Slovic, Amos Tversky, *Judgment Under Uncertainty: Heuristics and Biases*, Cambridge, UK: Cambridge University Press, 1982.
18. Bradley et al., *Strategy Beyond the Hockey Stick*.
19. Piers Anthony, *Castle Roogna*, book 3 in the Xanth series. New York: Ballantine Books, 1987.
20. See Yuval Atsmon, "How Nimble Resource Allocation Can Double Your Company's Value," McKinsey.com, August 2016.
21. See Adam Brandenburger and Barry Nalebuff, "Inside Intel," *Harvard Business Review* magazine, November-December 1996.
22. Academic study by Brian Wansink, Robert Kent, Stephen Hoch, "An anchoring and adjustment model of purchase quantity decisions," *Journal of Marketing Research*, February 1998. Cited by Daniel Kahneman in his book *Thinking, Fast and Slow*, New York: Farrar, Straus and Giroux, 2011.
23. See Stephen Hall, Dan Lovallo, Reinier Musters, "How to Put Your Money Where Your Strategy Is," *McKinsey Quarterly*, March 2012.
24. See Scott Keller, Bill Schaninger, *Beyond Performance 2.0: A Proven Approach to Leading Large-Scale Change*, Hoboken, NJ: John Wiley & Sons, 2019.

25. Ibid.

26. See Charles Duhigg, *The Power of Habit: Why We Do What We Do in Life and Business*, New York: Random House, February 2012.

27. Keller and Schaninger, *Beyond Performance 2.0*.

28. See Rita Gunter McGrath, "How the Growth Outliers Do It," *Harvard Business Review*, January–February 2012.

29. See Scott Keller, Mary Meaney, *Leading Organizations: Ten Timeless Truths*, London: Bloomsbury Publishing, April 2017; based on Phil Rosenzweig, *The Halo Effect: How Managers Let Themselves Be Deceived*, New York: Free Press, 2007; and Dan Bilefsky, Anita Raghavan, "Once Called Europe's GE, ABB and Star CEO Tumbled," *Wall Street Journal*, January 23, 2003.

30. See Tom Peters, "Beyond the Matrix Organization," *McKinsey Quarterly*, September 1979.

31. See Aaron de Smet, Sarah Kleinman, Kirsten Weerda, "The Helix Organization," *McKinsey Quarterly*, October 2019.

32. Keller and Meaney, *Leading Organizations*.

33. Keller and Meaney, *Leading Organizations*.

34. See Ram Charan, Dominic Barton, Dennis Carey, *Talent Wins: The New Playbook for Putting People First*, Boston, MA: Harvard Business Press, March 2018.

35. Keller and Schaninger, *Beyond Performance 2.0*.

36. See Michael Lewis, *The Blind Side: Evolution of a Game*, New York: W. W. Norton and Company, 2006.

37. From Ken Frazier's conversation with Professor Tsedal Neeley of Harvard Business School. https://hbswk.hbs.edu/item/merck-ceo-ken-frazier-speaks-about-a-covid-cure-racism-and-why-leaders-need-to-walk-the-talk.

38. See Fred Adair, Richard Rosen, "CEOs Misperceive Top Teams' Performance," *Harvard Business Review*, September 2007.

39. See Ferris Jabr, "The Social Life of Forests," *New York Times Magazine*, December 2020.

40. See Jan Hubbard, "It's No Dream: Olympic Team Loses," *Los Angeles Times*, June 25, 1992; https://www .latimes .com/archives/la-xpm-1992-06-25-sp-1411-story.html.

41. See Todd Johnson, "'Dream Team' Documentary's 5 Most Intriguing Moments," theGrio, June 13, 2012; https://thegrio .com/2012/06/13/dream-team-documentarys-5-most-intriguing-moments/.

42. See *The Dream Team Scrimmages Against Chris Webber and the 1992 Select Team*, excerpt from *The Dream Team* documentary (released June 13, 2012, directed by Zak Levitt), https://www .youtube .com/watch ?v= 5xHoYnuMLZQ.

43. Adair and Rosen, "CEOs Misperceive Top Teams' Performance."

44. See Kenwyn Smith, David Berg, *Paradoxes of Group Life*, San Francisco: Jossey-Bass, 1987.

45. See Cyril Northcote Parkinson, *Parkinson's Law, or the Pursuit of Progress*, London: John Murray, 1958.

46. Keller and Meaney, *Leading Organizations*.

47. See Dan Lovallo, Olivier Sibony, "The Case for Behavioral Strategy," *McKinsey Quarterly*, March 2010.

48. Keller and Meaney, *Leading Organizations*.

49. See Danielle Kosecki, "How Do the Tour de France Riders Train," bicycling.com, August 2020; https://www .bicycling .com/tour-de-france/a28355159/how-tour-de-france-riders-train/.

50. See Sun Tzu, *The Art of War*, Harwich, MA: World Publications Group, 2007.

51. From McKinsey Global Board Survey 2019.

52. See The PwC and The Conference Board study, "Board Effectiveness: A Survey of the C-Suite," based on a 2020 survey of 551 executives at public companies across the United States.

53. From the Franklin D. Roosevelt Presidential Library; http://www .fdrlibrary.marist.edu/daybyday/resource/march-1933-4/.

54. 「證券集團已經依照公司相關政策與程序採取必要措施，除了懲戒

措施，也將部分員工革職。」新任集團董事長大衛・安瑟（David Ansell）說：「我們絕不容忍職場性騷擾或性侵害，證券集團選擇公開說出我們的經驗，讓大家注意到這個攸關公眾福祉的議題。」https://nairobi news.nation.co.ke/equity-bank-sacks-manager-accused-of-sexually-harassing -interns/

55. See Franklin Gevurtz, "The Historical and Political Origins of the CorporateBoard of Directors," *Hofstra Law Review*: Vol. 33, Iss. 1, Article 3, 2004.

56. See Rakesh Khurana, *Searching for a Corporate Savior: The Irrational Quest for Charismatic CEOs*, Princeton, NJ: Princeton University Press, September 2011.

57. https://en.wikipedia .org/wiki/Gerousia.

58. 根據 2011 年 6 月麥卡錫公司調查 1,597 位企業董事對於公司治理看法的結果，請參考 Chinta Bhagat, Martin Hirt, Conor Kehoe, "Tapping the Strategic Potential of Boards," *McKinsey Quarterly*, February 2013.

59. McKinsey Global Board Survey 2019.

60. McKinsey Global Board Survey 2019.

61. PwC and Conference Board study, "Board Effectiveness: A Survey of the C-Suite."

62. See Christian Casal, Christian Caspar, "Building a Forward-looking Board," *McKinsey Quarterly*, February 2014.

63. 金凱瑞於 1997 年上歐普拉（Oprah Winfrey）節目受訪內容： https://www.oprah.com/oprahs-lifeclass/what-oprah-learned-from-jim-carrey-video

64. PwC and Conference Board study, "Board Effectiveness: A Survey of the C-Suite."

65. See John Browne, Robin Nuttal, Tommy Stadlen, *Connect: How Companies Succeed by Engaging Radically with Society*, New York: PublicAffairs, March 2016.

66. See Victor Frankl, *Man's Search for Meaning*, Boston, MA: Beacon Press, 2006.

67. See Susie Cranston, Scott Keller, "Increasing the 'Meaning Quotient' of Work," *McKinsey Quarterly*, January 2013.

68. 2017 Cone Communications CSR study; https://www.conecomm.com/research-blog/2017-csr-study.
69. See Achieve Consulting Inc, "Millennial Impact Report," June 2014. https://www.shrm.org/resourcesandtools/hr-topics/behavioral-competencies/global-and-cultural-effectiveness/pages/millennial-impact.aspx.
70. https://www.businessroundtable.org/business-roundtable-redefines-the-purpose-of-a-orporation-to-promote-an-economy-that-serves-all-americans.
71. Based on a study by Ernst & Young along with *Harvard Business Review*; https://assets.ey.com/content/dam/ey-sites/ey-com/engl/topics/purpose/purpose-pdfs/ey-the-entrepreneurs-purpose.pdf.
72. Based on a McKinsey Organizational Purpose Survey of 1,214 managers and frontline employees at US companies, October 2019.
73. See 2019 Edelman Trust Barometer Special Report, "In Brands We Trust?" https://www.edelman.com/sites/g/files/aatuss191/files/2019-06/2019_edelman_trust_barometer_special_report_in_brands_we_trust.pdf.
74. https://battleinvestmentgroup.com/speech-by-dave-packard-to-hp-managers/.
75. https://www.jpmorganchase.com/impact/path-forward.
76. See Jonathan Emmett, Gunner Schrah, Matt Schrimper, Alexandra Wood, "COVID-19 and the Employee Experience: How Leaders Can Seize the Moment," McKinsey.com, June 2020.
77. See Peter Drucker, "The American CEO," *Wall Street Journal*, December 30, 2004.
78. Drucker, "The American CEO."
79. See Sanjay Kalavar, Mihir Mysore, "Are You Prepared for a Corporate Crisis?," McKinsey.com, April 2017.
80. Remarks of Senator John F. Kennedy, Convocation of the United Negro College Fund, Indianapolis, Indiana, April 12, 1959.
81. See Ronald A. Heifetz, Marty Linsky, *Leadership on the Line: Staying Alive Through the Dangers of Leading*, Boston, MA: Harvard Business Press, 2002.

82. See Neal H. Kissel and Patrick Foley, "The 3 Challenges Every New CEO Faces," *Harvard Business Review*, January 23, 2019.

83. See Jim Loehr, Tony Schwartz, "The Making of a Corporate Athlete," *Harvard Business Review* magazine, January 2001.

84. Inspirational story attributed to Mahatma Gandhi. See "Breaking the Sugar Habit"; https://www.habitsforwellbeing.com/breaking-the-sugar-habit-an-inspirational-story-attributed-to-gandhi/.

85. See Paul Hersey, *The Situational Leader*, Cary, NC: Center for Leadership Studies, 1984; See Kenneth Blanchard, Spencer Johnson, *The One Minute Manager*, New York: HarperCollins, 1982.

86. See Annie McKee, Richard Boyatzis, Frances Johnston, *Becoming a Resonant Leader: Develop Your Emotional Intelligence, Renew Your Relationships, Sustain Your Effectiveness,* Boston, MA: Harvard Business Press, 2008.

87. https://leadershipdevotional .org/humility-7/.

88. See Hermann Hesse, *Journey to the East*, New Delhi: Book Faith India, 2002.

89. See https://www .greenleaf .org/what-is-servant-leadership/.

90. NPR, "Decathlon Winner Ashton Eaton Repeats as the 'World's Greatest Athlete,'" CPR News [Colorado Public Radio], August 19, 2016. https://www.cpr.org/2016/08/19/decathlon-winner-ashton-eaton-repeats-as-the-worlds-greatest-athlete/.

91. See Bill George, "The CEO's Guide to Retirement," *Harvard Business Review* magazine, November-December 2019.

92. See Friedrich Nietzsche, *The Genealogy of Morals*, North Chelmsford, MA: Courier Corp., 2012.

93. See Violina P. Rindova and William H. Starbuck, "Ancient Chinese Theories of Control," *Journal of Management Inquiry* 6 (1997), pp. 144–159. http://pages.stern.nyu.edu/~wstarbuc/ChinCtrl.html.

翻轉學　翻轉學系列 135

麥肯錫認證的執行長思維
Google、Netflix、Sony、微軟、樂高……67位全球頂尖CEO的卓越之道
The Six Mindsets That Distinguish the Best Leaders from the Rest

作　　　　者	卡羅琳・杜瓦（Carolyn Dewar）
	斯科特・凱勒（Scott Keller）
	維克拉姆・馬爾霍特拉（Vikram Malhotra）
譯　　　　者	葉織茵、閻蕙群
封 面 設 計	Dinner Illustration
內 文 排 版	許貴華、黃雅芬
行 銷 企 劃	林思廷
出版二部總編輯	林俊安

出　版　者	采實文化事業股份有限公司
業 務 發 行	張世明・林踏欣・林坤蓉・王貞玉
國 際 版 權	劉靜茹
印 務 採 購	曾玉霞・莊玉鳳
會 計 行 政	李韶婉・許俽瑀・張婕莛
法 律 顧 問	第一國際法律事務所　余淑杏律師
電 子 信 箱	acme@acmebook.com.tw
采 實 官 網	www.acmebook.com.tw
采 實 臉 書	www.facebook.com/acmebook01

I　S　B　N	978-626-349-803-7
定　　　　價	550元
初 版 一 刷	2024年11月
劃 撥 帳 號	50148859
劃 撥 戶 名	采實文化事業股份有限公司
	104台北市中山區南京東路二段95號9樓
	電話：(02)2511-9798　傳真：(02)2571-3698

國家圖書館出版品預行編目資料

麥肯錫認證的執行長思維：Google、Netflix、Sony、微軟、樂高……67位全球頂尖CEO的卓越之道/卡羅琳・杜瓦（Carolyn Dewar）、斯科特・凱勒（Scott Keller）、維克拉姆・馬爾霍特拉（Vikram Malhotra）著；葉織茵、閻蕙群譯. – 初版. – 台北市：采實文化, 2024.11
416 面；17×21.5 公分 . --（翻轉學系列；135）
譯自：CEO excellence : the six mindsets that distinguish the best leaders from the rest
ISBN 978-626-349-803-7（平裝）

1.CST: 領導者　2.CST: 企業經營　3.CST: 職場成功法
494.21　　　　　　　　　　　　　　　　　　　　　113012605

CEO EXCELLENCE: The Six Mindsets That Distinguish the Best Leaders from the Rest
Original English Language edition Copyright © 2022 by McKinsey & Company, Inc.
Traditional Chinese Translation copyright © 2024 by ACME Publishing Co., Ltd.
Published by arrangement with the original publisher, Scribner, a Division of Simon & Schuster, Inc. through Andrew Nurnberg Associates International Ltd.
All Rights Reserved.

采實出版集團
ACME PUBLISHING GROUP
有著作權，未經同意不得
重製、轉載、翻印